普通高等教育"十三五"规划教材 ·网络工程系列·

计算机网络设计与实现

刘桂开 编著

北京邮电大学出版社
www.buptpress.com

内容简介

本书是计算机网络理论知识的延续，重点在于网络设备的具体应用以及网络的组建。首先，简明扼要地阐述了计算机网络的发展及体系结构、以太网技术、IP 编址、网络汇总、思科网络层次模型及设备接口等背景知识，作为网络设计与实现的基础；然后，介绍了思科互联网操作系统 IOS、命令行界面、基本命令以及路由器和交换机等网络设备的管理。在此基础上，结合具体的互连网络实例，详细阐述了路由原理、交换原理、访问控制列表、网络地址转换、广域网技术等内容。

本书适合于希望学习计算机网络基础知识、了解网络设备的基本使用方法、学习网络设计与实现的读者使用，同时也适合于准备报考网络工程师认证考试的读者作为学习网络技术的参考书，还可以作为网络工程专业人员的参考手册。

图书在版编目（CIP）数据

计算机网络设计与实现 / 刘桂开编著. -- 北京：北京邮电大学出版社，2019.9
ISBN 978-7-5635-5884-1

Ⅰ. ①计… Ⅱ. ①刘… Ⅲ. ①计算机网络—网络设计—高等学校—教材 Ⅳ. ①TP393.02

中国版本图书馆 CIP 数据核字（2019）第 210340 号

书　　名：	计算机网络设计与实现
作　　者：	刘桂开
责任编辑：	刘　颖
出版发行：	北京邮电大学出版社
社　　址：	北京市海淀区西土城路 10 号（邮编：100876）
发 行 部：	电话：010-62282185　传真：010-62283578
E-mail：	publish@bupt.edu.cn
经　　销：	各地新华书店
印　　刷：	保定市中画美凯印刷有限公司
开　　本：	787 mm×1 092 mm　1/16
印　　张：	17.25
字　　数：	450 千字
版　　次：	2019 年 9 月第 1 版　2019 年 9 月第 1 次印刷

ISBN 978-7-5635-5884-1　　　　　　　　　　　　　　　　　　　　定　价：48.00 元

・如有印装质量问题，请与北京邮电大学出版社发行部联系・

前　言

21世纪是一个以网络为核心的信息时代,数字化、网络化、信息化是其重要特征。在电信网络、有线电视网络和计算机网络等众所周知的网络中,计算机网络发展最快,特别是20世纪90年代以来,计算机网络的典型代表因特网(Internet)得到了飞速发展,其已成为全球最大的计算机网络,而且还在不断的发展之中。随着计算机网络的部署与扩张,路由器、交换机等网络设备的使用也越来越广泛。

本书深入浅出地阐述了设计和组建计算机网络的相关知识,从简单到复杂,力求前后连贯、逻辑清晰、原理与实现相结合。在实现过程中讲原理,用原理分析和解决在实现过程中遇到的问题。

全书共分为9章,各章内容如下:

第1章"计算机网络基础",概括性地阐述网络互连基本概念与互连模型、以太网技术特征、IP地址分配与网络汇总、IP地址与MAC地址的关系、思科网络层次模型等基础知识。

第2章"互联网操作系统与设备管理",介绍思科互联网操作系统IOS及其命令行界面CLI、基本的IOS配置命令、路由器和交换机的管理、IOS与配置文件的备份与恢复。

第3章"IP路由技术",讨论路由协议与被路由协议之间的关系、路由器互连的基本配置、路由器获取路由的方式。以具体实例为基础开始讲述网络的组建,学习静态路由、默认路由的配置;学习如何使用动态路由协议RIPv1和RIPv2进行路由选择,并解决不连续网络支持问题。

第4章"链路状态路由协议和混合型路由协议",深入探讨链路状态路由协议OSPF和混合型路由协议EIGRP的路由原理以及较为复杂的路由选择,并对OSPF和EIGRP的路由汇总进行介绍,最后还讨论了策略路由的作用与实现。

第5章"局域网和生成树协议",介绍局域网的发展历程、第2层交换与第3层交换的对比、第2层交换的交换功能,讨论交换网络环路的产生以及生成树协议STP如何解决冗余/环路问题,还对思科交换机的配置进行了探讨。

第 6 章"虚拟局域网",讨论 VLAN 与 LAN 的关系、使用 VLAN 有什么好处以及如何使用 VLAN,介绍 VLAN 的划分、VLAN 间通信及相关协议。

第 7 章"访问控制列表",访问控制列表可用于过滤数据流,主要介绍标准的访问控制列表、扩展的访问控制列表和命名的访问控制列表。

第 8 章"网络地址转换",探讨为什么需要使用网络地址转换以及如何使用网络地址转换。

第 9 章"广域网",介绍典型的 WAN 协议、物理层接口标准,深入讨论 HDLC、PPP 和帧中继等广域网协议。

每章都有相应的习题,便于读者加深理解、巩固所学知识。习题中的动手实验要求读者运用所学的知识对设备进行具体的配置,并理解每个步骤的执行。如果没有思科设备,可以使用思科网络模拟器 Packet Tracer 或 GNS3 完成动手实验。

由于作者水平有限,不足之处在所难免,敬请读者批评指正。

作　者

目 录

第1章 计算机网络基础 ·· 1

1.1 网络互连和互连模型 ··· 1
1.1.1 计算机网络的发展 ··· 1
1.1.2 计算机网络的组成 ··· 2
1.1.3 计算机网络的分类 ··· 3
1.1.4 网络体系结构 ··· 4
1.2 以太网技术 ··· 5
1.2.1 CSMA/CD 协议 ·· 5
1.2.2 MAC 地址 ·· 7
1.2.3 以太网帧格式 ··· 7
1.2.4 以太网连线 ·· 8
1.3 TCP/IP ··· 9
1.3.1 IP 编址 ··· 10
1.3.2 IP 地址分配 ·· 13
1.3.3 网络汇总 ·· 14
1.3.4 MAC 地址与 IP 地址的关系 ····································· 15
1.3.5 传输层端口号 ··· 16
1.4 思科网络 ··· 17
1.4.1 网络层次模型 ··· 17
1.4.2 网络设备接口 ··· 18
1.4.3 认证体系 ·· 19
习题 ·· 19

第2章 互联网操作系统与设备管理 ··· 21

2.1 思科互联网操作系统 ·· 21
2.2 设备启动 ··· 21
2.3 IOS 基本模式 ·· 23
2.4 IOS 帮助功能 ·· 25

2.5 路由器和交换机管理 28
2.6 路由器命令 37
2.7 路由器内部结构 43
2.8 配置寄存器与密码恢复 44
2.9 IOS 与配置文件的备份与恢复 46
2.10 思科发现协议 49
2.11 Telnet 远程登录 52
2.12 主机表与 DNS 解析 55
2.13 网络连通性与故障检查 57
习题 60

第3章 IP 路由技术 62

3.1 路由基础 62
  3.1.1 路由器的作用 62
  3.1.2 被路由协议 63
  3.1.3 直连路由 64
3.2 路由器互连基本配置 66
3.3 静态路由 73
  3.3.1 静态路由的配置 73
  3.3.2 默认路由 82
3.4 动态路由 83
  3.4.1 自治系统 83
  3.4.2 路由协议的分类 84
3.5 距离矢量路由协议 84
  3.5.1 协议工作过程 85
  3.5.2 路由环路的产生与避免 86
3.6 路由信息协议 89
  3.6.1 RIP 路由配置 89
  3.6.2 RIP version 2 95
  3.6.3 抑制 RIP 路由信息的传播 99
  3.6.4 检查配置正确性的命令 99
  3.6.5 使用 RIP 通告默认路由 101
3.7 内部网关路由协议简介 104
习题 104

第4章 链路状态路由协议和混合型路由协议 106

4.1 链路状态路由协议原理 106

4.2 开放最短路径优先基础 ·· 107
    4.2.1 OSPF 路由术语 ·· 108
    4.2.2 适合使用 OSPF 路由协议的网络类型 ··· 109
    4.2.3 DR 和 BDR 的选举 ·· 109
    4.2.4 OSPF 执行状态 ·· 109
    4.2.5 OSPF 基本配置命令 ··· 110
4.3 配置 OSPF 路由 ··· 113
4.4 检查 OSPF 配置 ··· 118
4.5 OSPF 调试 ··· 123
4.6 EIGRP 路由协议基础 ·· 126
    4.6.1 EIGRP 的邻居表、拓扑表和路由表 ·· 127
    4.6.2 可靠传输协议 ·· 127
    4.6.3 路由算法 DUAL ··· 128
    4.6.4 EIGRP 基本配置命令 ·· 129
4.7 配置 EIGRP 路由 ·· 131
4.8 检查 EIGRP 配置 ·· 136
4.9 EIGRP 调试 ·· 141
4.10 路由汇总 ·· 142
4.11 策略路由 ·· 144
4.12 路由热备份 ··· 150
习题 ·· 165

第 5 章 局域网和生成树协议 ·· 167

5.1 局域网的发展 ··· 167
5.2 LAN 交换服务 ··· 168
    5.2.1 网桥与交换机的比较 ·· 168
    5.2.2 第 2 层交换与第 3 层交换 ·· 168
    5.2.3 三种交换功能 ·· 169
5.3 生成树协议 ·· 171
    5.3.1 STP 相关术语 ·· 171
    5.3.2 生成树协议的操作过程 ··· 172
    5.3.3 生成树的端口状态 ·· 173
5.4 快速生成树协议 ··· 174
5.5 思科快速生成树技术 ·· 174
5.6 配置思科交换机 ··· 175
    5.6.1 交换机的基本配置 ·· 176

  5.6.2 端口安全 ………………………………………………………………………… 182
  5.6.3 PortFast ………………………………………………………………………… 184
  5.6.4 BPDUGuard ……………………………………………………………………… 184
  5.6.5 BPDUFilter ……………………………………………………………………… 185
  5.6.6 EtherChannel …………………………………………………………………… 186
  5.6.7 RSTP ……………………………………………………………………………… 187
 5.7 检查交换机的配置 ………………………………………………………………………… 188
习题 ……………………………………………………………………………………………… 194

第6章 虚拟局域网 ………………………………………………………………………… 195

 6.1 VLAN 基础 ……………………………………………………………………………… 195
  6.1.1 VLAN 与 LAN 的关系 ………………………………………………………… 195
  6.1.2 控制广播域 ……………………………………………………………………… 195
  6.1.3 VLAN 的优点 …………………………………………………………………… 196
  6.1.4 划分 VLAN 的方法 ……………………………………………………………… 196
  6.1.5 静态 VLAN ……………………………………………………………………… 197
 6.2 VLAN 标识 ……………………………………………………………………………… 197
  6.2.1 端口类型 ………………………………………………………………………… 198
  6.2.2 VLAN ID ………………………………………………………………………… 198
  6.2.3 标识方法 ………………………………………………………………………… 199
 6.3 VLAN 中继协议 ………………………………………………………………………… 199
  6.3.1 VTP 域 …………………………………………………………………………… 199
  6.3.2 VTP 运行模式 …………………………………………………………………… 200
  6.3.3 VTP 修剪 ………………………………………………………………………… 201
 6.4 VLAN 间路由 …………………………………………………………………………… 201
 6.5 VLAN 配置 ……………………………………………………………………………… 203
  6.5.1 创建 VLAN ……………………………………………………………………… 203
  6.5.2 将端口添加到 VLAN …………………………………………………………… 203
  6.5.3 中继端口配置 …………………………………………………………………… 205
  6.5.4 VLAN 间路由配置 ……………………………………………………………… 207
  6.5.5 VTP 配置 ………………………………………………………………………… 209
 6.6 排查 VLAN 故障 ………………………………………………………………………… 212
习题 ……………………………………………………………………………………………… 212

第7章 访问控制列表 ……………………………………………………………………… 214

 7.1 网络安全术语 …………………………………………………………………………… 214

7.2 访问控制列表基础 ·· 215
   7.2.1 访问控制列表的分类 ··· 215
   7.2.2 访问控制列表的应用 ··· 215
   7.2.3 访问控制列表应遵循的规则 ······································ 216
7.3 标准的访问控制列表 ··· 217
   7.3.1 创建标准的访问控制列表 ·· 217
   7.3.2 标准的访问控制列表举例 ·· 218
   7.3.3 控制 Telnet 远程登录 ·· 219
7.4 扩展的访问控制列表 ··· 220
   7.4.1 创建扩展的访问控制列表 ·· 220
   7.4.2 扩展的访问控制列表举例 ·· 222
   7.4.3 参数 established 的使用 ·· 224
7.5 命名的访问控制列表 ··· 225
7.6 注释 ··· 226
7.7 验证访问控制列表 ·· 227
习题 ··· 229

第 8 章 网络地址转换 ··· 230

8.1 NAT 技术基础 ··· 230
   8.1.1 NAT 术语 ··· 230
   8.1.2 NAT 的优缺点 ·· 231
   8.1.3 NAT 的类型 ··· 231
   8.1.4 NAT 的执行过程 ·· 231
8.2 配置静态 NAT ··· 233
8.3 配置动态 NAT ··· 233
8.4 配置 NAT 重载 ·· 234
8.5 检测 NAT 配置 ·· 235
8.6 NAT 负载均衡 ··· 236
习题 ··· 241

第 9 章 广域网 ·· 243

9.1 广域网基础 ··· 243
   9.1.1 WAN 术语 ··· 243
   9.1.2 WAN 基本线路类型和网络带宽 ································· 244
   9.1.3 WAN 连接类型 ··· 244
   9.1.4 典型的 WAN 协议 ··· 245

9.2 串行广域网连接 247
9.2.1 数据通信设备和数据终端设备 247
9.2.2 物理层接口标准 247
9.2.3 WAN 连接举例 248
9.3 高级数据链路控制协议 248
9.3.1 HDLC 的帧格式 249
9.3.2 配置 HDLC 249
9.4 点对点协议 249
9.4.1 PPP 身份验证 250
9.4.2 链路控制协议配置协商 250
9.4.3 PPP 会话连接的建立 251
9.4.4 配置 PPP 251
9.4.5 验证 PPP 封装 252
9.5 帧中继技术 253
9.5.1 帧中继术语 254
9.5.2 帧中继实现 255
9.5.3 检验帧中继的运行 259
习题 262

参考文献 264

第1章 计算机网络基础

1.1 网络互连和互连模型

21世纪是一个以网络为核心的信息时代,数字化、网络化、信息化是其重要特征。大家每天都在使用网络,互联网大家都很熟悉,它就是由很多小网互连起来构成的一个覆盖全球的大网。所以,网络互连就是将我们所在的网络与别人所在的网络连接起来。具体来说,我们所在的网络和别人所在的网络就是平时所说的局域网,局域网是互联网中最小的网络单位。为了让所有用户之间能够传送信息和共享网络资源,就必须将这些数目众多的网络互连起来,构成一个边缘为主机、核心为路由器等网络设备的互连网络。

在电信网络、有线电视网络和计算机网络等众所周知的网络中,计算机网络发展最快,特别是20世纪90年代以来,计算机网络的典型代表因特网(Internet)得到了飞速发展,因特网已成为覆盖全球的最大的计算机网络。从因特网的工作机理来看,因特网具有连通性和共享资源两个非常显著的基本特征,由此能够向广大用户提供多种多样的网络业务。连通性(connectivity)是指互联网用户之间能够互相交换各种信息,包括音频、视频、数据等。两个用户无论相距有多远,只要接入互联网,就能够彼此通信,非常快捷迅速,而且费用不多。共享(share)资源是指互联网是一个资源的大仓库,互联网用户可以互相分享这些资源。资源种类各式各样,既可以是软件,也可以是硬件,还可以是海量信息。有了互联网,特别是有了移动互联网,用户就可以随时随地使用这些资源,非常方便。互联网的广泛使用,使人们的生活越来越依赖互联网,也影响着一个国家的经济发展,互联网已经成为人类社会的重要基础设施。"互联网+"就是基于互联网提出的新概念,意思是"互联网+传统行业",将互联网的发展与经济社会各个领域结合起来,以提升实体经济的生产经营和创新能力。

人们在享受互联网带来的便捷服务的同时,也应该警惕互联网所带来的一些负面影响,如计算机病毒传播、计算机犯罪、青少年沉溺于网络游戏等,用户要不断提升自己的鉴别能力,充分发挥互联网给社会带来的正面积极的作用,监管部门也要加强对互联网的管理,营造一个绿色、安全的网络环境。

1.1.1 计算机网络的发展

网络由三个要素构成:网络结点、链路和协议。在计算机网络中,网络结点可以是路由器、交换机、集线器或计算机。多台计算机连接到一台交换机就可以构成一个局域网,这样把多个计算机连接起来构成的就是一个网络。网络之间再通过路由器互连起来,就能构成一个范围更大、设备更多的计算机网络,这是由小的网络构成大的网络,是网络的网络(network of networks),人们称这样的网络为互连网(internetwork或internet)。与网络相连的计算机常称为主机(host)或端系统(end system)。

覆盖全球的计算机网络因特网起源于美国的 ARPANET（Advanced Research Project Agency Network），经历了三个发展阶段。ARPANET 是一个简单的实验网，是美国国防部于 1969 年创建的第一个分组交换网。开始时只是单个的分组交换网，主机直接与就近的结点交换机相连，后来发展到了多种网络互连。特别是在 1983 年，TCP/IP（transmission control protocol/Internet protocol）成为 ARPANET 的标准协议，使得所有使用 TCP/IP 的计算机都能够相互通信，所以 1983 年被认为是互联网的诞生时间。由单个分组交换网到互连网络出现的这段时间是因特网发展的第一个阶段。ARPANET 的实验任务完成后，已于 1990 年正式关闭。从 1985 年开始，美国国家科学基金会（National Science Foundation，NSF）着手建立国家科学基金网 NSFNET，将网络结构分为主干网、地区网和校园网（或企业网）三级。同时，互联网开始由科学研究走向商业化，NSFNET 慢慢地被商用的网络所替代。三级结构互联网建成是因特网发展的第二个阶段。商用网络不再由政府负责，而是由互联网服务提供者（Internet service provider，ISP）经营。ISP 负责因特网的接入业务，只要用户申请并交纳一定的费用，就可以从 ISP 接入因特网。因特网发展至今，已不属于单个 ISP，而是属于世界范围内大大小小不计其数的 ISP，而且因特网已经成为多层次结构的互联网。20 世纪 90 年代，万维网（World Wide Web，WWW）被广泛应用，使得非专业人员也能方便地使用网络，因特网由此得到了迅猛发展，WWW 成了因特网快速发展的主要驱动力，加速了因特网接入业务的快速增长。多层次 ISP 结构的形成是因特网发展的第三个阶段。

1.1.2　计算机网络的组成

从功能上来看，互联网由边缘和核心两大部分组成。边缘部分是所有连接在互联网上的主机，用户的通信需求和资源共享都要通过主机来实现。核心部分是为边缘部分服务的大量网络以及连接这些网络的网络设备，最主要的网络设备是路由器。路由器是一种专用的计算机，专门用于分组转发，是互联网核心部分实现分组交换（packet switching）的关键设备。

网络结点之间的通信方式分为客户-服务器方式 C/S（client/server）和对等方式 P2P（peer-to-peer）两种。在 C/S 方式中，客户是服务请求方，服务器是服务提供方，双方都可以发送和接收数据。在 P2P 方式中，服务请求方和服务提供方没有明确的区分，主机既可以作为服务请求方，也可以作为服务提供方。主机之间是平等的，双方都可以下载对方的文件资源。

传统电信网使用的是电路交换技术，已有一百多年的历史。电路交换是面向连接的，需要在主叫与被叫之间建立一条专用的物理通路，独占所需的通信资源，以保证业务的质量。然而，电路交换并不适合用于传送计算机数据，因为计算机数据具有突发的特点，通信线路资源在绝大部分时间里都是空闲的，资源利用率非常低。相比之下，计算机网络采用分组交换技术更加合适。分组交换是无连接的，发送数据之前并不需要建立一条专用连接，而是一跳接一跳地将数据传送到目的地。在传输的过程中，分组交换采用存储转发（store-and-forward）技术，将需要传送的数据分成一个个的数据段，并给每个数据段前面加上首部（header）而构成一个分组（packet）或称为"包"。首部中是一些传输数据必须有的控制信息，因为没有专用的连接，所以必须在首部中告诉路由器分组的目的地是哪里。每个分组都被独立传输，每到达一个路由器，都要暂停一下，等待路由器查找路由表并将其从对应的端口转发出去。路由表中存放的是到达每个网络的路由项，有两种方式可以让路由器知道到达某个网络的路由：一种是人工方式，由管理员将到达各个网络的路由一条一条地告诉路由器，这种路由称为静态路由；另一种是通过动态路由协议学习到达每个网络的路由，这种路由称为动态路由。

由于分组交换是分段占用通信资源,不需要建立连接和释放连接,因此,与面向连接的电路交换相比,不仅节省了连接管理开销,而且数据的传输效率更高。这种方式对传输突发性强的计算机数据非常合适,具有高效、灵活、快速、生存性强等优点。不过,分组交换是一种尽力而为(best-effort)的通信方式,不能保证 QoS(quality of service)。另外,每个分组都要携带控制信息,造成了一定的开销(overhead)。

计算机网络的性能可以由速率、带宽、吞吐量、时延、时延抖动、时延带宽积、往返时间(round-trip time,RTT)、网络资源利用率、分组丢失率等指标来衡量,这些指标也与业务的 QoS 密切相关。在规划和设计计算机网络时,还有一些非性能因素需要考虑,如资金投入、网络质量、可靠性、可用性、互操作性、可扩展可升级性、管理维护等都与网络性能有关。

1.1.3 计算机网络的分类

计算机网络发展到今天,其应用范围已经远不止最初的传送数据。随着技术的发展,投资的增加,它的服务能力还在不断增强。大的 ISP 如电信公司出资建立的网络属于公用网络(public network),一般大众用户使用的都是公用网,需要缴纳规定的费用。某个机构或企业为了业务需求而建造的网络称为专用网(private network),不允许外单位人员访问。例如,银行、铁路、保险、军队等都有自己的专用网。还有一种逻辑上的专用网称为虚拟专用网(virtual private network,VPN),是以公用的互联网为基础实现机构内部主机之间的通信。

按网络的覆盖范围对网络进行分类,从大到小可分为以下几类:

➢ 广域网(wide area network,WAN):覆盖范围可以从几十千米、几百千米,甚至到几千千米,承载长距离的数据传输,是网络的核心部分。因特网就是一个覆盖全球的广域网。广域网技术有 DDN(digital data network)、帧中继、ATM(asynchronous transfer mode)、微波、卫星通信等。

➢ 城域网(metropolitan area network,MAN):覆盖范围是一个城市及其周边区域,可以跨越几千米到几十千米的范围,是数据通信网和电话业务网在城域范围内的延伸覆盖。城域网也是业务接入网,承担着集团大客户、商用楼宇、居民小区的业务接入和线路出租业务。在城市各区域内分布有许多业务接入点,称为 POP(point of presence),专门负责业务的接入。

➢ 局域网(local area network,LAN):覆盖范围较小,一般从十几米到几十米,一个办公室、一个家庭、一个部门等都可以构建一个局域网,然后通过路由器接入因特网。一个局域网就是一个广播域,从一个站点可以很方便地访问全网,所有主机可以共享局域网中的各种硬件和软件资源。局域网可以采用多种拓扑结构,普遍使用的以太网一般采用星形拓扑。无线局域网(wireless LAN,WLAN)由于克服了传统局域网受地域局限的缺点,得到了长足的发展。随着智能手机的普及,其优势愈加明显,WLAN 已成为智慧城市的重要组成部分。

➢ 个人域网(personal area network,PAN):通过无线技术将个人的电子设备(如笔记本计算机、iPAD、智能手机、智能手环等)连接起来组成的网络,覆盖范围一般在十米左右。由于是通过无线技术互连,所以通常也称之为无线个域网(wireless PAN,WPAN)。

还有一种网络比较特殊,专门用于业务的接入,通常称之为本地接入网或居民接入网,简称接入网(access network,AN),如综合业务数字网(integrated service digital network，ISDN)、非对称用户数字线(asymmetric digital subscriber line，ADSL)、光纤同轴混合网(hybrid fiber coax，HFC)等都属于接入网，接入网起到能够让用户与因特网连接的"桥梁"作用。

1.1.4　网络体系结构

计算机系统之间互连必须高度协调而且非常复杂，不同厂商生产的网络设备和软件(如 IBM 的 SNA、DEC 公司的 DECnet、Banyan System 公司的 VINES、Novell 公司的 NetWare 等)具有不同的体系结构，结果是只有同一家制造商生产的计算机系统才能彼此通信。全球经济的迅速发展使得使用不同网络体系结构的用户迫切需要相互交换信息，为了解决这个问题，国际标准化组织(International Standardization Organization，ISO)于 20 世纪 70 年代提出了著名的开放系统互连参考模型(open systems interconnection reference model，OSI/RM)，简称为 OSI。希望每个网络设备制造企业都能遵循 OSI 参考模型这个标准，实现计算机系统之间的协同工作、相互通信。

OSI 只是一个网络架构模型，并非实现网络通信的具体协议。OSI 采用了分层结构，由下至上包括物理层(physical layer)、数据链路层(data link layer)、网络层(network layer)、传输层(transport layer)、会话层(session layer)、表示层(presentation layer)和应用层(application layer)等七个层次。OSI 定义了每层执行的功能，将网络通信过程划分为更小、更简单的组件，这样有助于网络硬件、软件的开发设计以及厂商之间的相互协作。但是，OSI 参考模型在市场化方面并不成功，只是取得了一些理论性的研究成果，因为覆盖全球的因特网并没有使用 OSI 标准。

OSI 参考模型被称为法律上(de jure)的国际标准，而事实上(de facto)的国际标准是 TCP/IP 体系结构，在全球范围内得到了最广泛的应用。TCP/IP 是一个四层体系结构，也称为 DoD(department of defense)模型，包括网络接口层、网际层、传输层和应用层。网络接口层没有什么具体内容，结合 OSI 和 TCP/IP 的优点，网络互连一般采用五层的体系结构：物理层、数据链路层、网络层、传输层和应用层。封装数据的顺序是数据、数据段、分组、帧、比特。计算机网络体系结构如图 1-1 所示。

TCP/IP四层协议	OSI七层协议	五层协议
应用层	7 应用层	5 应用层
	6 表示层	
	5 会话层	
传输层	4 传输层	4 传输层
网际层	3 网络层	3 网络层
网络接口层	2 数据链路层	2 数据链路层
	1 物理层	1 物理层

图 1-1　网络体系结构

TCP/IP 指的不仅是 TCP 和 IP 这两个最重要的协议，而且包括互联网所使用的整个 TCP/IP 协议族(protocol suite)。物理层确定与传输媒体接口有关的机械特性、电气特性、功能特性和过程特性，接收和发送比特。数据链路层要解决封装成帧、透明传输和差错检测三个基本问题。网络层完成的是寻址和分组转发任务,实现主机与主机之间的通信。传输层负责进程之间的通信,实现可靠交付、流量控制和拥塞控制。应用层是直接面对用户的,定义了进程之间的通信规则,并完成特定的网络应用。

在网络中实现数据交换所应遵循的规则、规程、约定或标准称为网络协议(network protocol)或简称为协议。计算机网络的五个层次及其协议的集合就是网络的体系结构。协议是水平的,OSI 参考模型把对等层次之间传送数据的单位称为该层次的协议数据单元 PDU (protocol data unit)。例如,网络层的 PDU 是 IP 数据报或分组、数据链路层的 PDU 是帧(frame)、物理层的 PDU 是比特流。服务是垂直的,由下层向上层通过服务访问点(service access point,SAP)提供,OSI 参考模型把层与层之间交换的数据单位称为服务数据单元(service data unit,SDU)。

IP 的重要性表现在 Everything over IP 和 IP over Everything。协议体系中应用层、传输层、数据链路层、物理层都有多种协议,而中间的 IP 层很小,上层的各种协议都向下逐渐汇聚到一个 IP,IP 为这些应用提供服务,而 IP 也可以在各式各样的网络所构成的互连网络上运行。IP 是因特网的核心,是 IP 的成功成就了因特网的飞速发展。

1.2 以太网技术

数据链路层有两种类型的信道:点对点信道和广播信道。点对点信道是一种一对一的通信方式,网络资源是独占的,比较简单。最常用的点对点协议是 PPP(point-to-point protocol),已是互联网的正式标准 RFC1661。广播信道是一对多的通信方式,过程较为复杂,网络资源是共享的,需要专门的资源共享协议来协调主机之间的数据传送,使网络资源得到合理有效的利用。这里有两种方法可以实现网络资源的共享:一种方法是静态信道划分,信道划分以后不再变化,除非重新进行划分,如频分复用、时分复用、码分复用、波分复用等都是对信道进行静态划分,然后将划分好的子信道分配给用户使用。这种方式用户之间不会有冲突,因为一个用户占用一个子信道,相当于资源独占。但对信道进行静态划分需要较高的代价,并不适合应用于局域网之中。另一种方法是动态接入媒体,信道资源并不固定分配给需要通信的用户,用户对资源的使用是动态变化的。动态接入也有两种方式:一种是受控接入,统一控制用户对信道资源的使用,如令牌环(token ring)、轮询(polling)等都是受控接入的典型代表;另一种是随机接入,对用户来说比较自由,可以随时发送数据,但如果两个用户同时发送数据,在共享媒体上就会发生碰撞,导致双方的数据发送失败。所以,对于随机接入来说,关键之处在于解决碰撞问题。以太网属于随机接入这一类型,是广播信道通信方式的典型代表。

最初的以太网是总线网,主机都连接在一根总线上,总线就是所有主机共享的网络资源。当一台主机发送数据时,沿着总线传输,其他主机都能收到。如果两台主机同时发送数据,由于使用的是同一根总线,无疑会在总线上发生相互干扰,也就是前面说的碰撞,这种现象也称为冲突(collision),以太网中碰撞、冲突具有相同的意义。一个总线型的以太网就是一个冲突域(collision domain)或者称为碰撞域,是一个可能产生冲突的主机的集合。如果要保证数据发送成功,那么任一时刻这个冲突域中只能有一台主机发送数据。

1.2.1 CSMA/CD 协议

为了尽可能地避免冲突,以太网使用 CSMA/CD(carrier sense multiple access with

collision detection，载波侦听多路访问/冲突检测）协调总线上各主机的工作。主机需要发送数据时，首先要检查总线上是否有数据在传送，如果检测出已经有其他主机在发送数据，则暂时不能发送数据，必须要等到信道空闲时才能发送。当信道空闲后，主机可以发送自己的数据，不过，主机还要不停地检测信道，以便及时发现是否有其他主机发送的数据和自己的数据发生冲突。检测冲突的方法可以有多种，一般以硬件技术实现，如可以比较接收到的信号的电压大小。只要接收到的信号电压值超过了某一门限值，就可以认为发生了冲突。所以，只要主机有数据要发送，无论是发送前，还是发送中，都要不停地检测信道。

尽管主机是在信道空闲时才发送数据，但仍然存在发生碰撞的可能性，因为数据的传输需要时间，检测到空闲的信道不一定是真正的空闲。当碰撞发生后，CSMA/CD执行退避算法来决定一个主机应该等待的时间，然后再重新发送数据。

注意主机每发送一个新的帧，都要执行一次CSMA/CD算法，而且帧与帧之间还有一个相隔时间，称为最小帧间间隔。一个主机发送数据帧后，至多等待端到端往返时间（RTT）就可检测到是否发生了碰撞，这个RTT是以太网中一个非常重要的参数，称为争用期（collision period）或称为碰撞窗口（collision window）。如果经过争用期这段时间没有检测到冲突，就可以肯定这次数据帧发送不会再发生碰撞。

最早以太网的速率是10 Mbit/s，有时称之为传统以太网，因为现在以太网的速率已发展到100 Mbit/s、吉比特每秒甚至高达100 Gbit/s。CSMA/CD协议规定传统以太网的争用期是51.2 μs，可以计算出在争用期内可发送数据512 bit，亦即64 B。如果发送1 bit所需的时间称为1比特时间，则争用期就是512比特时间。由此可知，一旦数据已经发送了64 B还没有发送冲突，那么后续的数据发送就一定不会发生碰撞。所以，以太网规定长度小于64 B的数据帧都是无效帧。如果主机收到了长度小于64 B的帧，就会将其丢弃。如果需要发送长度小于64 B的帧，必须将其填充至长度为64 B。传统以太网的最小帧间间隔为96比特时间，以使刚收到数据帧的主机有足够的时间清理缓存，并做好接收下一个数据帧的准备。

CSMA/CD协议执行的退避算法称为截断的二进制指数退避算法（truncated binary exponential backoff），每个主机等待的时间是随机的，以减小主机之间数据传送发生冲突的概率。具体的算法如下：

假设一台主机重传数据帧需要等待的时间为 T。当重传次数小于或等于10时，参数 k 为重传次数；当重传次数大于10时，k 的取值为10。重传次数最多为16次，若重传了16次还不能传送成功，则不再重传，数据帧将会被丢弃，并向上层报告传输失败。以争用期512比特时间作为基本退避时间，$T=$ 离散集合$\{0,1,\cdots,(2^k-1)\}$中的一个随机数乘以512比特时间。例如，若第三次重传，k 取3，随机数就是从集合$\{0,1,2,3,4,5,6,7\}$中选取，然后乘以512比特时间，就是主机需要等待的时间。当重传次数增加时，离散集合的值将大幅度增加，这样主机需要等待的平均时间也在增大，从而减小了主机之间发生碰撞的概率，有利于数据帧的成功发送。由于考虑到重传，发送出去的数据帧都会暂时保留一段时间，以便在发生碰撞的情况下进行重传。如果在争用期内没有发生碰撞，则数据帧能够发送成功，不必再对数据帧进行保留。

当碰撞发生时，CSMA/CD还有一种强化碰撞的措施。检测到碰撞的主机除停止发送数据帧外，还将发送人为干扰信号（jamming signal），目的是尽可能让所有主机都知道已经发生了碰撞。人为干扰信号的长度为32 bit或48 bit。

1.2.2 MAC 地址

MAC(medium access control,媒体访问控制)地址又称为硬件地址或物理地址,是每一个主机在以太网中的标识符,固化在网卡的 ROM 中。如果一台主机安装有多个网卡,它就有多个 MAC 地址。IEEE 802 标准规定 MAC 地址可采用 2 B(16 位)或 6 B(48 位)中的一种,现在采用的都是 6 B 48 位的 MAC 地址,可使全世界局域网网卡都具有不同的 MAC 地址。不过,MAC 地址不像 IP 地址,不一定要全世界唯一。

全球的 MAC 地址由 IEEE 的注册管理机构(register authority,RA)负责分配,由 RA 分配 6 个字节的前三个字节(高 24 位),后三个字节(低 24 位)由厂家自行指派。需要 MAC 地址生产网卡的厂家购买的就是由前三个字节构成的地址块,所以前三个字节称为组织唯一标识符(organizationally unique identifier,OUI)或称为公司标识符(Company_ID),不过,一个公司可以申请多个 OUI。后三个字节称为扩展标识符(extended identifier),确保网卡没有重复的地址,总共有 2^{24} 个地址。由此得到的 48 位 MAC 地址称为 EUI-48,EUI 是扩展的唯一标识符(extended unique identifier)。

IEEE 规定 MAC 地址第一字节的最低位为 I/G(individual/group)位,即整个地址的最左边第一位为 I/G 位。当 I/G 为 0 时,为单播地址;当 I/G 为 1 时,为多播地址;当 48 位都为 1 时,为广播地址。注意,只有目的地址才能使用多播地址和广播地址。IEEE 规定地址第一字节的最低第二位为 G/L(global/local)位,即整个地址的最左边第二位为 G/L 位。当 G/L 位为 0 时,为全球管理地址,在世界范围内没有相同的地址,厂家购买的 OUI 都属于全球管理地址。G/L 位为 1 时,为本地管理地址,用户可以根据需要任意分配。除主机上的网卡需要 MAC 地址外,路由器的以太网接口也都有 MAC 地址。

每台主机的网卡都具有与其他网卡不同的 MAC 地址,在发送数据帧时,帧的首部携带有目的主机的 MAC 地址,网卡将丢弃那些不是发给自己的数据帧。这样,能在广播信道的总线上实现一对一的通信。网卡也可以在混杂方式(promiscuous mode)下工作,将接收以太网上的所有帧,而不管数据帧是发送给哪台主机。网络管理员可以通过这种方式监控和分析网络中的流量,不过,黑客也可以通过这种方式窃取其他用户的信息。

1.2.3 以太网帧格式

1975 年美国施乐(Xerox)公司 Palo Alto 研究中心(PARC)成功研制了以太网,并以曾经用来表示传播电磁波的以太(Ether)来命名。1980 年 9 月,DEC、Intel 和 Xerox 三家公司联合提出了 DIX V1 版本的以太网规约,网络速率为 10Mbit/s。经过修改,1980 年发布了第二个版本 DIX Ethernet V2。

1983 年,IEEE 802.3 工作组制定了 IEEE 的以太网标准 IEEE 802.3,数据率为 10 Mbit/s。DIX Ethernet V2 与 IEEE 802.3 在帧格式的定义上并不相同,但差别不大。因此,在实际应用中并没有对二者进行严格区分。若要进行区分,以太网应该是符合 DIX Ethernet V2 标准的局域网。

由于存在不同的局域网标准(如令牌总线网 802.4、令牌环网 802.5 等),IEEE 802 委员会将局域网的数据链路层拆分成了两个子层:媒体访问控制(MAC)子层和逻辑链路控制(logical link control,LLC)子层,其中 MAC 子层主要有数据封装和媒体访问管理方面的功能,LLC 子层主要是为了更好地适应不同的局域网标准。不过,以太网在局域网中的垄断地位已将其他的局域网标准淘汰，LLC 子层失去了存在的价值，现在常用的局域网都是符合 DIX Ethernet V2 标准而不是 IEEE 子层 802.3 标准的局域网。

DIX Ethernet V2 标准的帧格式由五个字段组成，如图 1-2 所示。第一、二个字段分别是长度为 6 个字节的目的 MAC 地址和源 MAC 地址。第三个字段是长度为 2 个字节的类型字段，用来标识上层协议，将帧交给应用进程，如 IP 数据报对应的类型字段是 0x0800。第四个字段是数据字段，长度在 46～1 500 个字节之间，46 B 是为了使帧的长度达到 64 B。最后一个字段是长度为 4 B 的帧校验序列(frame check sequence,FCS)，使用 CRC 校验。

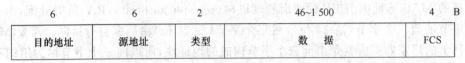

图 1-2 MAC 帧格式

由于以太网使用曼彻斯特编码，所以帧格式中不需要一个帧长度字段。因为在曼彻斯特编码的每一个码元的正中间都有一次电压的转换，接收方很容易确定每个数据帧的结束位置。为了使帧的总长度不小于 64 B 而有填充字段，由上层协议根据其首部携带的长度去除填充部分。在 MAC 帧的前面还要插入 7 个字节的前同步码和 1 个字节的帧开始定界符，前同步码的作用是使接收端和发送端的时钟同步，避免出现由于比特流不同步而无法接收的情况。如果收、发双方的时钟一直是同步的，则不需要使用前同步码，如在 SONET/SDH 中进行传输时。帧间间隔使得以太网并不需要帧结束定界符，于是，以太网的帧定界和透明传输问题都得到了解决。FCS 检错不包括插入的前同步码和帧开始定界符。

IEEE 802.3 标准的 MAC 帧格式与 DIX Ethernet V2 标准的帧格式存在两个差别：

> 第三个字段在 IEEE 802.3 标准的 MAC 帧格式中是"长度/类型"字段。当该字段的值大于 1 536(十六进制 0x0600)时，表示"类型"，这与 DIX Ethernet V2 标准的帧格式完全一致。当该字段的值小于 1 536 时，表示"长度"，指出帧数据部分的长度。前面已经说明，长度字段意义不大。

> 第三个字段即"长度/类型"的值小于 1 536 时，数据字段还需要装入逻辑链路控制子层的 LLC 帧。但由于局域网几乎都是以太网，LLC 帧已没有装入的必要。事实上，很多厂商生产的网卡就只有 MAC 协议而没有 LLC 协议。

以太网 MAC 帧的首部和尾部总共有 18 个字节，有效的 MAC 帧长度在 64～1 518 个字节之间。如果收到无效的 MAC 就会丢弃，以太网也不会重传丢弃的帧，数据的可靠性由传输层的 TCP 来保证。

总的来说，使用 CSMA/CD 协议、MAC 地址、MAC 帧格式是以太网的重要特征。换句话说，具有这些特征的局域网就是以太网。在全双工工作方式，由于使用不同的导线对来发送数据和接收数据，所以不存在冲突的情形，不再需要使用 CSMA/CD 协议。尽管如此，其帧结构并没有改变，以太网 MAC 地址也在继续使用，所以仍然是以太网。在全双工以太网中，每个端口对应一个独立的冲突域。

1.2.4 以太网连线

美国电子工业协会(Electronic Industries Association,EIA)和电信行业协会(Telecommunications Industries Association,TIA)分别于 1995 年、2001 年发布了 EIA/TIA-568A 和 EIA/TIA-568B 两

种双绞线布线标准,规定了双绞线 RJ45 标准连接器的两种线序。568A 标准从引脚 1 到引脚 8 的线序是:白绿、绿、白橙、蓝、白蓝、橙、白棕、棕;568B 标准的线序是:白橙、橙、白绿、蓝、白蓝、绿、白棕、棕。

在 EIA/TIA 标准中,以太网连线有 3 种类型:

➢ 直通线或直连线(straight-through cable)

两端都是 568A 线序,或者两端都是 568B 线序,只要两端线序相同就可以。这种线就是普遍使用的"网线",用于连接主机与交换机、主机与集线器、交换机与路由器、集线器与路由器等。在 8 根导线中,只使用了引脚 1、2、3、6 等 4 根导线,其余 4 根导线没有使用。

➢ 交叉线(crossover cable)

一端是 568A 线序,另一端是 568B 线序。交叉线用于连接主机与主机、集线器与集线器、交换机与交换机、集线器与交换机、主机与路由器、路由器与路由器等。在 8 根导线中,也只使用了引脚 1、2、3、6 等 4 根导线。两端的连接方式是:一端的引脚 1 与对端的引脚 3 相连,另一端的引脚 2 与对端的引脚 6 相连。对比一下 568A 和 568B 两种标准的线序即可看出。

➢ 反转线或全反线(rollover cable)

一端无论是哪一种线序都可以,没有规定的线序;另一端按照完全相反的线序。例如,一端的线序是 12345678,则另一端的线序就是 87654321。这种连线不用于组建以太网,而用于连接主机的 COM 口与网络设备的 Console 口,注意不要将全反线连接在主机的以太网卡的接口上,然后使用超级终端(hyperterminal)登录到设备,对设备进行配置和管理。

版本较低的 Windows 操作系统(如 XP)都自带有超级终端,但较高版本的 Windows 操作系统(如 Windows 10)没有自带超级终端,需要下载并安装一个超级终端。启动超级终端后,要对指定端口的参数进行修改:比特率(bit per second)修改为 9600,流量控制(flow control)设置为无(none)。

以太网连线可以购买,也可以自己制作。如果自己制作,需要购买线缆(网线)、RJ45 接头(俗称水晶头),还要有压接 RJ45 接头的压线钳。注意线缆的长度至少 0.6 m,最长不能超过 100 m。制作过程如下:将线缆一端的外皮剥去 2~3 cm,将 8 根导线按要求的顺序排列好并剪齐,然后将 8 根导线放入 RJ45 接头的引脚内,用压线钳压接 RJ45 接头,听到"咯"的一声即已完成一端的制作。采用同样的方法完成另一端的制作,制作完成后,如果有测线仪,可以对以太网连线的连通性和线序进行测试。

1.3 TCP/IP

由于用户的需求多种多样,没有一种网络能够满足所有的用户需求,存在有功能各异的网络来供用户选择,如固定电话网 PSTN(public switched telephone network)、移动通信网、有线电视网 CATV(community antenna television)、互联网等。虽然这些网络都是协议不同、性能各异的物理网络,但由于网际协议 IP 具有 over everything 的能力,于是通过 IP 就可以将这些异构的物理网络在网络层上统一起来,构成一个虚拟的互连网络,也就是说,IP 屏蔽了下层网络的细节和差异。IP 的协议数据单元 PDU 称为 IP 数据报或 IP 分组、IP 包,由首部和数据两部分组成。首部的固定部分为 20 个字节,所有 IP 数据报都必须具有;可选部分长度可变,最长不超过 40 个字节。与 IP 配套使用的还有以下协议:

➢ 地址解析协议(address resolution protocol,ARP)

ARP 的功能是将 IP 地址映射到 MAC 地址。在实际网络的链路上传送数据帧时,必须使用对方的 MAC 地址。有时知道一个主机或路由器接口的 IP 地址,但不知道其 MAC 地址,这时就需要用到 ARP。ARP 进程通过向所在局域网广播 ARP 请求分组,对方回复响应分组而获取对方的 MAC 地址。每台主机都设有一个 ARP 高速缓存,用于存放所获取的 IP 地址到 MAC 地址的映射关系,以降低网络上的通信量。

➢ 网际控制报文协议(internet control message protocol,ICMP)

主机或路由器可以通过使用 ICMP 报告差错情况和提供有关异常情况的报告,从而使 IP 数据报的转发更加有效,并提高交付成功的概率。ICMP 有差错报告报文和询问报文两种类型,其中差错报告报文又分为终点不可达、时间超时、IP 分组参数问题和改变路由(redirect)四种,询问报文分为回送(echo)请求或回答、时间戳(timestamp)请求或回答。ICMP 属于网络层协议,直接封装在 IP 数据报中。PING(packet internet groper)和 Traceroute 都通过使用 ICMP 实现。

➢ 网际组管理协议(internet group management protocol,IGMP)

IGMP 用于 IP 多播,工作在一个局域网内,使与本局域网连接的多播路由器知道所在局域网内有哪些主机加入或离开了某个多播组。IGMP 是网络层协议,使用 IP 数据报传输数据。要完成 IP 多播,还需要多播路由协议。

➢ 逆向地址解析协议(reverse address resolution protocol,RARP)

无盘主机一开始只知道自己的 MAC 地址,而没有 IP 地址,需要使用 RARP 向服务器申请一个 IP 地址。不过,RARP 是以前使用的协议,现在其相应的功能已由动态主机配置协议(dynamic host configuration protocol,DHCP)所替代。DHCP 是应用层协议,封装在用户数据报(user datagram protocol,UDP)中。DHCP 允许一台主机加入新的网络,并自动获得 IP 地址和 DNS(domain name system)服务器地址。

1.3.1 IP 编址

在计算机网络中,要实现主机之间的通信,每个主机都需要有一个唯一的标识符,以便主机之间能够彼此识别。前面介绍过,每个主机都有一个 MAC 地址作为标识符,但 MAC 地址只在局域网内有效。当需要与局域网以外的主机进行通信时,MAC 地址无法起到在全网范围内标识的作用。这时,需要用到 IP 地址来对主机进行标识。在 IPv4 网络中,32 位的 IP 地址就是分配给每一台主机在全世界范围内唯一的标识符。IP 地址也能标识路由器的每一个接口。有了 IP 地址,就可以在互联网中进行寻址,查找到目的主机。公有 IP 地址是统一管理的,由互联网名字和数字分配机构(Internet Corporation for Assigned Names and Numbers,ICANN)负责分配。私有 IP 地址不允许在公网上使用,可以在不同的私有网络中重复使用,由用户自行决定。

IP 地址的编址方法经过了三个阶段:分类的 IP 地址、划分子网和无分类编址。第一阶段将 IP 地址分为 A、B、C、D、E 五类,其中 D 类是多播地址,E 类保留为今后使用。A 类、B 类和 C 类是单播地址,都由两个固定长度的字段组成,第一个字段是网络号(net-id),标识主机或路由器所连接的网络;第二个字段是主机号(host-id),标识主机或路由器。网络号在整个互联网是唯一的,而主机号在所属网络中是唯一的,这就决定了在全网范围内 IP 地址是唯一的。A 类地址第一位是 0,前 8 位是网络位,后 24 位是主机位,网络号的范围是 0～127。B 类地址前两位是 10,前 16 位是网络位,后 16 位是主机位,网络号的范围是 128.0～191.255。C 类地址前三位是 110,前 24 位是网络位,后 8 位是主机位,网络号的范围是 191.0.0～233.255.255。D 类地址的前四位是 1110,用于多播。E 类地址的前四位是 1111,保留为今后使用。分类的 IP 地址如图 1-3 所示。

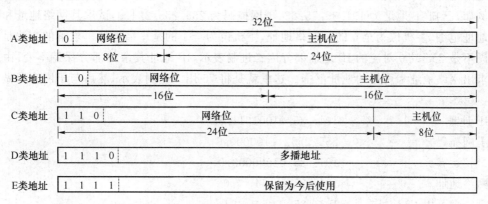

图 1-3 分类的 IP 地址

有些 IP 地址具有特殊用途,不能分配给主机或路由器接口使用,列举如下:
➢ 网络地址位为全 0 表示当前网络、本网络;
➢ 网络地址位为全 1 表示所有网络;
➢ 主机地址位为全 0 表示网络地址或指定网络中的任何主机;
➢ 主机地址位全为 1 表示网络中的所有主机,指定网络中的广播地址;
➢ IP 地址 32 位全为 0 表示在当前网络上的本主机,思科路由器用它指定默认路由;
➢ IP 地址 32 位全为 1 表示当前网络中的所有主机,当前网络广播地址;
➢ 127.0.0.1 用于本地网络环回测试,在一台主机上如果 ping 127.0.0.1 成功,说明 TCP/IP 没有问题,如果 ping 主机的 IP 地址成功,说明网卡没有问题。

私有 IP 地址空间包括 1 个 A 类网络 10.0.0.0～10.255.255.255、16 个 B 类网络 172.16.0.0～172.31.255.255、256 个 C 类网络 192.168.0.0～192.168.255.255。

第二阶段在 IP 地址中增加了一个子网号字段,从网络的主机号借用若干位作为子网号。IP 地址由二级变成了三级,使 IP 地址的使用更加灵活,一个单位内部可以将物理网络划分为若干个子网。请注意,划分子网是在 IP 地址分类的基础上进行的,是将一个分类的网络划分为更多更小的网络,灵活性增加了,但网络上主机数减少了。划分子网以后,无法从 IP 地址直观地识别出子网位和主机位,于是使用 32 位的子网掩码(subnet mask)来对此进行区分,子网掩码中的 1 对应网络位和子网位,0 对应主机位。有了子网掩码后,路由表中的路由项必须包含目的网络地址、子网掩码和下一跳地址三项内容。在一个划分子网的网络中同时使用几个不同的子网掩码,称为可变长度子网掩码(variable-length subnet mask,VLSM),VLSM 可进一步提高 IP 地址资源的利用率。RFC950 规定子网号不能为全 0 或全 1,但现在全 0 和全 1 的子网号也可以使用了,不过请确定路由器是否支持。有的路由器有专门的命令来启用对全 0、全 1 子网号的支持,如思科路由器的 ip subnet-zero 命令,从 Cisco IOS 12.x 版起,该命令是默认启用的,不需要再单独运行。

有了子网掩码以后,对于网络地址部分很明显的 A 类、B 类和 C 类地址,在不划分子网的情况下也要求使用子网掩码,分别为 255.0.0.0、255.255.0.0、255.255.255.0,子网掩码中 1

的位置正好和 IP 地址的网络位相对应,这样的子网掩码称为默认子网掩码。这样规定以后,可以统一操作,更有利于路由表的查找。路由表中的每一个条目,除给出目的网络地址外,还必须同时给出相应的子网掩码。给定了 IP 地址和子网掩码,就可以求出对应的网络地址、可使用地址范围,下面举例说明。

例如,已知 IP 地址为 191.35.75.68,子网掩码为 255.255.224.0,试求其网络地址和可使用的地址范围,主机位为全 0 的是网络地址,主机位为全 1 的是广播地址。求解的方法是将子网掩码不是 255 或 0 对应的 IP 地址部分用二进制表示,IP 地址其余的部分保持不变,由此很容易求出网络地址和可用的地址范围。这里就是将 75 用二进制表示,然后与子网掩码做"与"运算:

IP 地址	191. 35.01001011. 68
子网掩码	255.255.11100000.0
"与"运算	191. 35.01000000.0
网络地址	191. 35. 64 .0
第一个可用 IP 地址	191. 35. 64 .1
最后一个可用 IP 地址	191. 35.01011111.11111110 即 191.35.95.254

如果将子网掩码改为 255.255.240.0,则可得出其网络地址仍为 191.35.64.0:

IP 地址	191. 35.01001011. 68
子网掩码	255.255.11110000.0
"与"运算	191. 35.01000000.0
网络地址	191. 35. 64 .0
第一个可用 IP 地址	191. 35. 64 .1
最后一个可用 IP 地址	191. 35.01001111.11111110 即 191.35.79.254

所以,不同的子网掩码有可能得到相同的网络地址。但注意其意义是不相同的,255.255.240.0 指明的子网位是 3 位,主机位是 13 位,而 255.255.240.0 指明的子网位是 4 位,主机位是 12 位。另外,可用 IP 地址的范围也是不同的,前者是 191.35.64.1~191.35.95.254,后者是 191.35.64.1~191.35.79.254。

要熟练掌握求解的过程,最好熟记子网掩码中 1 的个数与十进制之间的对应关系:

10000000	128
11000000	192
11100000	224
11110000	240
11111000	248
11111100	252
11111110	254
11111111	255

第三阶段是在 VLSM 的基础上进一步研究出了 IP 无分类编址,称为无分类域间路由选择(classless inter-domain routing,CIDR)。CIDR 不再限定 A、B、C 三类地址的网络位和主机位,也不再有子网的划分概念,而把 32 位的 IP 地址划分成前、后两个部分:前面的部分称为网络前缀(network-prefix),代表网络;后面的部分是主机位,指明主机。这样对 IP 地址网络部分、主机部分的划分非常灵活,既可以划分出更小的网络,也可以构建更大的网络(称之为构建

超网或地址聚合),使 IP 地址空间的分配更加有效。CIDR 使 IP 地址从划分子网到三级编址又回到了无分类的两级编址,仍然使用子网掩码(或称地址掩码,address mask)区分网络位和主机位,也可用斜线记法,如/12 表示掩码中 1 的个数为 12。通过地址聚合,缩减了路由表中的路由数目,不过,在查找路由表时,匹配的结果可能不止一个。这时,应从所有匹配的结果中选择具有最长网络前缀的路由(称为最长前缀匹配或最佳匹配)。因为网络前缀越长,对应网络的地址空间越小,路由就越具体。

1.3.2 IP 地址分配

分类编址与无分类编址并不影响地址空间的大小,只是无分类编址可以使地址空间的分配更加有效。分类的编址网络位是固定的,而无分类编址中网络前缀是可以任意变化的,完全可以根据用户的需要来给用户分配合适的地址块。例如,原来 C 类地址的网络位是 24 位,在无分类情况下,同一个 C 类地址其网络前缀可以小于 24 位。如果 C 类地址的网络前缀大于 24 位,则相当于划分子网。

划分子网是在 IP 地址分类的基础上进行的,将一个分类的网络划分为若干个更小的子网络,VLSM 让子网划分更加灵活。在 IP 无分类编址 CIDR 中,使用 VLSM 仍然是很有效的方法,可以将一个地址块划分为若干个更小的地址块,达到灵活分配 IP 地址的目的。

在规划设计网络时,IP 地址分配是一个非常重要的环节,有以下几个方面需要考虑:
- 根据主机数目决定需要的主机位数,得到需要的地址块大小,一个网络需要占用一个地址块;
- 根据地址块大小来确定 VLSM;
- 确定块地址的开始位置,要开始于其整数倍处,如地址块大小为 16,则必须从 0、16、32、48 等处开始;
- 在网络特定的区域使用连续的地址块,即将连续的地址块分配给物理上相邻的物理网络,便于对网络进行汇总。

举个例子,设网络 A 有 25 台主机,网络 B 有 92 台主机,要求在地址块 172.16.10.0/24 中为这两个网络分配两个连续的地址块。

网络 A 有 25 台主机,需要 5 个主机位,地址块的大小为 32,子网掩码为 255.255.255.224,给网络 A 分配的地址块可以从 0、32、64、96、128、160、192、224 等处开始。网络 B 有 92 台主机,需要 7 个主机位,地址块的大小为 128,子网掩码为 255.255.255.128,分配给网络 B 的地址块要从 0、128 等处开始。

这里有两种分配方案:一种是网络 A 的地址块在前,网络 B 的地址块在后;另一种正好反过来,网络 B 的地址块在前,网络 A 的地址块在后。在第一种方案中,网络 B 的地址块只能从 128 开始,网络 A 的地址块就必须从 96 开始才能与网络 B 的地址块连续,所以,给网络 A 分配的地址块是 172.16.10.96/27,给网络 B 分配的地址块是 172.16.10.128/25。在第二种方案中,网络 B 的地址块从 0 开始,则网络 A 的地址块紧跟其后从 128 开始。于是,给网络 A 分配的地址块是 172.16.10.128/27,给网络 B 分配的地址块是 172.16.10.0/25。

地址块要始于其整数倍处很重要,需要特别注意。上述例子中,如果网络 A 的地址块从 0 开始分配,到 31 为止,块大小为 32,但网络 B 的地址块并不能从 32 开始分配,必须从 128 开始分配才行。这样分配的话,两个网络的地址块并不连续。上述例子也说明,IP 地址的分配方案不是唯一的,用户可以根据自己实际情况进行分配。如果不要求两个地址块是连续的,则分配给网络 A 的地址块有多个选择。

从上述例子可以看出,为某个机构分配 IP 地址时,是根据机构的主机数量按块来分配的,但 IP 地址的排列是连续的。当分配的地址块的大小不相等时,IP 地址不一定能够按排列顺序连续分配。为了看起来比较直观,可以将 IP 地址的分配用图的形式表达出来,如图 1-4 所示。

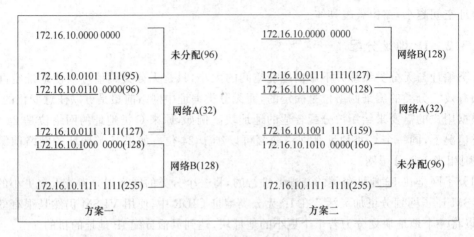

图 1-4 两种方案的地址分配示意图

图 1-4 中使用下划线标识网络前缀,IP 地址后面括号中的数字是二进制对应的十进制。未分配、网络 B、网络 A 括号中的数字表示地址的个数。对于未分配的地址可以按需求继续进行分配,根据主机数量划分相应大小的地址块,切记地址块要始于其整数倍处。

1.3.3 网络汇总

正如前面提到的,网络汇总时建议汇总连续的地址块。如果汇总了不连续的地址块或汇总了多余的地址,则需要分情况讨论:如果其中有些地址或地址块在其他地方出现并被通告,则网络会出现非常严重的地址冲突问题。如果所包含的地址或地址块还没有被通告,将来也打算在所汇总的范围内添加使用,则没有关系。

实现网络汇总,最主要的工作就是要确定地址块的大小。地址块的大小确定好以后,就能得出汇总后的网络。

例 1 现需将网络 192.168.32.0～192.168.63.0 汇总到一个网络。

恰好是 32 个 C 类网络,使用大小为 32 的块正好满足要求。把第三个 8 位用二进制表示可以看得很明显:

192.168.32.0 --> 192.168.0010 0000.0
192.168.63.0 --> 192.168.0011 1111.0

得到汇总后的网络为 192.168.32.0/19。如果该网络是路由表中的一条路由,则路由器将会转发目的 IP 地址是 192.168.32.1～192.168.63.254 的任何分组。

例 2 当需要汇总的 IP 地址范围不是正好为一个地址块大小时,需要根据具体情况采取不同的操作,如需将网络 172.16.16.0～172.16.26.0 进行汇总。

把第三个字节用二进制表示如下:

172.16.16.0 --> 172.16.0001 0000.0
172.16.26.0 --> 172.16.0001 1010.0

由于第一个网络为172.16.16.0,可供选择的块大小可以为4、8和16。这个例子中,块大小为8和16都可以,有两种可能的情况。但块大小取8时,只汇总了网络16~23,网络24~26没有包括在内。如果块大小取16,则汇总了网络16~31,网络27~31不应包含在内。

对于第一种情况,进行路由通告时,汇总后的网络172.16.16.0/21可以作为一条路由进行通告,但网络24~26需要另外进行通告。具体如何进行通告需要根据网络设计来定。

对于第二种情况,首先要确定是否能够这样汇总,因为汇总后的网络包含了不在汇总范围内的网络27~31。如果网络27~31已经出现在其他地方,那么这样汇总是不可行的,不能以大小为16的块进行汇总。如果网络27~31还没有被使用,以后也打算用在汇总网络的范围内,则这样汇总是可行的。

例3 请汇总以下5个网络:

10.10.4.0/25、10.10.4.128/25、10.10.5.0/24、10.10.6.0/24、10.10.7.0/24。

方法是将地址中不同的字节用二进制表示,用下画线标识网络位长度,然后再观察它们之间有哪些地方是相同的。

10.10.4.0/25	-->	10.10.<u>0000 0100.0</u>000 0000
10.10.4.128/25	-->	10.10.<u>0000 0100.1</u>000 0000
10.10.5.0/24	-->	10.10.<u>0000 0101.</u>0000 0000
10.10.6.0/24	-->	10.10.<u>0000 0110.</u>0000 0000
10.10.7.0/24	-->	10.10.<u>0000 0111.</u>0000 0000

可以很容易就看出,5个网络可以汇总为10.10.4.0/22。

1.3.4 MAC地址与IP地址的关系

MAC地址通常由网络设备生产厂家直接固化在网络接口卡(network interface card,NIC)的ROM中,不能进行更改,所以MAC地址又被称为物理地址或硬件地址。IP地址是由软件实现的,可以配置在网络设备上,也可以对其进行更改或删除,所以IP地址又称为逻辑地址。从协议层次来看,MAC地址是数据链路层使用的地址,IP地址是网络层使用的地址。从作用范围来看,MAC地址只在局域网内有效,跟其他的局域网无关,本局域网中的主机并不知道其他局域网主机的MAC地址,反之亦然。IP地址在全网范围内是唯一的,在全网范围内都有效,但到了局域网的数据链路层,IP数据报被封装在MAC帧中,这时IP地址是MAC帧中被传输数据的一部分,不可能对数据的传输产生作用。所以,IP地址的作用不是在局域网内,而是在跨越局域网时起作用。

有了MAC地址,就可以在局域网内实现一对一的通信。这是MAC地址的作用,IP地址是做不到的。在数据的实际传输过程中,每一跳都要依靠MAC地址才能将数据传输到与发送数据的网络设备位于同一个局域网的接收设备上。

当数据的传输需要跨越局域网时,由于一个局域网中的MAC地址对主机的标识对其他局域网来说都是不可见的,所以只有使用IP地址才能标识远程目的地的逻辑位置。IP地址属于网络层,意味着数据的传输需要上升到网络层才能跨越网络,这也说明了只有网络层设备(如路由器)才能连接两个局域网。在网络层依靠IP地址可以查找到IP数据报的路由,并对IP数据报进行转发。

使用MAC地址和IP地址共同的目的是传输数据,只不过局域网内的传输由MAC地址完成,跨越网络的传输由IP地址来负责。因此,每台主机或路由器的每一个以太网接口必须有MAC地址和IP地址两个地址,缺一不可。

请注意,路由器上的接口不一定都是以太网接口,可能是其他的硬件地址体系,但IP地址是一定要配置的,即IP层屏蔽了物理网络的异构性。在虚拟互连的IP网中,可以使用统一的、抽象的IP地址讨论主机之间或主机与路由器之间的通信。

1.3.5 传输层端口号

各种应用进程通过使用应用层协议来使用网络所提供的通信服务,应用层协议是应用进程之间必须严格遵守的通信规则。因为应用层工作在传输层之上,所以由传输层提供应用进程之间端到端的逻辑通信,应用进程是通信的终点。由于每个应用层协议解决的是某一类应用问题,因此,在应用层有许多的应用协议,由它们提供各种不同的应用功能。于是,发送方不同的应用进程需要使用同一个传输层协议传送数据,而接收方的传输层需要把这些数据正确地交付给目的应用进程,这就要求传输层必须具备复用(multiplexing)和分用(demultiplexing)功能。

为了解决复用和分用的问题,显然需要给应用层的每个应用进程赋予一个非常明确的标识,但应用进程的创建和撤销是动态的,而且相同的应用功能也可能由不同的应用进程来完成,如收发电子邮件的不同客户端,通信的一方几乎无法识别对方主机上的进程。不过,有一点是确定的,虽然应用进程可能不同,但它们实现的功能是相同的,所以通过所实现的功能来识别通信终点较为合适,并不需要知道具体实现该功能的进程是哪一个。也就是说,只要标识出这些应用进程所使用的应用层协议即可,因为应用层协议代表的就是某一种应用功能。于是,传输层使用16位协议端口号(protocol port number),或简称为端口(port),来标识应用层协议。由此,两台主机中的进程之间要通信,不仅需要知道对方的IP地址,还需要知道对方的端口号。端口号只具有本地意义,只是为了标识各应用进程和传输层交互时的层间接口,不同主机中的端口号之间没有任何关联。

进程之间通信,一般采用的都是客户/服务器模式,服务器是被动打开,等待客户端的连接请求并做出响应,所以,客户端必须知道服务器端的IP地址和端口号,而客户端的IP地址和端口号会在连接请求中告诉服务器。基于此,服务器端的端口号必须事先确定好,而客户端的端口号可以临时分配。服务器使用的端口号有两类:一类是熟知端口号(well-known port number),取值范围为0~1 023,互联网数字分配机构(Internet assigned numbers authority,IANA)把这个范围内的端口号分配给TCP/IP最重要的一些应用程序,如FTP(file transfer protocol)-21、TELNET-23、DNS(domain name system)-53、HTTP(hyper text transport protocol)-80、HTTPS(hypertext transfer protocol secure)-443等;另一类是登记端口号,取值范围为1 024~49 151,需要向IANA申请并进行登记,分配给没有熟知端口号的应用程序,不能重复使用。客户端使用的端口号称为短暂端口号,取值范围为49 152~65 535,由操作系统临时分配客户端的应用进程。通信结束后,可以重新分配给其他应用进程使用。

UDP和TCP是传输层的两种协议,端口号是两种协议报文首部的重要参数。UDP是无连接的,使用尽最大努力交付方式,可以支持一对一、一对多、多对一和多对多通信。TCP是面向连接的,通过使用三次握手建立连接、四次握手释放连接,一条连接由通信两端的IP地址和端口号决定,但只能支持一对一通信。UDP报文首部很简单,只有8个字节,源端口和目的端口各占2个字节。UDP是面向报文的,对应用层交下来的报文,既不合并,也不拆分,一次发送一个报文,报文的大小是否合适由应用程序决定。TCP是面向字节流的,操作的最小单位是字节,TCP 把应用程序交下来的数据看成是一连串的无结构的字节流。TCP 报文段首部较为复杂,固定部分有 20 个字节,可选部分最长可达 40 个字节,复杂的首部使 TCP 比 UDP 具有更强的传输控制功能。TCP 通过确认和重传两种机制保证传输的可靠性,通过调节发送窗口大小实施流量控制,通过使用慢开始、拥塞避免、快重传、快恢复等四种算法来实现拥塞控制。

UDP 和 TCP 各有优势,使用哪一个传输层协议更合适,要根据不同业务的特点以及对 QoS 的要求来确定。例如,DNS、TFTP(trivial file transfer protocol)、DHCP(dynamic host configuration protocol)、IGMP(Internet group management protocol)等使用的是 UDP,FTP、HTTP、TELNET 等使用的是 TCP。

1.4 思科网络

思科系统公司(Cisco Systems,Inc.)是全球互联网设备和网络解决方案供应商,成立于 1984 年 12 月,名字 Cisco 取自 San Francisco(旧金山),同时将旧金山的代表性建筑金门大桥作为公司的徽标,总部位于美国加利福尼亚州的圣何塞,主要产品和服务包括网络硬件产品和软件产品、互联网解决方案、技术培训等,还推出了一系列网络技术认证体系。

1.4.1 网络层次模型

网络体系结构采用的就是分层次模型,可以将一个大的问题分解成许多较小的问题逐一解决,让那些原本复杂的关系变得有序且易于理解,网络设计也是如此。

在进行规模较大的网络设计时,可能会遇到非常复杂的情况,如覆盖范围广、涉及的协议技术多、配置复杂等,如果在一个平面上铺开,就像一张网,使人无从下手。在这种情况下,层次型网络就可以显现其优势,帮助将大量复杂的细节归纳整理成条理清楚、易于理解的模型。

典型的层次型网络是从逻辑上将网络划分为三个层次:核心层、汇聚层和接入层,层与层之间相对独立,每层都具有自己特定的功能和侧重点。不过,层次之间的独立性是逻辑上的,并不强调是物理上的独立。有可能一个层次就包含了多个物理设备,也有可能一个物理设备同时涉及两个层次。每个层次的功能描述如下:

➢ 核心层

核心层是网络的主干部分,位于层次结构的顶端,主要负责快速的数据交换。核心层的重要地位毋庸置疑,它承载着所有用户的业务,如果核心层出问题,所有用户都会受到影响。设计时要确保核心层的可靠性高、时延短、路由收敛快。

➢ 汇聚层

汇聚层是连接核心层和接入层的桥梁,向上汇聚接入层的流量进入核心层,向下确定数据流路径与分发。汇聚层也是实施网络策略的地方,负责执行路由选择、访问控制、地址转换、WAN 接入等功能,网络的控制任务由汇聚层完成。

➢ 接入层

接入层直接面向用户,主要处理本地数据流,控制用户对网络资源的访问。接入层需要实施延续汇聚层访问控制策略、分隔冲突域(网络分段)、划分 VLAN、用户接入等功能。层次模型强调功能的独立有序,层次之间的关系既相互独立,又协调一致。例如,如果直接将用户连接到核心层,将无法对用户实施访问控制。三个层次的网络模型使我们易于理解复杂的细节,便于控制和管理网络,将有助于设计和实现可靠性高、可扩展性好、性价比高的互连网络。

1.4.2 网络设备接口

网络设备接口可以分为固化接口和模块化接口两类。顾名思义,固化接口是固定在设备上的接口,与设备一起是一个整体,不可分割。模块化接口是将接口做成了一个个相对独立的模块,可以与设备分离,可以进行更换。思科老一代比较低端的设备接口都是固化接口,如2500/3000系列路由器、1900系列交换机等。固化接口的可扩展性受到限制,有时实用性也不强。因为用户需求的多种多样,一台设备的所有接口不大可能都用得上,也有可能即使用上所有接口,也不一定能满足用户的全部需求。还有可能一个接口的故障影响到整台设备的使用,造成资源的浪费。可以看出,固化接口的缺点和不足非常明显。

与固化接口相比,模块化接口的灵活性非常好。首先,用户可以根据自己的需求选择接口模块,既可以避免接口资源的浪费,也不必为使用不上的接口付费。其次,接口现场升级很方便,可以快速适应网络新技术的发展和业务的增长。在接口损坏的情况下,直接更换接口模块就可以解决故障问题。另外,标准化的接口模块可以在设备之间通用,如思科2600系列路由器上的广域网接口模块既能用于3600系列路由器,也能用于1700系列路由器,可以充分发挥接口模块的使用效率。2800系列路由器不但与2600系列一样是模块化的结构,而且功能更强,能支持无线模块、交换模块等更高级的接口以及更多的服务,由此称2800系列路由器为集成服务路由器(integrated service router,ISR)。

现在的思科设备基本都是模块化接口,设备上留有专门放置接口模块的插槽,有时一个接口模块或一个接口板上有多个接口。一般根据插槽编号和接口的编号来定义一个接口的标识,如串行接口 S1/2 表示插在第 1 个槽位的串行接口模块上的第 2 个接口。通常插槽编号和接口编号都是从 0 开始编号,不过这不是硬性规定,从 1 开始编号也是可以的,实际的编号情况要根据具体设备而定。

上面讨论的固化接口和模块化接口指的是业务接入接口,如以太网接口、串行接口等,除业务接入接口外,设备上还有一些专门用于管理的接口。思科设备常见的接口如下:

➢ Console 口:设备的控制台接口,可以通过该接口对设备进行配置、监控和维护。接口类型是 RJ45,使用反转线与 PC 的 COM 口相连,通过运行 PC 上的超级终端实现对设备的访问。

➢ AUX 接口:设备的辅助(auxiliary)接口,接口类型也是 RJ45。AUX 是一个异步串行口,具有的功能包括:①远程拨号调试,AUX 接口连接到调制解调器,用户可以通过电话拨号的方式对设备进行远程调试。②线路备份,作为主干线路的备份。AUX 连接好调制解调器,当主干线路出现故障时,系统会自动通过 AUX 接口电话拨号,接通线路并保持连接。当主干线路恢复正常后,电话线路会自动释放。③设备互连,两台设备的 AUX 接口通过电话拨号方式的线路连接。④Console 口的备份接口,当 Console 口出现故障时,可以使用 AUX 口进行本地调试,像使用 Console 口一样使用它。

➢ 以太网(Ethernet)接口:用于连接路由器、交换机或主机的以太网接口,一般都是 RJ45 接口类型,属于局域网接口。

➢ AUI 口:连接接口单元(attachment unit interface),老式的以太网接口,有 15 个针脚(DB-15),可以转换为 RJ45 接口。

- 串行(serial)接口:属于广域网接口,常用于广域网连接,如 DDN 专线、帧中继等,在广域网连接中,串行接口需要获取时钟频率,提供时钟频率的一方称为数据通信设备(data communications equipment,DCE),而接收时钟的一方称为数据终端设备(data terminal equipment,DTE)。路由器之间也可以通过串行接口背对背互连,配置时钟的一端为 DCE,另一端接收时钟为 DTE。串行接口电缆不能带电插拔,否则有被烧坏的危险。
- BRI 接口(basic rate interface):综合业务数字网 ISDN 基本速率接口,速率 144 kbit/s,用于广域网连接,接口类型是 RJ45。比较老式的路由器(如 2500 系列)才有此类接口。
- 光接口:种类较多,包括 155M、622M、1G、2.5G、10G 等接口类型,连接的光纤有多模(850 nm)和单模(1 310 nm,1 550 nm)两种,传输距离从几千米到几十千米,甚至上百千米。单模光纤的外皮是黄色的,而多模光纤的外皮为橙红色。光纤接头有 LC、SC、FC 等类型,网络设备常用的是 LC 和 SC,光纤配线架(ODF)上常用的是 FC。光纤接头的特点:LC 连接 SFP(small form-factor pluggable)模块,外形呈方形,采用模块化插孔闩锁机制,多用于路由器。SC 连接 GBIC(giga bitrate interface converter)光模块,外壳呈方形,采用插拔销闩式紧固,用于路由器、交换机。FC 圆型带螺纹,紧固方式是螺丝扣,外部有金属套,如图 1-5 所示。

LC接头　　　　　SC接头　　　　　FC接头

图 1-5　光纤接头

1.4.3　认证体系

思科认证体系包括工程师(associate)、资深工程师(professional)、专家(expert)三个级别。工程师认证主要有思科认证网络工程师(cisco certified network associate,CCNA)和思科认证设计工程师(cisco certified design associate,CCDA),是认证体系的基础。资深工程师级别的认证有许多种,如思科认证资深网络工程师(cisco certified network professional,CCNP)、思科认证资深互联网工程师(cisco certified internetwork professional,CCIP)、思科认证资深设计工程师(cisco certified design professional,CCDP)和思科认证资深安全工程师(cisco certified security professional,CCSP)等。思科认证互联网专家(cisco certified internetwork expert,CCIE)是三级认证体系中级别最高的认证。可以访问思科网站(www.cisco.com)了解关于认证体系的更多内容。

习　题

1. Internet 具有哪两个显著特征?
2. 什么是"互联网+"?
3. ARPANET 与互联网是什么关系?
4. 互联网发展经历了哪三个阶段?什么是 DoD 模型?
5. 电路交换与分组交换各有什么特点?无连接与面向连接的区别是什么?

6. 万维网 WWW 与因特网是什么关系？
7. 计算机网络有哪些性能指标？什么是 QoS？
8. 什么是协议数据单元 PDU 和服务数据单元 SDU？
9. 为什么说 IP 是互联网的核心？为什么称 IP 网为虚拟的互连网络？
10. 什么是冲突域？什么是广播域？
11. 为什么传统以太网的有效帧长至少为 64 个字节？
12. 以太网帧格式有哪两种？这两种格式有什么不同？
13. 什么是以太网？
14. 以太网连线的长度范围是多少？以太网有哪些连线类型及用途？
15. IP 编址经历了哪三个阶段？VLSM 与 CIDR 一样吗？区别在哪里？
16. 如何进行 IP 地址分配？网络汇总如何进行？
17. 物理地址与逻辑地址各有什么作用？
18. 为什么需要传输层端口号？
19. TCP 和 UDP 各有什么优点和缺点？
20. 思科网络层次模型包含哪三个层次？各有什么功能？
21. 流量控制与拥塞控制区别在哪里？
22. OSI 参考模型哪一层提供了单工、半双工和全双工三种不同的通信模式？
23. TCP/IP 协议栈的哪个层次对应 OSI 模型的网络层？
24. 请给出下列 IP 地址的网络地址、广播地址和合法的主机地址范围：

    (1) 10.10.10.10/14

    (2) 172.16.120.35/19

    (3) 192.168.95.167/26

    (4) 自选一个 B 类地址,子网掩码/20

25. 确定对下列每组网络进行汇总的汇总地址和子网掩码：

    (1) 10.10.0.0～10.10.15.0

    (2) 172.16.96.0～172.16.111.0

    (3) 192.168.0.0～192.168.63.0

    (4) 99.160.0.0～99.175.0.0

第 2 章　互联网操作系统与设备管理

2.1　思科互联网操作系统

互联网操作系统(internetwork operating system,IOS)是思科(Cisco)公司为其路由器和交换机等网络设备开发的操作系统,是这些设备重要的组成部分。最初 IOS 由威廉姆·耶格尔(William Yeager)于 1986 年编写,用于支持网络应用,后来的 IOS 得到了不断发展,出现了很多 IOS 版本,功能越来越强大。IOS 主要对设备的硬件实施控制和协调,实现设备互连并提供网络服务。用户通过 IOS 可以对路由器和交换机等网络设备进行配置、管理和维护。IOS 是一种通过命令行方式对设备进行配置的操作系统,配置的内容大致包括网络设备及连接接口功能设置、运行网络协议及设定协议地址和参数、数据传输与网络策略、安全管理等方面。

路由器和交换机的 IOS 是不相同的。交换机有初始设置,不进行任何配置也可以直接在网络中使用,但路由器必须进行配置才能在网络中使用。如果直接将路由器接入到网络中,路由器做不了任何工作。

当路由器或交换机启动以后,连接到路由器或交换机,就可以开始使用 IOS 对设备进行访问和控制。有多种方式可以连接到路由器或交换机等网络设备:

➢ 通过 Console 线连接 PC 的串行接口和网络设备的 Console 口(控制台接口),然后在 PC 运行超级终端访问设备的 IOS。图 2-1 为 Cisco 2621XM 路由器的接口示意图,Console、AUX、FastEthernet 三种接口的接头都属于 RJ-45 接口类型。
➢ 将调制解调器连接到设备的 AUX 口(辅助接口),通过远程拨号的方式访问设备。
➢ 通过 Telnet 远程访问设备。
➢ 启用 Web 方式,通过浏览器远程访问设备。

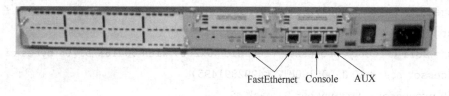

图 2-1　Cisco 2621 XM 路由器接口

2.2　设备启动

设备启动之前,要检查各种连线是否连接正确,特别注意那些不支持热插拔的接口,这些接口如果在设备工作时被插拔,很有可能会造成接口或设备的损坏。相对来说,路由器上不支持热插拔的连线比交换机更多。

　　检查完连线,可以把电源线插入设备的电源插口,并接通电源。一般,中低端的交换机没有电源开关,所以接通电源,交换机就启动了。路由器一般都有电源开关,打开电源开关,路由器开始启动。

　　设备首先进行加电自检(power on self test,POST),各种状态的指示灯会频繁地闪烁。加电自检完成后,工作正常的接口或模块,其指示灯显示为绿色。黄色或红色指示灯都表示工作不正常,红色代表更严重的故障。

　　通过加电自检后,路由器或交换机将在Flash(闪存)中查找IOS,将找到的IOS文件加载到RAM(内存)中运行。IOS加载成功后,将在NVRAM(non-volatile RAM)中寻找启动配置(startup-config),并将其复制到RAM中运行,而成为运行配置(running-config)。不过,路由器不像交换机,第一次启动时是没有启动配置的,启动过程中会自动进入设置(setup)模式。Flash又称为电可擦除可编程只读存储器(electrically erasable programmable read-only memory,EEPROM)。

　　以下是一台Cisco 2811路由器启动过程中显示的部分信息:

System Bootstrap, Version 12.1(3r)T2, RELEASE SOFTWARE (fc1)
Copyright (c) 2000 by cisco Systems, Inc.
cisco 2811 (MPC860) processor (revision 0x200) with 60416K/5120K bytes of memory
Self decompressing the image :
##
[OK]

　　#号表示路由器正在将IOS解压到RAM中,解压完成后,加载IOS并运行。下面的信息显示IOS的版本是12.4(15)T1。

[cut]
Cisco IOS Software, 2800 Software (C2800NM-ADVIPSERVICESK9-M), Version 12.4(15)T1, RELEASE SOFTWARE (fc2)
Technical Support: http://www.cisco.com/techsupport
Copyright (c) 1986-2007 by Cisco Systems, Inc.
Compiled Wed 18-Jul-07 06:21 by pt_rel_team
Image text-base: 0x400A925C, data-base: 0x4372CE20
[cut]
cisco 2811 (MPC860) processor (revision 0x200) with 60416K/5120K bytes of memory
Processor board ID JAD05190MTZ (4292891495)
M860 processor: part number 0, mask 49
2 FastEthernet/IEEE 802.3 interface(s)
239K bytes of non-volatile configuration memory.
62720K bytes of ATA CompactFlash (Read/Write)
Cisco IOS Software, 2800 Software (C2800NM-ADVIPSERVICESK9-M), Version 12.4(15)T1, RELEASE SOFTWARE (fc2)
Technical Support: http://www.cisco.com/techsupport

```
Copyright (c) 1986-2007 by Cisco Systems, Inc.
Compiled Wed 18-Jul-07 06:21 by pt_rel_team
```

这里显示出路由器有两个快速以太网接口,RAM 的大小是 64MB,NVRAM 的大小是 239 KB,Flash 的空间是 64 MB。如果 NVRAM 中没有配置,而且也无法从其他途径(如 TFTP)获得有效配置,则路由器自动进入设置(setup)模式,配置有关路由器的一些基本信息。按【Ctrl+C】组合键可以终止 setup 模式,如下所示:

```
        --- System Configuration Dialog ---
Continue with configuration dialog? [yes/no]:y
At any point you may enter a question mark '?' for help.
Use ctrl-c to abort configuration dialog at any prompt.
Default settings are in square brackets '[]'.

Basic management setup configures only enough connectivity
for management of the system, extended setup will ask you
to configure each interface on the system

Would you like to enter basic management setup? [yes/no]: y
Configuring global parameters:

    Enter host name [Router]:

The enable secret is a password used to protect access to
  privileged EXEC and configuration modes. This password, after
  entered, becomes encrypted in the configuration.
    Enter enable secret:Ctrl+C


Press RETURN to get started!
```

由于设置模式只能进行一些简单的配置(如主机名、密码等),所以一般使用较少,进行较为复杂的配置,都需要在命令行界面(command line interface,CLI)进行配置。

2.3 IOS 基本模式

在 IOS 的命令行界面,有三种基本模式:
➢ 用户模式(user mode)
路由器或交换机启动完成后,按回车键,就会进入用户模式,看到提示符 Router>,也称为用户 EXEC 模式。在用户模式下,只能进行有限的操作(如查看信息、ping 等),但不能查看设备的配置,更不能对设备进行配置。
➢ 特权模式(privileged mode)
也称为特权 EXEC 模式或 Enable 模式,在这种模式下可以查看、保存设备的配置信息,可以执行对设备各种操作。在用户模式下执行 enable 命令即可进入特权模式。

```
Router>enable
Router#
```

#提示符说明设备当前处于特权模式。路由器和交换机在特权模式下都可以通过执行 setup 命令进入设置模式,请注意交换机在启动时不会进入设置模式,要退出特权模式,执行 disable 命令:

```
Router#disable
Router>
```

使用 logout 命令可以退出控制台,回到设备启动后的状态:

```
Router>logout
Router con0 is now available
Press RETURN to get started.
```

➢ 全局模式(global mode)

在特权模式下,输入 configure terminal 命令或输入 configure 并选择 terminal 进入全局模式,提示符为 Router(config)#。全局模式是一种配置模式,也称为全局配置模式,可以对设备的配置进行修改。在全局模式下所做的配置是对整个设备都有效的配置,也就是说会影响整个设备,不只是对设备的某个部分有效。

```
Router#configure terminal
Enter configuration commands, one per line.  End with CNTL/Z.
Router(config)#
```

如果需要对设备的某个接口或某个功能进行单独配置,则从全局模式再进入局部的配置模式,这样的配置只对所配置的部分有效。例如,对接口 Fa0/0 进行的配置只会对 Fa0/0 有效,不会影响其他接口。如:

```
Router(config)#interface fa0/0
Router(config-if)#
```

提示符变成了 Router(config-if)#,表示进入接口配置模式。如果进行其他的局部配置,还会有不同的提示符。如:

```
Router(config-subif)#
Router(config-line)#
Router(config-router)#
```

上述三个提示符表示在路由器上对子接口、线路、路由协议进行配置。认识 CLI 的提示符很重要,因为它显示了当前所在的配置模式,有助于对设备的配置。

exit 命令可以返回到上一级模式,按【Ctrl+Z】或输入 end 命令可以退出配置模式,直接返回到特权模式。

2.4 IOS 帮助功能

帮助功能非常实用,可以帮助我们完成设备配置、故障排除等方面的工作。

如果不记得某个命令,可以在提示符下输入"?"查找需要执行的命令。例如,在用户模式下输入"?",显示的是在用户模式下可以执行的命令列表:

```
Router >?
Exec commands:
  <1-99>     Session number to resume
  connect    Open a terminal connection
  disable    Turn off privileged commands
  disconnect Disconnect an existing network connection
  enable     Turn on privileged commands
  exit       Exit from the EXEC
  logout     Exit from the EXEC
  ping       Send echo messages
  resume     Resume an active network connection
  show       Show running system information
  ssh        Open a secure shell client connection
  telnet     Open a telnet connection
  terminal   Set terminal line parameters
  traceroute Trace route to destination
```

如果只记得一个命令的前几个字母,那么输入这几个字母,紧跟着输入"?",就可以显示出这几个字母开头的所有命令。如:

```
Router#d?
debug  delete  dir  disable  disconnect
Router#d
```

输入"d?",以 d 开头的命令就全部显示出来了。另外,要想知道命令的下一步,也可以在命令后空一格输入"?"。例如,在 show 命令后空一格输入"?",可以列出 show 命令的下一步参数:

```
Router#show ?
  aaa          Show AAA values
  access-lists List access lists
  arp          Arp table
  cdp          CDP information
  class-map    Show QoS Class Map
  clock        Display the system clock
  controllers  Interface controllers status
```

```
  crypto           Encryption module
  debugging        State of each debugging option
  dhcp             Dynamic Host Configuration Protocol status
  file             Show filesystem information
  flash:           display information about flash: file system
  frame-relay      Frame-Relay information
  history          Display the session command history
  hosts            IP domain-name, lookup style, nameservers, and host table
  interfaces       Interface status and configuration
  ip               IP information
  line             TTY line information
  logging          Show the contents of logging buffers
  login            Display Secure Login Configurations and State
  ntp              Network time protocol
  policy-map       Show QoS Policy Map
--More--
```

还没有显示完,这时可按空格键显示下一页,也可按回车键每次显示下一行命令,若按其他键,则返回到提示符。

如果一条命令输入错误,IOS 会显示错误信息指出输入命令的错误之处。如:

```
Router#show ip aaa
               ^
% Invalid input detected at '^' marker.
```

指出了在"^"位置输入错误,很容易判断并进行改正。又如:

```
Router#show pr
% Ambiguous command: "show pr"
Router#
```

错误信息提示命令含义不明确,存在多个这样开头的命令。可以使用"?"看一下:

```
Router#show pr?
privilege   processes   protocols
```

有三个命令以 show pr 开头。

IOS 在设备上有历史命令缓存,曾经输入过的命令会保存在缓存区中。如果需要输入重复的命令,则可以直接从缓存中调出来使用,避免了重复输入。

使用上箭头键或【Ctrl+P】,向上查找之前输入过的命令。使用下箭头键或【Ctrl+N】,向下翻。在默认情况下,缓存中会保存 10 条命令,可以使用命令 show history 查看命令缓存:

```
Router#show history
  show debug
  show dhcp
```

show flasn

show flash

show history

show conf

show config

show running-config

show startup-config

show history

缓存区的大小可以使用下列命令进行修改。

Router#terminal history size ?
<0-256>　Size of history buffer

另外,使用命令 show terminal 可以显示终端配置和历史命令缓存区的大小。

Router#show terminal
Line 0, Location：, Type：
Length：24 lines, Width：80 columns
Baud rate (TX/RX) is 9600/9600, no parity, 1 stopbits, 8 databits
Status：PSI Enabled, Ready, Active, Automore On
Capabilities：none
Modem state：Ready
Modem hardware state：CTS * noDSR　DTR RTS
Special Chars：Escape　Hold　Stop　Start　Disconnect　Activation
　　　　　　　~x　　　none　-　-　　　　none
Timeouts：　　　Idle EXEC　　Idle Session　Modem Answer　Session　Dispatch
00:10:00　　　　never　　　　　　　　　　　none　　　　　not set
　　　　　　　　　　　　　Idle Session Disconnect Warning
　　　　　　　　　　　　　　never
　　　　　　　　　　　　　Login-sequence User Response
　　　　　　　　　　　　　　00:00:30
　　　　　　　　　　　　　Autoselect Initial Wait
　　　　　　　　　　　　　　not set
Modem type is unknown.
Session limit is not set.
Time since activation：00:03:04
Editing is enabled.
History is enabled, history size is 10.
DNS resolution in show commands is enabled
Full user help is disabled
Allowed input transports are All.
Allowed output transports are pad telnet rlogin.

Preferred transport is telnet.
No output characters are padded
No special data dispatching characters

IOS 还有可用的编辑快捷键,使输入命令更加方便:

【Ctrl+A】:光标移到行首

【Ctrl+E】:光标移到行尾

【Ctrl+F】:光标向前移动一个字符

【Ctrl+B】:光标向后移动一个字符

【Esc+F】:光标向前移动一个字

【Esc+B】:光标向后移动一个字

【Ctrl+D】:删除一个字符

【Ctrl+R】:重新显示一行

【Ctrl+U】:删除一行

【Ctrl+W】:删除一个字

【Ctrl+Z】:退出配置模式,返回到特权模式

【Ctrl+C】:从 Setup 模式退回到命令行模式

【TAB 键】:帮助完成命令的输入

如果命令行太长,命令不会换行,命令行自动向左滚动,IOS 以一个"$"符号代表缩进的字母。另外,如果命令没有不明确的含义,则输入的时候可以不将命令全部输完,如 show 可以只输入 sh,因为 sh 在没有其他含义的情况下代表的就是 show。

2.5 路由器和交换机管理

在设备管理方面,有些操作路由器和交换机都需要,所以有些命令对路由器和交换机来说功能是一样的。不特别声明的情况下,以路由器为例进行配置。

➢ 设置主机名(hostname)

Router#conf t
Enter configuration commands, one per line. End with CNTL/Z.
Router(config)#hostname Router-A
Router-A(config)#

根据需求或网络环境配置主机名有利于设备和网络管理。

➢ 密码设置

需要设置的密码有 5 种:特权模式密码、特权模式加密密码、Console 密码、AUX 密码和 VTY 密码,前两种用于进入特权模式,后面三种分别通过 Console 口、AUX 口和 Telnet 进入设备的用户模式。

Router-A#conf t
Enter configuration commands, one per line. End with CNTL/Z.
Router-A(config)#enable ?
  password Assign the privileged level password

```
  secret      Assign the privileged level secret
Router-A(config)#enable password 123456
Router-A(config)#enable secret 123456
Router-A(config)#
```

对于特权模式密码(俗称 enable 密码),加密密码优于明文密码,明文密码在配置文件中可见,而加密密码看到的是一长串字符。

配置另外三种进入用户模式的密码需要使用命令 line,并使用 login 命令让密码有效。

```
Router-A#conf t
Enter configuration commands, one per line.  End with CNTL/Z.
Router-A(config)#line ?
 <2-499>   First Line number
  aux      Auxiliary line
  console  Primary terminal line
  tty      Terminal controller
  vty      Virtual terminal
  x/y/z    Slot/Subslot/Port for Modems
Router-A(config)#line console ?
 <0-0>   First Line number
Router-A(config)#line console 0
Router-A(config-line)#password abc123
Router-A(config-line)#login
Router-A(config-line)#line aux 0
Router-A(config-line)#password abc123
Router-A(config-line)#login
Router-A(config-line)#line vty 0 ?
% Unrecognized command
Router-A(config-line)#exit
Router-A(config)#line vty 0 ?
 <1-15>  Last Line number
 <cr>
Router-A(config)#line vty 0 15
Router-A(config-line)#password abc123
Router-A(config-line)#login
```

Console 和 AUX 都只有一个端口,所以只能选择编号 0。但 VTY 可以有多条线路,所以有两个参数,默认是 5 条线路 0~4,具体可以有多少条,通过输入"?"可知。在(config-line)#提示符下输入 line vty 0 ? 不被 IOS 接受,因为输入的命令在该提示符下的帮助不可用。但如果输入完整的命令 line vty 0 4,系统会接受这条命令,正如前面系统接受了输入的 line aux 0。这种情况只要使用 exit 命令后退一级就可以让帮助可用。

如果没有设置 VTY 密码,通过 Telnet 将会遭到设备的拒绝,也就是说必须设置 VTY 密码才允许 Telnet 登录设备。如果要绕开这种限制,让设备在没有设置 VTY 密码的情况下也能通过 Telnet 登录,可以使用 no login 命令:

```
Router-A(config)#line vty 0 4
Router-A(config-line)#no login
```

但不需密码即可登录对设备不安全,不建议这样做。

对于 Console 还有两个非常有用的命令:exec-timeout 和 logging synchronous。exec-timeout 设置控制台 EXEC 会话的超时时间,即多长时间没有操作就会退出控制,类似 Windows 操作系统的屏保。默认为 10 分钟,exec-timeout 0 0 将设置为永不超时。logging synchronous 用来避免控制台消息影响输入配置命令,这些消息将在退回到设备提示符后再出现,不会因为消息的输出打断配置命令的输入。

```
Router-A(config)#line console 0
Router-A(config-line)#exec-timeout ?
<0-35791>   Timeout in minutes
Router-A(config-line)#exec-timeout 0 ?
<0-2147483>  Timeout in seconds
<cr>
Router-A(config-line)#exec-timeout 0 0
Router-A(config-line)#logging synchronous
```

➢ 创建旗标(banner)

旗标是向远程接入设备的人员发布的提示信息,可以是设备管理者想告诉登录人员的信息,如登录注意事项,也可以是向登录人员发出警告信息,请没有得到授权的登录者立即终止登录。

旗标分为 EXEC process creation banner、incoming terminal line banner、login banner 和 Message of the Day banner (MOTD)四种,其中 MOTD(每日消息)是最常用的旗标,向通过 Console 口、AUX 口或 Telnet 连接设备的人员显示一条信息。

```
Router-A(config)#banner ?
  exec       Set EXEC process creation banner
  incoming   Set incoming terminal line banner
  login      Set login banner
  motd       Set Message of the Day banner
Router-A(config)#banner motd ?
  LINE   c banner-text c, where 'c' is a delimiting character
Router-A(config)#banner motd #Welcome! #
Router-A(config)#end
Router-A#
%SYS-5-CONFIG_I: Configured from console by console
Router-A#logout
Router-A con0 is now available
```

Press RETURN to get started.
Welcome!
User Access Verification
Password：

EXEC process creation banner 是 EXEC 进程创建旗标，会在 EXEC 进程创建时显示，如线路激活、有 VTY 线路连接等。incoming terminal line banner 是接入终端线路旗标，可以给使用反向 Telnet 的用户提供操作信息，所谓反向远程登录是指经由异步线路与 Modem 连接启动 Telnet 会话，而不是通过 line vty 0 4。login banner 是登录旗标，这种旗标显示在 MOTD 旗标之后，登录提示之前。要禁用登录旗标，必须在全局配置模式使用 no banner login 命令。以下是 login banner 的实例：

假设在路由器 Router2 上配置 MOTD 旗标"Welcome!"，配置 login 旗标"Please modify the original password!"，告诉远程登录用户修改原始密码。

Router2(config)#banner motd #
Enter TEXT message. End with the character '#'.
Welcome! #
(在 Welcome 前插入了一个回车)
Router2(config)#banner login#Please modify the original password! #

然后从路由器 Router0 通过 Telnet 登录到 Router2：

Router0#telnet 172.16.1.2(Router2 的 IP 地址)
Trying 172.16.1.2 ...Open
Welcome!
Please modify the original password!
User Access Verification
Password：

➢ 设置 Secure Shell

Telnet 并不对数据进行加密，存在安全隐患。Secure Shell (SSH)对发送数据进行加密，安全性高于 Telnet，可以替代 Telnet 实施更安全的登录。设置 SSH 包括以下步骤：
(1) 设置主机名和域名，用于生成加密密钥

Router-A(config)#ip domain-name Orient.com

(2) 设置用户名和密码

Router-A(config)#username sshuser password 123456

(3) 生成加密密钥

Router-A(config)#crypto key generate rsa
The name for the keys will be：Router-A.Orient.com
Choose the size of the key modulus in the range of 360 to 2048 for your
   General Purpose Keys. Choosing a key modulus greater than 512 may take
   a few minutes.

How many bits in the modulus [512]: 1024

% Generating 1024 bit RSA keys, keys will be non-exportable...[OK]

*3? 1 4:51:16.889: %SSH-5-ENABLED: SSH 1.99 has been enabled

(4) 进入 VTY 配置模式

Router-A(config)#line vty 0 15

(5) 将 Telnet 和 SSH 都作为接入协议

Router-A(config-line)#transport ?
 input Define which protocols to use when connecting to the terminal server
 output Define which protocols to use for outgoing connections
Router-A(config-line)#transport input ?
 all All protocols
 none No protocols
 ssh TCP/IP SSH protocol
 telnet TCP/IP Telnet protocol
Router-A(config-line)#transport input all

接入协议也可以只选 SSH 或 Telnet 中的一个。注意，不同设备对 SSH 的配置可能稍有不同。

> 查看启动配置

命令 show startup-config 可以查看保存在设备 NVRAM 中的启动配置信息。

> 查看运行配置

命令 show running-config 可以查看当前在内存中运行的配置信息。对设备进行配置后，需要使用该命令检查所做的配置是否已经在配置中。处理故障时也需要经常使用该命令查看配置。

Router-A#sh running-config
Building configuration...
Current configuration : 769 bytes
version 12.2
no service timestamps log datetime msec
no service timestamps debug datetime msec
no service password-encryption
!
hostname Router-A
!
enable secret 5 1mERr$H7PDxl7VYMqaD3id4jJVK/
enable password 123456
!
username sshuser password 0 123456
!

```
ip domain-name Orient.com
!
interface FastEthernet0/0
 no ip address
 duplex auto
 speed auto
 shutdown
!
interface FastEthernet0/1
 no ip address
 duplex auto
 speed auto
 shutdown
!
ip classless
!
banner motd ^CWelcome! ^C
!
line con 0
 exec-timeout 0 0
 password abc123
 logging synchronous
 login
!
line aux 0
 password abc123
 login
!
line vty 0 4
 password abc123
 no login
 transport input ssh
line vty 5 15
 password abc123
 login
 transport input ssh
!
end
```

从上述显示中可以看到前面所做的配置信息。

➢ 保存配置

保存配置就是在特权模式下，将 RAM 中的运行配置复制到 NVRAM 保存，文件名为 startup-config，如下：

```
Router-A#copy running-config startup-config
Destination filename [startup-config]?
Building configuration...
[OK]
Router-A#
```

[startup-config]中是默认的文件名，按回车选择，也可以使用其他的文件名。在特权模式下，还可用 write 命令保存配置，但不会提示选择文件，而是使用默认文件名 startup-config 直接保存。

> 删除配置

使用的命令是 erase startup-config，如下：

```
Router-A# erase ?
  startup-config   Erase contents of configuration memory
Router-A# erase start
Router-A# erase startup-config
Erasing the nvram filesystem will remove all configuration files! Continue? [confirm]
[OK]
Erase of nvram: complete
%SYS-7-NV_BLOCK_INIT: Initialized the geometry of nvram
Router-A#sh startup-config
startup-config is not present
Router-A#reload
Proceed with reload? [confirm]
System Bootstrap, Version 12.1(3r)T2, RELEASE SOFTWARE (fc1)
Copyright (c) 2000 by cisco Systems, Inc.
[cut]
```

配置删除以后，如果通过 reload 命令重启路由器，会进入到设置模式，因为 NVRAM 中已没有配置文件。

> 对密码进行加密

从前面的配置来看，在默认情况下，只有特权密码可以配置明文和密文两种密码，其余的密码都是明文的，不过可以对这些明文密码进行加密，增强密码的安全性。命令是在全局配置模式下使用 service password-encryption。

```
Router-A#conf t
Enter configuration commands, one per line.  End with CNTL/Z.
Router-A(config)#service password-encryption
Router-A(config)#end
```

```
Router-A#sh run
Building configuration...
Current configuration : 814 bytes
!
version 12.2
no service timestamps log datetime msec
no service timestamps debug datetime msec
service password-encryption
!
hostname Router-A
!
enable secret 5 $1$mERr$H7PDxl7VYMqaD3id4jJVK/
enable password 7 08701E1D5D4C53
!
username sshuser password 7 08701E1D5D4C53
!
ip domain-name Orient.com
!
interface FastEthernet0/0
 no ip address
 duplex auto
 speed auto
 shutdown
!
interface FastEthernet0/1
 no ip address
 duplex auto
 speed auto
 shutdown
!
ip classless
!
banner motd ^CWelcome! ^C
!
line con 0
 exec-timeout 0 0
 password 7 08204E4D584B56
 logging synchronous
 login
!
```

```
line aux 0
 password abc123
 login
!
line vty 0 4
 password 7 08204E4D584B56
 no login
 transport input ssh
line vty 5 15
 password 7 08204E4D584B56
 login
 transport input ssh
!
end
```

可以看到所有的密码都已被加密。如果要恢复对密码不加密的状态,在全局模式下使用命令 no service password-encryption 即可。不过,有时可能需要重启一下路由器才能看到明文密码。

> 接口描述

配置接口描述是说明接口的用途、连接情况等信息,便于网络的管理。该命令是否配置并不影响接口的功能和运行,只是为管理员提供帮助信息,当链路出现故障时非常有用。命令是在接口模式下使用 description。如:

```
Router-A#conf t
Enter configuration commands, one per line.   End with CNTL/Z.
Router-A(config)#interface fa0/0
Router-A(config-if)#description This is No.1 connection to Core Router
Router-A(config-if)#end
Router-A#
```

> show processes

查看设备 CPU 的利用率及正在运行的进程列表。如:

```
Router-A#show processes
CPU utilization for five seconds: 0%/0%; one minute: 0%; five minutes: 0%
 PID QTy       PC Runtime (ms)     Invoked   uSecs    Stacks TTY Process
   1 Csp 602F3AF0              0       1627       0 2600/3000   0 Load Meter
   2 Lwe 60C5BE00              4        136      29 5572/6000   0 CEF Scanner
   3 Lst 602D90F8           1676        837    2002 5740/6000   0 Check heaps
   4 Cwe 602D08F8              0          1       0 5568/6000   0 Chunk Manager
   5 Cwe 602DF0E8              0          1       0 5592/6000   0 Pool Manager
   6 Mst 60251E38              0          2       0 5560/6000   0 Timers
   7 Mwe 600D4940              0          2       0 5568/6000   0 Serial Backgrou
```

```
    8 Mwe 6034B718             0          1     0 2584/3000    0 OIR Handler
    9 Mwe 603FA3C8             0          1     0 5612/6000    0 IPC Zone Manage
   10 Mwe 603FA1A0             0       8124     0 5488/6000    0 IPC Periodic Ti
```
[cut]

首行显示的是最后 5 秒钟内 CPU 的利用率,第一个百分比是总的利用率,第二个百分比是因中断程序运行而达到的利用率。接下来是 1 分钟内 CPU 的利用率和 5 分钟内 CPU 的利用率。进程列表显示了进程 ID、优先权、运行时间、调用次数等信息。

➢ do 命令

使用该命令可以在配置模式运行特权模式下的命令,如 show running-config 是在特权模式下运行的命令,不能在配置模式下运行,每次进行配置后,都必须退回到特权模式才能看运行配置,很不方便。有了 do 命令,不退回特权模式也可以查看配置。

```
Router-A#conf t
Enter configuration commands, one per line.  End with CNTL/Z.
Router-A(config)#sh run
                  ^
% Invalid input detected at "^" marker.
Router-A(config)#do sh run
Building configuration...
Current configuration : 821 bytes
```
[cut]

➢ 交换机虚拟接口

如果需要从远程访问交换机,则需要在交换机的虚拟接口 VLAN 1 上配置 IP 地址,并为交换机指定默认网关。

```
Switch0#conf t
Enter configuration commands, one per line.  End with CNTL/Z.
Switch0(config)#int vlan 1
Switch0(config-if)#ip address 192.168.10.1 255.255.255.0
Switch0(config-if)#no shutdown
Switch0(config-if)#exit
Switch0(config)#ip default-gateway 192.168.10.254
Switch0(config)#end
Switch0#
```

命令 ip default-gateway192.168.10.254 就是给交换机 Switch0 配置了默认网关 192.168.10.254,以便交换机被远程登录时可以把信息传送到远程终端上。

2.6 路由器命令

路由器比交换机复杂、功能更强,有些命令虽然可以在路由器和交换机上使用,但显示的内容却不一样。不过,在路由器上使用熟练以后,再到交换机上使用会很容易。当然,涉及网络层的一些命令只有路由器才使用。

➢ show version

查看路由器系统的硬件配置、软件版本、IOS 等基本信息,包括型号、IOS 文件名、接口、存储、配置寄存器等。

Router#sh version
Cisco Internetwork Operating System Software
IOS (tm) C2600 Software (C2600-I-M), Version 12.2(28), RELEASE SOFTWARE (fc5)
Technical Support: http://www.cisco.com/techsupport
Copyright (c) 1986-2005 by cisco Systems, Inc.
Compiled Wed 27-Apr-04 19:01 by miwang
Image text-base: 0x8000808C, data-base: 0x80A1FECC

ROM: System Bootstrap, Version 12.1(3r)T2, RELEASE SOFTWARE (fc1)
Copyright (c) 2000 by cisco Systems, Inc.
ROM: C2600 Software (C2600-I-M), Version 12.2(28), RELEASE SOFTWARE (fc5)

System returned to ROM by reload
System image file is "flash:c2600-i-mz.122-28.bin"

这是 IOS 文件名。

Cisco 2621 (MPC860) processor (revision 0x200) with 253952K/8192K bytes of memory.
Processor board ID JAD05190MTZ (4292891495)
M860 processor: part number 0, mask 49
Bridging software.
X.25 software, Version 3.0.0.
2 FastEthernet/IEEE 802.3 interface(s)
32K bytes of non-volatile configuration memory.
63488K bytes of ATA CompactFlash (Read/Write)
Configuration register is 0x2102

最后一行显示的是配置寄存器的值 0x2102。

➢ show interface

查看路由器所有接口的状态,也可以在后面加上接口编号,查看某个接口的状态。接口编号格式是 type slot/port,指明了接口类型、所在的槽号和端口号。

Router#sh int fa0/0
FastEthernet0/0 is administratively down, line protocol is down (disabled)
  Hardware is Lance, address is 0004.9aca.1001 (bia 0004.9aca.1001)
  MTU 1500 bytes, BW 100000 Kbit, DLY 100 usec,

reliability 255/255, txload 1/255, rxload 1/255
　Encapsulation ARPA, loopback not set
　ARP type: ARPA, ARP Timeout 04:00:00,
　Last input 00:00:08, output 00:00:05, output hang never
　Last clearing of "show interface" counters never
　Input queue: 0/75/0 (size/max/drops); Total output drops: 0
　Queueing strategy: fifo
　Output queue :0/40 (size/max)
　5 minute input rate 0 bits/sec, 0 packets/sec
　5 minute output rate 0 bits/sec, 0 packets/se
[cut]

另一个接口 s1/0 的输出：

Router#sh inter s1/0
Serial1/0 is up, line protocol is up (connected)
　Hardware is HD64570
　Internet address is 192.168.10.1/24
　MTU 1500 bytes, BW1544 Kbit, DLY 20000 usec,
　　reliability 255/255, txload 1/255, rxload 1/255
　Encapsulation HDLC, loopback not set, keepalive set (10 sec)
　Last input never, output never, output hang never
　Last clearing of "show interface" counters never
　Input queue: 0/75/0 (size/max/drops); Total output drops: 0
　Queueing strategy: weighted fair
　Output queue: 0/1000/64/0 (size/max total/threshold/drops)
　　Conversations　0/0/256 (active/max active/max total)
　　Reserved Conversations 0/0 (allocated/max allocated)
　　Available Bandwidth 3750 kilobits/sec
　5 minute input rate 0 bits/sec, 0 packets/sec
　5 minute output rate 0 bits/sec, 0 packets/sec
　　0 packets input, 0 bytes, 0 no buffer
　　Received 0 broadcasts, 0 runts, 0 giants, 0 throttles
　　0 input errors, 0 CRC, 0 frame, 0 overrun, 0 ignored, 0 abort
　　0 packets output, 0 bytes, 0 underruns
　　0 output errors, 0 collisions, 1 interface resets
　　0 output buffer failures, 0 output buffers swapped out
　　0 carrier transitions
　　DCD = up　DSR = up　DTR = up　RTS = up　CTS = up

　　接口 fa0/0 显示信息的第一行 FastEthernet0/0 is administratively down 给出的是接口的物理层状态，up 表示正常，能检测到载波；down 表示物理线路有问题，administratively down

说明接口还处于关闭状态,还没有被启用。line protocol is down 给出的是接口的数据链路层状态,up 表示链路层数据封装没有问题,线路是激活状态;down 表示数据链路层没有被激活,没有收到对端发过来的正确消息。如果接口的物理层是 down 状态,那么数据链路层的状态肯定也是 down。只有接口的物理层状态是 up,数据链路层状态才可能是 up。如果接口的数据链路层有问题,那么即使接口的物理层已是 up 状态,链路层的状态也会是 down。

第三行 MTU 1500 bytes 说明最大传输单元是 1 500 个字节;BW 100000 Kbit 说明带宽是 100Mbit/s,即为快速以太网。

第二个接口 S1/0 处于一种正常的连接状态,物理层、数据链路层都是 up 状态,而且已配置 IP 地址和子网掩码 192.168.10.1/24。特别是有 keepalive set (10 sec),说明每隔 10 秒钟要向邻居发送一条 keepalive 存活消息,对端接口同样也会每隔 10 秒发一条存活消息,双方一致。keepalive 可以设置的值是 0~30 秒,默认为 10 秒,双方必须设置一致,否则不能相互通信。

如果一个接口有 3 个编号,如 S0/0/1,则第一个编号 0 表示路由器本身,第二个编号 0 为槽号,第三个编号 1 为端口号。

要激活一个接口,用 no shutdown 命令;要关闭一个已激活的接口,用 shutdown 命令。例如:

Router#conf t
Enter configuration commands, one per line.　End with CNTL/Z.
Router(config)#int fa0/0
Router(config-if)#no shutdown
%LINK-5-CHANGED: Interface FastEthernet0/0, changed state to up
Router(config-if)#shutdown
Router(config-if)#
%LINK-5-CHANGED: Interface FastEthernet0/0, changed state to administratively down

路由器用于连接不同的网络,当一个接口连接一个网络时需要配置所属网络的 IP 地址及子网掩码。在接口模式下配置 IP 地址的命令是 ip address。

Router(config)#int fa0/0
Router(config-if)#ip address 172.16.10.10 255.255.255.0
Router(config-if)#no shutdown

在同一个接口上,后面配置的 IP 地址和子网掩码将取代原来配置的 IP 地址和子网掩码。如果有需要,可以给同一个接口配置多个 IP 地址,但要使用参数 secondary,称为辅助 IP 地址。例如,可以在一个接口配置多个 IP 地址模拟不同网段中的 IP 地址,用于测试。

> 重置接口计数器

在 show interface 命令的输出结果中,每个接口都有很多的计数器,显示的是重要的统计信息,如收发的分组、错误的个数等。如果要把这些计数器清零,让它们重新计数,可以在特权模式下使用命令 clear counters。

> show ip interface

显示所有接口的第三层配置信息,以一个接口作为示例:

```
Router0#sh ip interface
Serial1/0 is up, line protocol is up (connected)
  Internet address is 192.168.10.1/24
  Broadcast address is 255.255.255.255
  Address determined by setup command
  MTU is 1500
  Helper address is not set
  Directed broadcast forwarding is disabled
  Outgoing access list is not set
  Inbound  access list is not set
  Proxy ARP is enabled
  Security level is default
  Split horizon is enabled
[cut]
```

> show ip interface brief

显示所有接口的摘要信息，包括 IP 地址、状态等：

```
Router0#sh ip interface brief
Interface            IP-Address      OK? Method Status                Protocol
FastEthernet0/0      unassigned      YES unset  administratively down down
FastEthernet0/1      unassigned      YES unset  administratively down down
Serial1/0            192.168.10.1    YES manual up                    up
Serial1/1            unassigned      YES unset  down                  down
Serial1/2            unassigned      YES unset  down                  down
Serial1/3            unassigned      YES unset  down                  down
```

> 串行接口配置

串行接口跟以太网接口不同，以太网接口是局域网接口，而串行接口是广域网接口，需要获取时钟频率。这里涉及两种类型的设备：一种是数据通信设备（data communication equipment，DCE）；另一种是数据终端设备（data terminal equipment，DTE）。一般客户端的路由器属于 DTE，使用串行接口通过 CSU/DSU 设备连接到 DCE 网络，而时钟频率由 DCE 提供，作为 DTE 的路由器串行接口只需接收时钟频率即可。如果是两个路由器的串行接口直接互连，则其中一端作为 DCE，另一端作为 DTE，并在 DCE 端配置时钟频率，另一端接收时钟频率。配置时钟频率是在串行接口配置模式下使用命令 clock rate。

如图 2-2 所示，路由器 Router0 与 Router1 的两个串行接口直接相连，在模拟器中，哪一端是 DCE，跟接口连接的串行电缆的类型有关，连接 DCE 电缆的一端就是 DCE 端，另一端连接的就是 DTE 电缆。Router0 的接口 S1/0 处有一个时钟标识，说明 Router0 这一端是 DCE，需要配置时钟。

路由器 Router0 上的配置：

```
Router0#configure terminal
Enter configuration commands, one per line.  End with CNTL/Z.
```

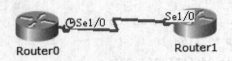

图 2-2 路由器互连

Router0(config)#int s1/0
Router0(config-if)#clock rate ?
Speed (bits per second)
　1200
　2400
　4800
　9600
　19200
　38400
　56000
　64000
　72000
　125000
　128000
　148000
　250000
　500000
　800000
　1000000
　1300000
　2000000
　4000000
<300-4000000>　Choose clockrate from list above
Router0(config-if)#clock rate 72000
Router0(config-if)#

这里列出来了所有可以配置的时钟频率，单位是比特/秒。如果要使路由器 Router0 和 Router1 能够相互通信，还需给两端的串行接口配置 IP 地址，并启用接口。有些路由器可以自动检测 DCE 连接并将时钟频率设置为 2000000，不需使用 clock rate 设置。

➢ show controllers

连接串行接口的线缆两端是有区别的，DCE 端连接 DCE 设备，DTE 端连接 DTE 设备，连接时需查看线缆两端的标识。使用命令 show controllers 可以查看接口连接的串行线缆是 DCE 线还是 DTE 线。例如，

在路由器 Router0 上显示为 DCE，V.35 是串行接口的类型：

Router0#show controllers s1/0

Interface Serial1/0

Hardware is PowerQUICC MPC860

DCE V.35, clock rate 72000

[cut]

在路由器 Router1 上显示为 DTE：

Router1#sh controllers s1/0

Interface Serial1/0

Hardware is PowerQUICC MPC860

DTE V.35 TX and RX clocks detected

[cut]

> 修改接口带宽

在思科路由器上，串行接口的带宽默认是 T1 (1.544 Mbit/s)，不过这并不是接口的实际带宽，串行接口的实际带宽是由时钟频率决定的。这个可以修改的带宽只会影响路由的选择，通过修改带宽可以让路由协议选择不同的路由。修改带宽的命令是 bandwidth：

Router0(config)#int s1/0

Router0(config-if)#bandwidth ?

<1-10000000> Bandwidth in kilobits

Router0(config-if)#bandwidth 5000

2.7 路由器内部结构

前面提到路由器启动时从 Flash 中加载 IOS、从 NVRAM 复制配置文件到内存 RAM 中运行，这些操作与路由器的内部结构密切相关。

思科路由器一般具有以下一些组件：

> 只读存储器 ROM

ROM 中保存有加电自检程序 POST、引导程序 Bootstrap、ROM monitor 和 Mini IOS。POST 用于路由器启动时检测其硬件的基本功能、硬件运行是否正常及确定可用接口。Bootstrap 初始化路由器，并加载 IOS。ROM monitor 是对路由器硬件操作的机器语言微代码，用于测试或故障诊断。在路由器加电后 60 秒之内按【Break】键或【Ctrl＋Break】键，可以进入该模式，提示符为"ROMMON >"或">"。Mini IOS 是一个小型的 IOS，主要在路由器没有 IOS 时起作用，也可用于进行一些维护操作，提示符为"hostname(boot)>"。（型号较新的思科路由器 Mini IOS 已与 ROM monitor 合并为一个部分。）

> NVRAM

非易失性 RAM 用于存储路由器的配置文件、配置寄存器(configuration register)。配置寄存器用于控制路由器的启动方式，默认值是 0x2102，代表着正常的启动。

> 闪存 Flash

闪存 Flash 又称为电可擦除可编程的只读存储器(electronically erasable programmable read-only memory，EEPROM)，用于存储路由器的 IOS。

> 内存 RAM

用于存储路由器运行时所需的软件和数据结构，IOS、配置文件都要加载到 RAM 中运行。

了解了路由器的内部组件，更易理解路由器启动的操作过程：POST--> Bootstrap--> IOS--> 启动配置--> Setup。如果能够找到启动配置，就不会进入 Setup 模式。

由于可以将 IOS 和配置文件备份到 TFTP 服务器，所以当路由器在 Flash 或 NVRAM 中找不到 IOS 或启动配置时，会尝试从 TFTP 服务器查找 IOS 或配置文件。加载 IOS 的默认顺序是 Flash、TFTP 服务器、ROM。对于配置文件，当路由器在 NVRAM 中找不到启动配置时，就会尝试查找 TFTP 服务器可使用的配置文件，如果也找不到，就进入 Setup 模式。虽然大多数情况下路由器都找不到 TFTP 服务器，但是这个查找的步骤仍然会进行。

2.8 配置寄存器与密码恢复

配置寄存器（configuration register）亦称配置注册码，对路由器来说配置寄存器非常重要。配置寄存器由 4 位十六进制数组成，默认值是 0x2102，代表的启动方式是从 Flash 加载 IOS，然后在 NVRAM 中查找启动配置。要查看当前配置寄存器，可以使用 show version 命令，最后一行显示的就是配置寄存器。

Router0#show version
Cisco Internetwork Operating System Software
[cut]

Configuration register is 0x2102

配置寄存器按从左至右的顺序分别为 15 到 0 位，下面介绍一些重要位的含义。

0-3 启动字段，00 启动 ROM monitor 模式；01 加载 Mini IOS；02-F 为默认启动。
6 忽略 NVRAM 中的启动内容。
8 禁止中断。
13 若网络启动失败，则启动默认的 ROM 软件。

默认值 0x2102 就是第 13 位和第 8 位取 1、启动字段取 02 得到的值。一般，0x2102 的前两位 21 是不能改变的，否则在超级终端中将无法正确显示路由器的信息。在正常情况下，第 6 位的值为 0，当把它置 1 时，可以跳过启动配置，此时，配置寄存器的值改变为 0x2142。

要修改配置寄存器的值，在全局配置模式下使用命令 config-register，例如：

Router0#conf t
Enter configuration commands, one per line.   End with CNTL/Z.
Router0(config)#conf
Router0(config)#config-register ?
   WORD   Config register number
Router0(config)#config-register 0x2100
Router0(config)#do sh version
Cisco Internetwork Operating System Software
[cut]
Configuration register is 0x2102 (will be 0x2100 at next reload)

已将配置寄存器的值修改为0x2100,但要在重启路由器后才生效。生效后路由器重启时会进入ROM monitor模式,提示符为"rommon>"。

Router0♯ reload
Proceed with reload? [confirm]
System Bootstrap, Version 12.1(3r)T2, RELEASE SOFTWARE (fc1)
Copyright (c) 2000 by cisco Systems, Inc.
Cisco 2621 (MPC860) processor (revision 0x200) with 253952K/8192K bytes of memory
rommon 1 >?
boot   boot up an external process
confreg   configuration register utility
dir   list files in file system
help   monitor builtin command help
reset   system reset
set   display the monitor variables
tftpdnld   tftp image download
unset   unset a monitor variable
rommon 2 > confreg 0x2102
rommon 3 > reset

再将配置寄存器的值修改回0x2102,并重启路由器,路由器正常启动。注意:在ROM monitor模式下修改配置寄存器使用的命令是不同的。

如果忘记了路由器的登录密码,将无法登录到路由器。因为密码都是保存在配置文件中,我们可以通过修改配置寄存器的第6位,将其值置为1,让路由器在启动过程中不加载NVRAM中的配置文件,这样不需要任何密码就可以进入到路由器的特权模式。然后就可以在全局配置模式下修改登录密码。详细步骤如下:

(1) PC串行接口与路由器的Console口通过反转线连接好,打开超级终端。

(2) 启动路由器,在路由器引导时按下PC键盘上的Ctrl+<Break>进入ROM monitor模式。

(3) 在rommon>提示符下,使用命令confreg 0x2142将配置寄存器的值修改为0x2142。如果是思科2500系列路由器,修改配置寄存器的命令是o/r 0x2142。

(4) 重启路由器并进入特权模式。2600系列路由器重启命令是reset,2500系列路由器重启命令是输入I(initialize)。重启过程中不会需要登录密码和enable密码,因为根据配置寄存器忽略了配置文件的执行。

(5) 将启动配置复制到运行配置:copy startup-config running-config,进入全局配置模式将登录密码、enable密码修改为新的密码。

(6) 将配置寄存器的值修改为默认值:config-register 0x2102。

(7) 保存配置并重启路由器。

如果发现路由器重启后还是提示是否进入Setup模式,有可能是配置寄存器的值没有设置正确,需要进一步进行确认。

2.9 IOS 与配置文件的备份与恢复

由于 IOS、配置文件对路由器的运行都非常重要，所以需要对 IOS、配置文件进行备份，以便当 IOS、配置文件出现异常时能够得到及时恢复，保证路由器的正常运行。

IOS、配置文件的备份与恢复需要使用简单的文件传送协议（trivial file transfer protocol, TFTP），TFTP 是一个很小且易于实现的协议。TFTP 只支持文件传输而不能像 FTP 那样支持交互，也不能对用户进行身份鉴别，但可对文件进行读写操作。TFTP 使用 UDP 数据报，使用熟知端口号 69，其具有自身的可靠性保障措施。TFTP 代码占用的内存空间不大，开销小且灵活性好。

下面介绍 IOS 的备份与恢复，配置文件的备份与恢复与 IOS 的操作类似。

可以使用任何一台 TFTP 服务器或主机对 IOS 进行备份，我们知道 IOS 存放在路由器的 Flash 中，备份操作就是将 IOS 从 Flash 复制到 TFTP 服务器中。

复制之前，要连接 TFTP 服务器的以太网接口与路由器的以太网接口，配置好 IP 地址、子网掩码、默认网关等参数。在 TFTP 服务器上运行 TFTP 服务器软件，选择好保存 IOS 的途径（默认的工作路径），并确保服务器的存储空间够用，如图 2-3 所示。

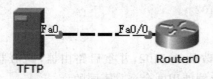

图 2-3　TFTP 服务器

在对 IOS 进行恢复、升级等操作时，需要了解 Flash 的空间是否还有充足的空间保存新的 IOS 文件，否则原有的文件会被覆盖。查看的命令是 show flash。例如：

Router0#sh flash

System flash directory:

File	Length	Name/status
1	5571584	c2600-i-mz.122-28.bin
2	28282	sigdef-category.xml
3	227537	sigdef-default.xml

[5827403 bytes used, 58188981 available, 64016384 total]

可以看到，上述路由器的 Flash 空间有 64MB，已经使用约 5.8MB，剩余空间还有约 58MB。show flash 还显示了 Flash 中的所有文件，这里 IOS 的文件名为 c2600-i-mz.122-28.bin。show version 命令虽然也可以显示 Flash 的容量，但不能显示 Flash 中的所有文件，只能显示当前正在使用的 IOS 文件名。

测试一下路由器与 TFTP 服务器的连通性：

Router0#ping 10.1.1.2

Type escape sequence to abort.

Sending 5, 100-byte ICMP Echos to 10.1.1.2, timeout is 2 seconds:

!!!!!

Success rate is 100 percent (5/5), round-trip min/avg/max = 0/0/1 ms

下面执行 IOS 备份操作：

Router0#copy flash tftp

Source filename []? c2600-i-mz.122-28.bin

Address or name of remote host []? 10.1.1.2

Destination filename [c2600-i-mz.122-28.bin]? [enter]

Writing c2600-i-mz.122-28.bin...!!!

[OK - 5571584 bytes]

5571584 bytes copied in 0.043 secs (129571000 bytes/sec)

Router0#

提示输入 Source filename 时，只需从 show flash 的显示结果中，复制需要备份的 IOS 文件名，并粘贴到这里即可。上面的信息显示，已成功地将 Flash 中的 IOS 文件复制到了 TFTP 服务器上，且没有改变文件名。这里 10.1.1.2 就是 TFTP 服务器的地址。

TFTP 服务器已经备份了 IOS 文件以后，如果路由器出现 IOS 损坏的情况，就可以从 TFTP 服务器将 IOS 恢复过来。下面是操作过程：

Router0#copy tftp flash

Address or name of remote host []? 10.1.1.2

Source filename []? c2600-i-mz.122-28.bin

Destination filename [c2600-i-mz.122-28.bin]?

%Warning:There is a file already existing with this name

Do you want to over write? [confirm]

Erase flash: before copying? [confirm]

Erasing the flash filesystem will remove all files! Continue? [confirm]

Erasingdevice... eeeeeeeeeeeeeeeeeeeeeeeeeeeeeeeeeeeeeeeeeeeeeee

eeeeeeeeeeeeeeeeeeeeeeeeeeeeeeeeeeeeeeeeeeeeeeeeeee

eeeeeeeeeeeeeeeeeeeeeeee ...erased

Erase of flash: complete

Accessing tftp://10.1.1.2/c2600-i-mz.122-28.bin...

Loading c2600-i-mz.122-28.bin from 10.1.1.2: !!!!!!!!!!!!!!!!!!!!!!!!!!!!!!!!!
!!

[OK - 5571584 bytes]

5571584 bytes copied in 0.071 secs (17980516 bytes/sec)

要恢复 IOS，IOS 要存放在 TFTP 服务器默认的工作目录下，输入 TFTP 服务器的 IP 地址和 IOS 文件名，确保路由器能找到该文件。由于复制的是相同的文件，需要确认是否覆盖之前的文件，空间不够还会提示复制之前是否可以删除 Flash 中的所有文件。所以，操作时需要特别注意，避免误删有用的文件。如果真的遇上了 IOS 文件遭到破坏而不可用的情况，路由器重启就会出现异常，则只能进入 ROM monitor 模式将 IOS 文件恢复。

对 IOS 进行升级,相当于用一个新的 IOS 文件替换旧的 IOS 文件,操作过程与恢复 IOS 的过程类似。第一方式,将 Flash 中旧版本的 IOS 文件删除,然后从 TFTP 服务器上复制新版本的 IOS 文件到 Flash 中,重启路由器就会加载新的 IOS。第二种方式,在 Flash 空间足够的情况下,不删除旧版本的 IOS 文件,直接将新的 IOS 文件从 TFTP 服务器复制到 Flash 中,然后使用命令 boot system 指定用于引导的 IOS 文件。

假设需要将路由器 Router0 的 IOS 升级到 c2600-advipservicesk9-mz.124-15.T1.bin:

```
Router0#copy tftp flash
Address or name of remote host []? 10.1.1.2
Source filename []? c2600-advipservicesk9-mz.124-15.T1.bin
Destination filename [c2600-advipservicesk9-mz.124-15.T1.bin]?
Accessing tftp://10.1.1.2/c2600-advipservicesk9-mz.124-15.T1.bin...
Loading c2600-advipservicesk9-mz.124-15.T1.bin from 10.1.1.2: !!!!!!!!!!!!!!!!!
!!!!!!!!!!!!!!!!!!!!!!!!!!!!!!!!!!!!!!!!!!!!!!!!!!!!!!!!!!!!!!!!!!!!!!!!!!!!!!
!!!!!!!!!!!!!!!!!!!!!!!!!!!!!!!!!!!!!!!!!!!!!!!!!!!!!!!!!!!!!!!!!!!!!!!!!!!!!!
!!!!!!!!!!!!!!!!!!!!!!!!!!!!!!!!!!!!!!!!!!!!!!!!!!!!!!!!!!!!!!!!!!!!!!!!!!!!!!
!!!!!!!!!!!!!!!!!!!!!!!!!!!!!!!!!!!!!!!!!!!!!!!!!!!!!!!!!!!!!!!!!!!!!!!!!!!!!!
!!!!!!!!!!!!!!!!!!!!!!!!!!!!!!!!!
[OK - 33591768 bytes]

33591768 bytes copied in 0.391 secs (9020452 bytes/sec)
Router0#sh flash

System flash directory:
File   Length    Name/status
  7    33591768  c2600-advipservicesk9-mz.124-15.T1.bin
  5    5571584   c2600-i-mz.122-28-bak.bin
  4    5571584   c2600-i-mz.122-28.bin
  6    13169700  c2600-ipbasek9-mz.124-8.bin
[57904636 bytes used, 6111748 available, 64016384 total]
63488K bytes of processor board System flash (Read/Write)
```

显示 c2600-advipservicesk9-mz.124-15.T1.bin 已成功复制到了 Flash 中,然后指定它为路由器启动时加载的 IOS:

```
Router0(config)#boot system flash c2600-advipservicesk9-mz.124-15.T1.bin
```

保存配置后,reload 路由器通过 show version 查看路由器启动是否使用了最新的 IOS。

boot system 命令的作用是指定路由器使用哪个 IOS 文件进行引导,除指定 Flash 中的 IOS 外,这条命令还可以指定 TFTP 服务器中 IOS、ROM 的 Mini IOS。如:

```
Router0(config)#boot system tftp c2600-advipservicesk9-mz.124-15.T1.bin 10.1.1.2
Router0(config)#boot system rom
```

这样配置以后,路由器启动时可以加载三个地方的 IOS,顺序是 Flash、TFTP 服务器和 ROM。

思科 IOS 还有一个专门的文件系统,称为 IOS File System,类似在 Windows DOS 提示符下对文件和目录进行操作。常用的命令有 dir、copy、delete、mkdir、rmdir 等,在特权模式下使用。例如,删除 Flash 中的 IOS 文件用 delete:

Router0#delete ?
　WORD　　File to be deleted
　flash:　File to be deleted
Router0#delete flash:xxxx(文件名)

下面介绍配置文件的备份与恢复。

备份和恢复 IOS 文件对于配置文件的操作过程基本相同,不同的是配置文件保存在 NVRAM 中。所以,备份、恢复的命令不同:备份配置文件到 TFTP 服务器的命令为 copy running-config tftp;恢复配置文件的命令为 copy tftp running-config 或 copy tftp startup-config。

2.10 思科发现协议

思科发现协议(cisco discovery protocol,CDP)是思科专有数据链路层协议,只能在思科路由器、交换机等设备上使用。CDP 与网络层协议及物理层的连接介质无关,可以帮助网络管理者获取相邻设备的硬件和协议信息,如设备 ID、设备地址、互连接口、设备型号、设备能力等。这些信息对了解网络结构、故障定位及排除故障等非常有用。

运行 CDP 的设备通过所有活动接口向邻居发送 CDP 分组,默认的时间间隔是 60 秒,这个时间称为 CDP 定时器。CDP 分组不会被设备转发,所以 CDP 分组只能在相邻设备之间传送。相邻设备收到 CDP 分组后需要保持一个规定的时间,默认为 180 秒,称为 CDP 保持时间。CDP 定时器和保持时间都可以进行修改。命令 show cdp 可以查看:

Router#sh cdp
Global CDP information:
　　Sending CDP packets every 60 seconds
　　Sending a holdtime value of 180 seconds
　　Sending CDPv2 advertisements is enabled

在设备上启用 CDP 的命令是 Router(config)#cdp run,关闭 CDP 的命令是 Router(config)#no cdp run。如果要关闭某个接口的 CDP 功能,使其不能发送 CDP 分组,则在该接口的配置模式下执行命令 Router(config-if)#no cdp enable。

下面介绍 CDP 的操作命令:
➢ show cdp neighbors

显示相邻设备信息。例如,在路由器 Head 上执行该命令:

Head#sh cdp neighbors
Capability Codes: R - Router, T - Trans Bridge, B - Source Route Bridge
　　　　　　　　　S - Switch, H - Host, I - IGMP, r - Repeater, P - Phone
Device ID　　Local Intrfce　　Holdtme　　Capability　　Platform　　Port ID

Switch2	Fas 0/1	131	S	2960	Fas 0/1
Router0	Ser 1/0	137	R	C2800	Ser 1/0
Router0	Ser 1/1	137	R	C2800	Ser 1/1
Router1	Ser 1/2	138	R	C2800	Ser 1/0

路由器 Head 与三台设备相连，它们是交换机 Switch2、路由器 Router0 和 Router1，且与 Router0 之间有两条连接。Device ID 是设备的 hostname，Local Intrfce 是本端的接口，Port ID 是对端的接口，Capability 指设备的性能或能力，性能代码顶部有说明，Platform 是设备的硬件平台类型，这里路由器 Head 直连了一台 2960 交换机、两台 2800 系列路由器。

➢ show cdp neighbors detail

显示每一台相邻设备的详细信息。

Head#sh cdp neighbors detail
Device ID: Switch2
Entry address(es):
Platform: cisco 2960, Capabilities: Switch
Interface: FastEthernet0/1, Port ID (outgoing port): FastEthernet0/1
Holdtime: 175

Version :
Cisco IOS Software, C2960 Software (C2960-LANBASE-M), Version 12.2(25)FX, RELEASE SOFTWARE (fc1)
Copyright (c) 1986-2005 by Cisco Systems, Inc.
Compiled Wed 12-Oct-05 22:05 by pt_team

advertisement version: 2
Duplex: full

Device ID: Router1
Entry address(es):
  IP address : 10.1.3.2
Platform: cisco C2800, Capabilities: Router
Interface: Serial1/2, Port ID (outgoing port): Serial1/0
Holdtime: 120

Version :
Cisco IOS Software, 2800 Software (C2800NM-ADVIPSERVICESK9-M), Version 12.4(15)T1, RELEASE SOFTWARE (fc2)
Technical Support: http://www.cisco.com/techsupport
Copyright (c) 1986-2007 by Cisco Systems, Inc.
Compiled Wed 18-Jul-07 06:21 by pt_rel_team

advertisement version: 2
Duplex: full

[cut]

从 show cdp neighbors detail 显示的内容可以看出,除输出了与 show cdp neighbors 命令相同的内容外,还提供了相邻设备的 IOS 信息和路由器接口的 IP 地址。

➢ show cdp entry

该命令也是查看相邻设备的详细信息,如果要查看某一台设备的信息,则在命令后面加上设备的 hostname。如果要看所有设备的信息,则在命令后面加"*"。该命令与 show cdp neighbors detail 输出的信息是相同的,但 show cdp entry * 还有 protocol 和 version 两个选项。show cdp entry * protocol 显示相邻设备的 IP 地址,show cdp entry * version 显示相邻设备的 IOS 信息。

Head#show cdp entry * ?
  protocol   Protocol information
  version   Version information
<cr>
Head#show cdp entry * protocol
Protocol information for Switch2 :
  IP Address:

Protocol information for Router1 :
  IP Address: 10.1.3.2

Protocol information for Router0 :
  IP Address: 10.1.1.2

Protocol information for Router0 :
  IP Address: 10.1.2.2
[cut]
Head#show cdp entry * version
Version information for Switch2 :
Cisco IOS Software, C2960 Software (C2960-LANBASE-M), Version 12.2(25)FX, RELEASE SOFTWARE (fc1)
Copyright (c) 1986-2005 by Cisco Systems, Inc.
Compiled Wed 12-Oct-05 22:05 by pt_team

Version information for Router1 :
Cisco IOS Software, 2800 Software (C2800NM-ADVIPSERVICESK9-M), Version 12.4(15)T1, RELEASE SOFTWARE (fc2)

Technical Support: http://www.cisco.com/techsupport

Copyright (c) 1986-2007 by Cisco Systems, Inc.

Compiled Wed 18-Jul-07 06:21 by pt_rel_team

[cut]

➢ show cdp interface

查看相邻设备接口状态及接口上的 CDP 定时器和 CDP 保持时间。例如,路由器 Head 上的执行情况:

Head#show cdp interface

Vlan1 is administratively down, line protocol is down

    Sending CDP packets every 60 seconds

    Holdtime is 180 seconds

FastEthernet0/0 is up, line protocol is up

    Sending CDP packets every 60 seconds

    Holdtime is 180 seconds

[cut]

如果要观察非相邻设备的运行状况,则可以通过 Telnet 首先登录到待观察设备的邻居设备上,然后再使用 show cdp 命令。另外,在使用 CDP 时需要考虑网络的安全性,内部网络打开 CDP 有利于收集设备信息和排除故障,但在连接互联网的接口上可以考虑关闭 CDP 功能,降低网络被攻击的可能性。

2.11 Telnet 远程登录

Telnet 是一个虚拟的终端协议,使用它可以远程登录到网络设备上,对设备进行配置、获取信息或在远程设备上运行程序。Telnet 不仅可以在路由器、交换机上运行,还可以在 PC DOS 提示符下运行。Telnet 定义了网络虚拟终端(network virtual terminal,NVT)格式,能够适应不同计算机和操作系统的差异。Telnet 提供的服务是透明的,用户感觉键盘和显示器好像是直接连接在远程设备上。因此,Telnet 亦被称为终端仿真协议。

如果希望通过 Telnet 登录到路由器,则在路由器上必须设置 VTY 密码,除非使用 no login 设置 VTY,如下所示:

ISP#telnet 192.168.10.10

Trying 192.168.10.10 ...Open

Password required, but none set

[Connection to 192.168.10.10 closed by foreign host]

提示要求远程设备的 VTY 设置密码。如果发现无法 Telnet 远程登录到某台设备,除有可能是没有设置 VTY 密码外,也有可能是远程设备使用了访问控制对登录会话进行了过滤而无法登录。

现在给远程设备的 VTY 设置好密码:

```
Switch0#conf t
Enter configuration commands, one per line.    End with CNTL/Z.
Switch0(config)#line vty 0 4
Switch0(config-line)#passw
Switch0(config-line)#password 123456
Switch0(config-line)#end
Switch0#
```

再远程登录一次：

```
ISP#telnet 192.168.10.10
Trying 192.168.10.10 ...Open
User Access Verification
Password：
Switch0>en
% No password set.
Switch0>
```

远程登录到 Switch0 后，进入的是用户模式，当试图进入 Switch0 的特权模式时，又提示密码没有设置。这是为了提高安全性，因此只有在远程设备设置了特权密码时才能进入远程设备的特权模式。另外，如果直接在思科路由器或交换机提示符下输入一个 IP 地址，会默认为要远程登录到该 IP 地址所标识的远程设备。例如：

```
ISP#192.168.10.10
Trying 192.168.10.10 ...Open
[cut]
```

Telnet 远程登录到一个设备，在默认情况下是看不到控制台的输出信息的。如果希望看到，则需要使用命令 terminal monitor，允许将控制台的信息发送给 Telnet 会话。该命令在特权模式下设置，不过该命令设置的是当前 Telnet 会话的临时属性，不会被永久保存，在 Telnet 会话结束后，系统将使用默认设置。

通过 Telnet 可以同时登录到多个设备。当已经与一个远程设备建立了 Telnet 会话，可以将这个会话暂时挂起，再登录到另外一台设备。方法是按下【Ctrl＋Shift＋6】组合键，松开以后，再按【X】键，会回到发起 Telnet 会话设备的提示符。然后，就可以 Telnet 登录到另外一台设备。

假设从路由器 ISP 远程登录到 Router0 和 Router1，登录过程如下：

```
ISP#telnet 10.1.1.2
Trying 10.1.1.2 ...Open
This is Router0
User Access Verification
Password：
Router0>按<Ctrl＋Shift＋6>, X
ISP#telnet 10.1.3.2
```

```
Trying 10.1.3.2 ...Open
This is the Router1
User Access Verification
Password：
Router1＞
```

这时可用 show sessions 查看路由器 ISP 到远程设备的连接，show sessions 是用于显示 Telnet 会话信息的命令：

```
ISP＃sh sessions
Conn Host              Address          Byte    Idle Conn Name
   1 10.1.1.2          10.1.1.2         0       6 10.1.1.2
*  2 10.1.3.2          10.1.3.2         0       6 10.1.3.2
```

显示路由器 ISP 有两条登录到远程设备的 Telnet 会话，其中"＊"标识的是当前连接的最后一个会话，连续按两次回车可以回到"＊"所标识的会话。如果要回到其他会话，可以输入连接的编号返回到指定的会话。

命令 show users 用于显示 Telnet 连接的用户，指的是正在使用的控制台和连接中的 VTY 线路信息，"＊"标识的是当前用户。

```
ISP＃sh user
    Line        User       Host(s)           Idle         Location
*   0 con 0                10.1.1.2          00:00:30
                           10.1.3.2          00:00:12
```

显示本地控制台 con 0 连接了两个远程设备。0 con 0 左边的数字代表 line 的编号，Console 为"0"，AUX 为"1"，VTY 从 2 开始，依次累加。右边的数字表示不同类型的 line 的编号，都是从"0"开始，依次累加。如第一条 VTY 为 0，第二条 VTY 为 1，以此类推。上述显示中路由器 ISP 是发起 Telnet 连接的设备，是它连接到其他设备，使用的是所连远程设备的 VTY，它自己的 VTY 线路并没使用。

```
ISP＃sh sessions
Conn Host              Address          Byte    Idle Conn Name
   1 10.1.1.2          10.1.1.2         0       4 10.1.1.2
*  2 10.1.3.2          10.1.3.2         0       1 10.1.3.2
ISP＃1
[Resuming connection 1 to 10.1.1.2 ... ]
Router0＞sh users
    Line        User       Host(s)           Idle         Location
*  324 vty 0               idle              00:00:00     172.16.10.1
```

在 Router0 上通过 show users 看到正在使用的线路是 vty 0，正是由路由器 ISP 发起的 Telnet 连接，Router0 本身的控制台 con 0 并没有被使用。

如果要断开 Telnet 连接，可以在远程设备上输入 exit 命令，也可以在本端设备使用命令 disconnect ＜连接编号＞。

```
ISP#disconnect ?
<1-16>  The number of an active network connection
ISP#disconnect 1
Closing connection to 10.1.1.2 [confirm]
ISP#sh sessions
Conn Host              Address              Byte     Idle Conn Name
*    1 10.1.3.2        10.1.3.2             0        0 10.1.3.2
ISP#1
[Resuming connection 1 to 10.1.3.2 ... ]
Router1>exit
[Connection to 10.1.3.2 closed by foreign host]
ISP#
```

2.12 主机表与 DNS 解析

如果希望使用主机名来建立到远程设备的 Telnet 会话,则需要建立 IP 地址与主机名之间的映射关系。对于管理员来说,主机名比 IP 地址更具直观意义,易于管理。在路由器上建立主机表或使用 DNS 都可以实现主机名与 IP 地址间的对应关系。

创建主机表的命令如下:

ip hosthost_name [tcp_port_number] ip address

[tcp_port_number]是可选项,Telnet 默认的 TCP 端口是 23,但如果要使用其他的 TCP 端口号建立 Telnet 连接,在这里填写对应的端口号。另外,可以为同一个主机名指派 8 个不同的 IP 地址。下面在路由器 ISP 上创建一个主机表:

```
ISP#conf t
Enter configuration commands, one per line.  End with CNTL/Z.
ISP(config)#ip host Router0 10.1.1.2
ISP(config)#ip host Router1 10.1.3.2
ISP(config)#end
ISP#show hosts
Default Domain is not set
Name/address lookup uses domain service
Name servers are 255.255.255.255
Codes: UN - unknown, EX - expired, OK - OK, ?? - revalidate
       temp - temporary, perm - permanent
       NA - Not Applicable None - Not defined
Host                     Port  Flags      Age Type   Address(es)
Router0                  None  (perm, OK) 0   IP     10.1.1.2
Router1                  None  (perm, OK) 0   IP     10.1.3.2
```

使用命令 show hosts 可以查看所建立的主机表,perm 表示 IP 地址与主机名之间的对应关系是由手动配置的,不是通过 DNS 解析得到的。由 DNS 解析的是 temp。

有了主机表,就可以直接使用主机名登录：

```
ISP#Router0
Trying 10.1.1.2 ...Open
This is Router0
User Access Verification
Password:
Router0>按<Ctrl+Shift+6>,X
ISP#Router1
Trying 10.1.3.2 ...Open
This is the Router1
User Access Verification
Password:
Router1>按<Ctrl+Shift+6>,X
ISP#
ISP#sh sessions
Conn Host              Address           Byte     Idle Conn Name
   1 Router0           10.1.1.2             0        0 Router0
 * 2 Router1           10.1.3.2             0        0 Router1
ISP#
```

如果需要从主机表中删除一个条目,则可以使用命令 no ip host。例如：

```
ISP(config)#no ip host Router0
```

主机表创建起来很简单,但需要在每个路由器上创建一个。如果需要在很多路由器上实现主机名解析,创建主机表是一个不小的工作量,这时使用 DNS 比较合适。

路由器 ISP 上已经建立了主机表,现在在路由器 Router0 上使用 DNS 解析主机名,配置如下：

```
Router0#conf t
Enter configuration commands, one per line.  End with CNTL/Z.
Router0(config)#ip domain lookup
Router0(config)#ip name-server?
name-server
Router0(config)#ip name-server ?
  A.B.C.D     Domain server IP address
  X:X:X:X::X  Domain server IP address (maximum of 6)
Router0(config)#ip name-server 10.1.5.2
Router0(config)#ip domain-name computernetwork.com
Router0(config)#end
Router0#
```

命令 ip domain lookup 是让 DNS 的主机名解析起作用，DNS 服务器的 IP 地址是 10.1.5.2。由于 DNS 使用的是完全限定域名(fully qualified domain name, FQDN)，可以从逻辑上准确地指出主机在域名树中的位置。命令 ipdomain-name 配置了主机所在的域名，如果没有这条命令，则在输入主机名 hostname 的时候需要输入 hostname.computernetwork.com。

在 Router0 上配置 DNS 解析后，直接输入主机名登录：

Router0#ISP
Translating "ISP"...domain server (10.1.5.2)
Trying 172.16.10.1...Open
This is the ISP Router
User Access Verification
Password：
ISP>按<Ctrl+Shift+6>,X
Router0#Router1
Translating "Router1"...domain server (10.1.5.2)
Trying 10.1.3.2...Open
This is the Router1
User Access Verification
Password：
Router1>按<Ctrl+Shift+6>,X
Router0#sh hosts
Default Domain is not set
Name/address lookup uses domain service
Name servers are 10.1.5.2
Codes：UN - unknown, EX - expired, OK - OK, ?? - revalidate
　　　 temp - temporary, perm - permanent
　　　 NA - Not Applicable None - Not defined

Host	Port	Flags	Age	Type	Address(es)
isp	None	(temp, OK)	0	IP	172.16.10.1
router1	None	(temp, OK)	0	IP	10.1.3.2

Router0#

使用命令 show hosts 可以查看 DNS 解析的缓存内容，Flags 一栏都是 temp。

2.13 网络连通性与故障检查

网络设备互连完成以后，需要对网络的连通性进行测试，检查任意两个设备之间是否都能进行正常通信。如果网络出现故障，需要对故障进行检查并将故障排除。

➤ ping (Packet InterNet Groper)

在测试网络的连通性方面，ping 可以说是用得最多的命令。如果需要知道到达某个目的主机的网络是否是连通的，只要在 ping 后面输入目的主机的 IP 地址或目的主机的域名，就可以测试这条路径是否正常,还会显示出分组的往返时延。

在路由器 Router0 上测试到达 ISP 网络的连通性：

Router0#ping 172.16.10.1

Type escape sequence to abort.

Sending 5, 100-byte ICMP Echos to 172.16.10.1, timeout is 2 seconds：

!!!!!

Success rate is 100 percent (5/5), round-trip min/avg/max = 3/8/13 ms

Router0#ping ISP

Translating "ISP"...domain server (10.1.5.2)

Type escape sequence to abort.

Sending 5, 100-byte ICMP Echos to 172.16.10.1, timeout is 2 seconds：

!!!!!

Success rate is 100 percent (5/5), round-trip min/avg/max = 3/5/7 ms

上述显示表明使用路由器 ISP 的 IP 地址和主机名都可以 ping 通,5 个感叹号"!"表示发送的 5 个分组收到了 5 个 ICMP 回应应答,说明网络正常。往返时延有最小、平均、最大 3 个时延值。如果显示的不是"!",而是".",表示等待应答时网络服务超时；如果是"U",表示收到一条 ICMP 目的不可达信息；如果显示的是"C",表示收到一条 ICMP 源抑制信息；如果是"&",表示收到一条 ICMP 超时信息(如 TTL=0)。ping 可以运行在用户模式和特权模式下。

如果希望修改 ping 的参数,则可以使用扩展的 ping,如下所示：

Router0#ping

Protocol [ip]:

Target IP address:**172.16.10.1**

Repeat count [5]:**20**

Datagram size [100]:**1500**

Timeout in seconds [2]:

Extended commands [n]:**y**

Source address or interface:**Serial1/1**

Type of service [0]:

Set DF bit in IP header? [no]:

Validate reply data? [no]:

Data pattern [0xABCD]:

Loose, Strict, Record, Timestamp, Verbose[none]:

Sweep range of sizes [n]:

Type escape sequence to abort.

Sending 20, 1500-byte ICMP Echos to 172.16.10.1, timeout is 2 seconds：

Packet sent with a source address of 10.1.2.2

!!!!!!!!!!!!!!!!!!!!

Success rate is 100 percent (20/20), round-trip min/avg/max = 33/36/41 ms

要使用扩展的 ping,首先 ping 命令后不接 IP 地址或主机名等参数,直接按回车,在

"Target IP address:"处输入主机的 IP 地址。然后当询问"Extended commands [n]:"时,必须输入"y",表示使用扩展的 ping。一般情况下,修改 3 个参数:发送分组个数 Repeat count,默认是 5 个;分组大小 Datagram size,默认是 100 个字节;发送分组的接口 Source address or interface,其他参数使用默认值就可以了。这对于网络性能测试、网络故障诊断非常有帮助。

> traceroute

traceroute 命令不仅可以检测网络的连通性,而且还可以列出到达目的主机所经过的网络结点。当网络连通性出现问题时,可以查找出现故障的位置,为快速排出故障提供帮助。traceroute 可以在用户模式和特权模式下使用。注意,在 Windows 系统下使用的命令是 tracert。

在 Router0 上 traceroute 路由器 ISP:

```
Router0#trace ISP
Translating "ISP"...domain server (10.1.5.2)
Type escape sequence to abort.
Tracing the route to 172.16.10.1
  1   10.1.1.1        1 msec    4 msec    1 msec
  2   10.1.4.2        2 msec    2 msec    0 msec
  3   172.16.10.1     4 msec    5 msec    6 msec
Router0#
```

结果显示,从 Router0 经过 3 跳到达路由器 ISP,每一跳都有 3 个时延值,表示对每一跳都发送了 3 个分组。

> debug

debug 是一个非常强大的调试工具,用于显示路由器或交换机的各种操作信息、流量信息、出错信息等许多类型的信息。通过这些信息,可以观察网络的运行情况、硬件软件是否运行正常。当故障出现时,发现故障原因并排除故障。不过,运行 debug 需要消耗的资源也不少,不适合长期打开 debug 监控网络情况,只能是在需要的时候才将其打开,以避免开销太大而影响路由器或交换机的正常运行。

debug 运行在路由器或交换机的特权模式下,命令 debug all 可以打开所有的信息输出,但强烈建议在实际操作中有针对性地打开 debug,这样可以节省路由器或交换机的资源消耗。例如,debug ip icmp。另外,当操作完成,及时关闭 debug,关闭命令是 undebug all 或 no debug all,undebug all 可以简写为 un all,也可以有针对性地关闭。例如,在路由器 Head 上打开 debug ip ospf events 并将其关闭的过程如下:

```
Head#debug ip ospf events
OSPF events debugging is on
Head#
00:25:50: OSPF: Rcv hello from 192.168.10.1 area 0 from Serial1/0 10.1.1.2
00:25:50: OSPF: End of hello processing
00:25:50: OSPF: Rcv hello from 172.16.20.1 area 0 from FastEthernet0/0 10.1.4.2
00:25:50: OSPF: End of hello processing
00:25:55: OSPF: Rcv hello from 192.168.20.1 area 0 from Serial1/2 10.1.3.2
```

```
00:25:55: OSPF: End of hello processing
00:25:56: OSPF: Rcv hello from 192.168.10.1 area 0 from Serial1/1 10.1.2.2
00:25:56: OSPF: End of hello processing
[cut]
Head#no debug ip ospf events
OSPF events debugging is off
Head#
```

习　题

1. 有哪些方式可以访问路由器或交换机等网络设备？
2. 路由器或交换机的启动顺序哪些方面相同？哪些方面不同？为什么？
3. IOS、配置文件分别保存在路由器或交换机的哪个存储器中？
4. 在什么情况下，路由器启动时会自动进入 Setup 模式？
5. 在 IOS 命令行界面，有哪三种基本模式？
6. 什么键可以帮助完成命令的输入？
7. 路由器或交换机上有哪些密码可以设置？
8. startup-config 和 running-config 有什么区别？什么时候二者一致？
9. 哪个命令可以删除路由器上 NVRAM 的内容？
10. 如何对密码进行加密？
11. 接口描述 description 有什么作用？
12. 配置寄存器的作用是什么？show version 命令最后一行显示的是什么值？
13. 接口的编号格式是怎样的？
14. 什么命令可以查看所有接口的摘要信息？
15. 串行接口配置与以太网接口配置有什么不同？
16. 修改接口带宽会不会对接口的实际带宽产生影响？修改接口带宽有什么作用？
17. 如何利用配置寄存器恢复路由器密码？说明具体的操作过程。
18. IOS、配置文件的备份和恢复需要用到什么协议？如何进行备份和恢复？
19. 在 CDP 操作中，哪些命令可以看到相邻设备的 IP 地址？
20. Telnet 定义了什么格式来适应系统的差异？
21. 路由器或交换机没有设置 VTY 密码是否可以通过 Telnet 登录？
22. Telnet 远程登录到一台设备，如何看到控制台的输出信息？
23. show session 和 show user 有什么区别？
24. 扩展的 ping 如何使用？修改什么参数对网络测试、故障排除有帮助？
25. debug 命令有什么用途？如何打开和关闭？
26. 命令 confreg 0x2142 有什么作用？
27. 如果需要 Telnet 同时登录到多个设备，使用什么组合键？
28. 在远程设备上结束 Telnet 会话用什么命令？
29. 要在 PC 与路由器之间进行 IOS、配置文件的备份与恢复，需要在 PC 上运行什么软件？

30. 动手实验:
    (1) 删除路由器的配置;
    (2) 设置主机名;设置 enable、console、aux、vty 密码;
    (3) 设置接口的 description、IP 地址、时钟频率;启用接口;
    (4) 保存路由器配置;
    (5) 备份路由器的 IOS、配置文件;
    (6) 恢复或升级路由器的 IOS;
    (7) 使用 CDP;
    (8) 使用 Telnet;
    (9) 使用主机名解析和 DNS。

说明:书中的动手实验尽可能在真实设备上完成,如果没有思科设备,可以下载安装思科模拟器 Cisco Packet Tracer 完成实验。

第 3 章　IP 路由技术

3.1　路由基础

路由是互联网的核心技术，是信息能够在全球范围内快速传递的关键所在。

从网络结构来看，主机是连接到局域网，两台主机互连也是局域网，局域网是最小的网络单位，局域网内的通信都不需要路由，因为局域网内是广播，通过 MAC 地址就可以实现一对一的通信。局域网的构建也很容易，用一台以太网交换机将多台主机互连起来就构建了一个局域网，如图 3-1 所示。

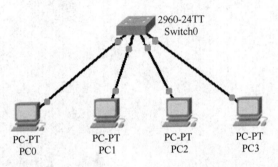

图 3-1　局域网示意图

至少两个局域网互连才需要路由，所以路由选择是指将分组从一个设备通过互连的网络发往位于不同网络上的另一个设备的操作，至于主机在哪里、连接在哪一个局域网上，路由器是不关注的，它关注的是所接收的分组要发送到哪个网络去，要找到到达目的网络的最佳路径。于是，分组的转发包括两种情形，即局域网内和跨局域网。局域网内使用 MAC 地址将分组投递到正确的目的主机。跨局域网使用 IP 地址寻找到达目的网络的路由，如果只有 MAC 地址，就实现不了跨局域网的通信，如果只有 IP 地址，则无法实现局域网内的数据传递，这两种情形决定了 MAC 地址和 IP 地址都不能缺少。

3.1.1　路由器的作用

路由器是 IP 网络中的关键设备，如果没有路由器，局域网就不能互连，只能是局域网内的通信，自然也不需要分组的转发，也没有路由选择的问题。如果需要路由器转发分组，那么路由器必须了解一些相关的信息，包括目的地址、相邻路由器、到达所有远程网络的可能路由、到达每个远程网络的最佳路由、维护并验证路由选择信息的方式等。局域网无论大小，必须经过路由器才能接入互联网。

为了获取全网网络的路由信息，路由器之间需要交换路由信息，对一个路由器来说，它必须从相邻路由器获取到达远程网络的信息（除非是管理员通过手动的方式告诉它），通过从邻居获取的信息,路由器会建立起查找远程网络的路由选择表。路由器的每个接口都可以连接一个网络,但不同的接口不能连接相同的网络,如果某个网络与路由器是直接相连的,那么路由器自然知道如何到达这个网络,不需要以另外的方式告诉它。事实上,路由器最先知道的网络就是与其直连的网络,它还可以通过运行的路由器协议把与之直连的网络信息发布给其他路由器。

通俗地讲,配置路由器就是告诉路由器分组的路由如何走。告诉路由器分组路由的方式有两种,一种是通过手动一条一条地告诉路由器,即以手动的方式将到达某个网络的路由加入路由器的路由表,这种方式就是静态路由,因为路由配好以后不能自动变化,只能通过手动方式进行修改;另一种方式是依靠路由协议来寻找路由,并形成路由表,路由器就从路由表中获取路由,这种路由可以随着网络结构的改变而改变,所以称之为动态路由。两种路由各有优缺点,静态路由简单,消耗的资源少,但不能适应网络的变化;动态路由灵活性好,能适应网络的变化,但需要用到路由协议,消耗的资源较多。从各自的优缺点也可以看出各自的使用环境,静态路由可用于路由条目较少,网络变化不大的网络,对于大型网络就必须使用动态路由,依靠路由协议来告诉路由器路由。事实上,路由协议用来确定分组通过互联网络时的路径,被路由器用于在彼此互联的网络上动态地发现所有网络。

在动态路由选择过程中,网络中只有运行相同路由协议的路由器之间才能进行路由信息的交流,在此基础上,通过这些路由器之间不断交流信息、不断更新对所有网络的了解,并将相关信息加入路由表中,当路由信息交流达到稳定后,所有路由器就会学习到到达网络中所有网络的路由信息。如果网络拓扑结构发生变化,如网络结点或网络连接发生改变,所运行的动态路由协议就会将这个改变自动通知到所有路由器。这种功能静态路由是无法具备的,对静态路由来说,要使改变了的路由继续有效,只能通过管理员手动输入的方式更新所有的相关配置,如果网络规模较大,全部采用静态路由几乎不可能。当然,部分采用静态路由还是可行的,根据实际情况可以同时使用静态路由和动态路由。两种路由获取方式都是将路由条目输入路由表中,路由器通过查询路由表来确定分组转发的方向,即分组应该发往哪一个路由器或哪一台主机。路由器在根据分组的目的地址查找路由表时,遵循"最长匹配规则"进行路由选择匹配,即 IP 会在路由表中查找与分组目的地址具有最长匹配内容的表项进行路由。

3.1.2 被路由协议

讲到路由协议就离不开被路由协议,因为被路由协议是路由协议的基础,路由协议为被路由协议服务。被路由协议有以下特征:

- 以寻址方案为基础,为分组从一个主机发送到另一个主机提供充分的第 3 层地址信息的任何网络协议。
- 被路由协议使用路由选择表来转发分组。
- 被路由协议定义了分组所包含的字段格式。
- 常见的被路由协议有 IP、IPX、AppelTalk 等。
- 在 TCP/IP 协议栈中,Routed Protocol(IP)工作在网络层,而 Routing Protocol 工作在传输层或者应用层,它们之间的关系为:Routing Protocol 负责学习最佳路径,而 Routed Protocol 根据最佳路径将来自上层的信息封装在 IP 包里传输。

3.1.3 直连路由

首先来看一个简单网络,两台路由器 Router0 和 Router1 通过各自的 Fa0/0 接口互连,然后每个路由器的 Fa0/1 接口连接一台交换机,每台交换机可以连接多台主机构建一个局域网,如图 3-2 所示。

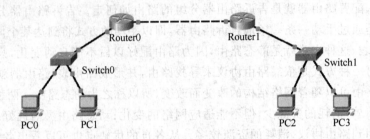

图 3-2 一个简单网络

整个网络包含三个局域网,IP 地址和子网掩码分配如下:

Router0:
Fa0/0   10.10.1.1 255.255.255.252   Fa0/1   192.168.10.1 255.255.255.0

Router1:
Fa0/0   10.10.1.2 255.255.255.252   Fa0/1   192.168.20.1 255.255.255.0

主机:
PC0   192.168.10.2 255.255.255.0   PC1   192.168.10.3 255.255.255.0
PC2   192.168.20.2 255.255.255.0   PC3   192.168.20.3 255.255.255.0

主机的网关是对应路由器 Fa0/1 接口的地址。

路由器 Router0 的配置如下:

```
Router#configure terminal
Enter configuration commands, one per line.   End with CNTL/Z.
Router(config)#hostname Router0
Router0(config)#int fa0/0
Router0(config-if)#ip address 10.10.1.1 255.255.255.252
Router0(config-if)#no shutdown
Router0(config-if)#int fa0/1
Router0(config-if)#ip address 192.168.10.1 255.255.255.0
Router0(config-if)#no shutdown
Router0(config-if)#end
Router0#wri
Building configuration...
[OK]
Router0#
```

路由器 Router1 的配置如下：

Router#configure terminal
Enter configuration commands, one per line. End with CNTL/Z.
Router(config)#hostname Router1
Router1(config)#int fa0/0
Router1(config-if)#ip address 10.10.1.2 255.255.255.252
Router1(config-if)#no shutdown
Router1(config-if)#int fa0/1
Router1(config-if)#ip address 192.168.20.1 255.255.255.0
Router1(config-if)#no shutdown
Router1(config-if)#end
Router1#wri
Building configuration...
[OK]
Router1#

通过命令查看两个路由器的路由表如下：

Router0#show ip route
Codes: C - connected, S - static, I - IGRP, R - RIP, M - mobile, B - BGP
       D - EIGRP, EX - EIGRP external, O - OSPF, IA - OSPF inter area
       N1 - OSPF NSSA external type 1, N2 - OSPF NSSA external type 2
       E1 - OSPF external type 1, E2 - OSPF external type 2, E - EGP
       i - IS-IS, L1 - IS-IS level-1, L2 - IS-IS level-2, ia - IS-IS inter area
       * - candidate default, U - per-user static route, o - ODR
       P - periodic downloaded static route
Gateway of last resort is not set
     10.0.0.0/30 is subnetted, 1 subnets
C   10.10.1.0 is directly connected, FastEthernet0/0
C   192.168.10.0/24 is directly connected, FastEthernet0/1
Router0#
Router1#show ip route
[output cut]
Gateway of last resort is not set
     10.0.0.0/30 is subnetted, 1 subnets
C   10.10.1.0 is directly connected, FastEthernet0/0
C   192.168.20.0/24 is directly connected, FastEthernet0/1
Router1#

在路由表中，C 标识的就是直连路由，说明两个路由器都直连了两个网络，知道且只知道到达这两个网络的路由。在这个网络中，总共有三个网络，两个路由器各有一个不知道路由的网络，也无法转发到达这个网络的分组。在这种情形下，位于不同网络的两台主机是无法通信的。

3.2 路由器互连基本配置

在图 3-2 所示网络的基础上构建一个更为复杂的网络,假设 Router0 和 Router1 连接的是一个公司的两个分部,增加一个路由器 Head 代表公司的总部,通过两条串行链路与 Router0 相连,通过一条串行链路与 Router1 相连。公司总部有一个服务器群,包括 DNS、FTP、WWW、Email 等服务器,都连接在与 Head 互连的交换机 Switch2 上。另外,公司通过路由器 Router2 与 ISP 的路由器相连,Router2 通过以太网链路与 Head 互连。网络结构如图 3-3 所示。

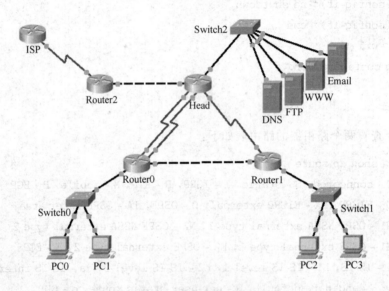

图 3-3 互连网络结构

IP 地址规划是网络设计的重要组成部分,Router0 和 Router1 上已经分配的 IP 地址及四个 PC 的 IP 地址继续保持。IP 地址、子网掩码规划如表 3-1 所示。

表 3-1 IP 地址规划与分配

路由器	接口	IP 地址	子网掩码	对端接口
Head	s1/0	10.1.1.1	255.255.255.0	Router0 s1/0
	s1/1	10.1.2.1	255.255.255.0	Router0 s1/1
	s1/2	10.1.3.1	255.255.255.0	Router1 s1/0
	Fa0/0	10.1.4.1	255.255.255.0	Router2 Fa0/0
	Fa0/1	10.1.5.1	255.255.255.0	Switch2 Fa0/1
Router0	s1/0	10.1.1.2	255.255.255.0	Head s1/0
	s1/1	10.1.2.2	255.255.255.0	Head s1/1
	Fa0/0	10.10.1.1	255.255.255.252	Router1 Fa0/0
	Fa0/1	192.168.10.1	255.255.255.0	Switch0 Fa0/1

续 表

路由器	接口	IP 地址	子网掩码	对端接口
Router1	s1/0	10.1.3.2	255.255.255.0	Head s1/2
	Fa0/0	10.10.1.2	255.255.255.252	Router0 Fa0/0
	Fa0/1	192.168.20.1	255.255.255.0	Switch1 Fa0/1
Router2	s1/0	172.16.10.2	255.255.255.0	ISP s1/0
	Fa0/0	10.1.4.2	255.255.255.0	Head Fa0/0
ISP	s1/0	172.16.10.1	255.255.255.0	Router2 s1/0

四个服务器配置网络 10.1.5.0/24 中的地址,默认网关为 10.1.5.1。

将对路由器进行如下一些配置:hostname、接口描述、接口 IP 地址、启用接口、串行接口时钟、console、vty、banner 等参数。需要设置密码的地方,都设置为 123456,易于记忆。串行线路的 DCE 端为 Head 和 ISP,需要配置时钟。如果有需要,其他参数可随时配置。

如果使用的是一个曾经使用过的路由器,配置之前可以将原来的配置删除掉,使用的命令是 erase startup-config。然后,重新启动路由器,不进入 setup 模式,直接进入控制台模式的用户提示符。进入特权模式,输入命令 configure terminal 进入全局配置模式开始路由器的配置。

总部路由器 Head 作为核心路由器,共有五个接口需要配置,包括 s1/0、s1/1、s1/2 三个串行接口和 Fa0/0、Fa0/1 两个以太网接口。

路由器 Head 的配置如下:

Router#configure terminal
Enter configuration commands, one per line.   End with CNTL/Z.
Router(config)#hostname Head
Head(config)#int s1/0
Head(config-if)#description No.1 connection to Router0
Head(config-if)#ip address 10.1.1.1 255.255.255.0
Head(config-if)#clock rate 64000
Head(config-if)#no shut
Head(config-if)#int s1/1
Head(config-if)#description No.2 connection to Router0
Head(config-if)#ip address 10.1.2.1 255.255.255.0
Head(config-if)#clock rate 64000
Head(config-if)#no shut
Head(config-if)#int s1/2
Head(config-if)#description connection to Router1
Head(config-if)#ip address 10.1.3.1 255.255.255.0
Head(config-if)#clock rate 64000
Head(config-if)#no shut
Head(config-if)#int fa0/0
Head(config-if)#description connection to Router2

```
Head(config-if)# ip address 10.1.4.1 255.255.255.0
Head(config-if)# no shut
Head(config-if)# int fa0/1
Head(config-if)# description connection to Servers
Head(config-if)# ip address 10.1.5.1 255.255.255.0
Head(config-if)# no shut
Head(config-if)# line con 0
Head(config-line)# password 123456
Head(config-line)# login
Head(config-line)# logging synchronous
Head(config-line)# exec-timeout 0 0
Head(config-line)# line vty 0 4
Head(config-line)# password 123456
Head(config-line)# login
Head(config-line)# exit
Head(config)# no ip domain lookup
Head(config)# banner motd #This is the Head Router#
Head(config)# end
Head# wri
Building configuration...
[OK]
Head#
```

路由器 Router0 共有四个接口需要配置,其中 Fa0/0 和 Fa0/1 两个以太网接口在前面已经配置过了,这里只需配置串行接口 s1/0 和 s1/1 及其他参数。

Router0 的配置如下:

```
Router0# conf t
Enter configuration commands, one per line. End with CNTL/Z.
Router0(config)# int s1/0
Router0(config-if)# description No.1 connection to Head
Router0(config-if)# ip address 10.1.1.2 255.255.255.0
Router0(config-if)# no shut
Router0(config-if)# int s1/1
Router0(config-if)# description No.2 connection to Head
Router0(config-if)# ip address 10.1.2.2 255.255.255.0
Router0(config-if)# no shut
Router0(config-if)# line con 0
Router0(config-line)# password 123456
Router0(config-line)# login
Router0(config-line)# logging synchronous
```

```
Router0(config-line)#exec-timeout 0 0
Router0(config-line)#line vty 0 4
Router0(config-line)#password 123456
Router0(config-line)#login
Router0(config-line)#exit
Router0(config)#no ip domain lookup
Router0(config)#banner motd #This is the Router0#
Router0(config)#end
Router0#wri
Building configuration...
[OK]
Router0#
```

路由器 Router1 共有三个接口需要配置,与 Router0 一样,两个以太网接口 Fa0/0 和 Fa0/1 已经配置了,只需配置 s1/0 及其他参数。

Router1 的配置如下:

```
Router1#conf t
Enter configuration commands, one per line.  End with CNTL/Z.
Router1(config)#int s1/0
Router1(config-if)#description connection to Head
Router1(config-if)#ip address 10.1.3.2 255.255.255.0
Router1(config-if)#no shut
Router1(config-if)#line con 0
Router1(config-line)#password 123456
Router1(config-line)#login
Router1(config-line)#logging synchronous
Router1(config-line)#exec-time 0 0
Router1(config-line)#line vty 0 4
Router1(config-line)#password 123456
Router1(config-line)#login
Router1(config-line)#exit
Router1(config)#no ip domain lookup
Router1(config)#banner motd #This is the Router1#
Router1(config)#end
Router1#wri
Building configuration...
[OK]
Router1#
```

路由器 Router2 主要用于公司与 ISP 相连,它的一个接口 Fa0/0 与核心路由器 Head 相连,另外一个串行接口 s1/0 与 ISP 路由器相连。

Router2 的配置如下：

```
Router#configure terminal
Enter configuration commands, one per line.  End with CNTL/Z.
Router(config)#hostname Router2
Router2(config)#int fa0/0
Router2(config-if)#description connection to Head
Router2(config-if)#ip address 10.1.4.2 255.255.255.0
Router2(config-if)#no shut
Router2(config-if)#int s1/0
Router2(config-if)#description connection to ISP
Router2(config-if)#ip address 172.16.10.2 255.255.255.0
Router2(config-if)#no shut
Router2(config-if)#line con 0
Router2(config-line)#password 123456
Router2(config-line)#login
Router2(config-line)#logging synchronous
Router2(config-line)#exec-time 0 0
Router2(config-line)#line vty 0 4
Router2(config-line)#password 123456
Router2(config-line)#login
Router2(config-line)#exit
Router2(config)#banner motd #This is the Router2#
Router2(config)#no ip domain lookup
Router2(config)#end
Router2#wri
Building configuration...
[OK]
Router2#
```

路由器 ISP 代表的是互联网服务提供商，帮助公司接入 Internet，对于公司来说，ISP 只需向公司提供一个接入接口即可，所以，它只有串行接口 s1/0 与公司的 Router2 路由器相连。

路由器 ISP 的配置如下：

```
Router#config t
Enter configuration commands, one per line.  End with CNTL/Z.
Router(config)#hostname ISP
ISP(config)#int s1/0
ISP(config-if)#description connection to Router2
ISP(config-if)#ip address 172.16.10.1 255.255.255.0
ISP(config-if)#clock rate 64000
ISP(config-if)#no shut
```

```
ISP(config-if)#line con 0
ISP(config-line)#password 123456
ISP(config-line)#login
ISP(config-line)#logging synchronous
ISP(config-line)#exec-time 0 0
ISP(config-line)#line vty 0 4
ISP(config-line)#password 123456
ISP(config-line)#login
ISP(config-line)#exit
ISP(config)#banner motd #This is the ISP Router#
ISP(config)#no ip domain lookup
ISP(config)#end
ISP#wri
Building configuration...
[OK]
ISP#
```

五个路由器的基本配置都已完成,下面可以做一些测试,检查一下所做的配置是否正确。首先查看一下 Head 的路由表,可以查看到 Head 上的直连路由:

```
Head#sh ip route
[cut]
     10.0.0.0/24 is subnetted, 5 subnets
C       10.1.1.0 is directly connected, Serial1/0
C       10.1.2.0 is directly connected, Serial1/1
C       10.1.3.0 is directly connected, Serial1/2
C       10.1.4.0 is directly connected, FastEthernet0/0
C       10.1.5.0 is directly connected, FastEthernet0/1
Head#
```

再 Ping 一下对端地址,都可以 ping 通,如:

```
Head#ping 10.1.1.2
Type escape sequence to abort.
Sending 5, 100-byte ICMP Echos to 10.1.1.2, timeout is 2 seconds:
!!!!!
Success rate is 100 percent (5/5), round-trip min/avg/max = 1/5/11 ms
Head#ping 10.1.2.2
Type escape sequence to abort.
Sending 5, 100-byte ICMP Echos to 10.1.2.2, timeout is 2 seconds:
!!!!!
Success rate is 100 percent (5/5), round-trip min/avg/max = 2/8/13 ms
Head#
```

还可以看一下串行接口上的时钟频率：

Head#sh controllers s1/0
Interface Serial1/0
Hardware is PowerQUICC MPC860
DCE V.35, clock rate 64000
[cut]

信息显示 Head 接口 s1/0 是 DCE 端、V.35 接口、时钟频率为 64000。如果路由器具有自动检测和完成时钟频率设置的功能，则不用配置时钟频率。

通过在另外四个路由器上进行相同的检查，可以看到每个路由器直连的路由，而且都能够 ping 通对端地址，说明所有路由器的基本配置都是正确的。

如果路由器具有无线接口模块，可以通过配置无线接口为移动用户提供 WiFi 接入。假设在路由器 Router2 的第二个槽位插入了一个无线接口模块，对应的无线接口为 Dot11radio 0/2/0，现对该接口进行配置，为公司总部的用户提供 WiFi 接入。网络结构如图 3-4 所示。

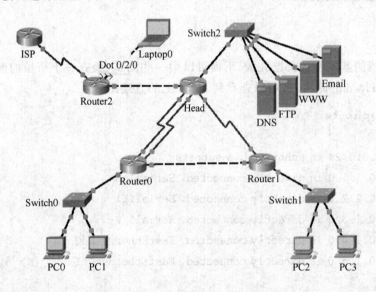

图 3-4 增加了无线接入的互连网络

无线接口的配置如下：

Router2#conf t
Router2(config)#int dot11radio 0/2/0
Router2(config-if)#description WiFi for mobile users
Router2(config-if)#ip address 172.16.20.1 255.255.255.0
Router2(config-if)#no shut
Router2(config-if)#ssid HeadOffice
Router2(config-if-ssid)#guest-mode
Router2(config-if-ssid)#authentication open
Router2(config-if-ssid)#infrastructure-ssid
Router2(config-if-ssid)#exit

```
Router2(config)#ip dhcp pool WiFiAddress
Router2(dhcp-config)#network 172.16.20.0 255.255.255.0
Router2(dhcp-config)#default-router 172.16.20.1
Router2(dhcp-config)#dns-server 10.1.5.2
Router2(dhcp-config)#exit
Router2(config)#ip dhcp excluded-address 172.16.20.1 172.16.20.10
Router2(config)#
```

对无线接口的配置包括以下方面：
- IP 地址；
- SSID(service set ID,服务集标识符)；
- guest mode 广播 SSID；
- authentication open 不需要认证即可接入；
- infrastructure-ssid 通过此无线接口可以接入到有线网络基础设施；
- DHCP 地址池（排除不希望被分配的地址）；
- DNS。

配置完成后,可以使用 show ip dhcp binding 命令查看 DHCP 地址池是否有地址被分配,也即是否有主机通过无线接口接入网络。假设 Laptop0 通过 WiFi 接入网络中,分配的 IP 地址是 172.16.20.11。

3.3 静态路由

完成路由器的基本配置后,直连的设备之间应该可以通信了,即路由器能够知道的路由就是它所直接相连的网络,这时路由表中列出的就是直连网络的路由项。如果路由器收到一个需要发送到远程网络的分组,它将如何处理呢？由于在路由表中查不到对应目的网络的路由,路由器只能将这个分组丢弃。可以这么说,查找不到路由的分组都会被丢弃。

因此,仅完成路由器的基本配置还不能满足全网通信的需求,只有将互连网络中所有的网络都加入路由器的路由表中,这样所有的分组就都可以被正确地转发。

静态路由以最直接的方式把路由器应该知道的路由告诉它,即以手动方式逐条地为每台路由器的路由表添加路由,路由器需要知道什么路由就添加什么路由,这很容易理解。与所有路由选择方式一样,静态路由也是既有优点又有缺点。

静态路由的优点：简单,开销小；不需要路由器之间交流路由信息,不会占用路由器之间的链路带宽；主动权在网络管理者,可以提高路由的安全性。

静态路由的缺点：只能通过手动方式配置,增加了网络管理者的工作量；路由的变化需要在每个路由器上进行手动更新,不能适应网络的变化；不适合应用于大型网络进行大量路由的配置。

3.3.1 静态路由的配置

配置静态路由的命令如下：

```
ip route [destination_network] [mask] [next-hop_address or exit-interface]
```

[administrative_distance] [permanent]

参数说明：
- ip route 创建静态路由命令关键字；
- destination_network 目的网络地址；
- mask 网络上的子网掩码；
- next-hop_address 下一跳路由器的与本路由器直接相连的接口地址，用于接收分组并将分组转发到远程网络；
- exit-interface 本路由连接下一跳路由器的接口，如果需要，可以用来设置下一跳地址，使设置的下一跳看上去就像是一条直连路由；
- administrative_distance（AD）管理距离，在默认情况下静态路由的管理距离为1（使用输出接口替代下一跳地址，管理距离为0，与直连路由一样），可以对默认值进行修改；管理距离代表了路由的优先级（0最高，225最低），用于路由器从多条路由中选择一条；
- permanent 如果接口被关闭或者路由器不能与下一跳路由器通信，在默认情况下这一路由将会从路由表中被自动删除，选择此参数，将导致任意情况下都保留这一路由在路由表中，一般不建议使用此参数。

例如，命令 ip route 10.10.10.0 255.255.255.0 172.16.9.5 是在路由器的路由表中添加一条到达网络 10.10.10.0/24 的静态路由，分组转发到下一跳路由器 IP 地址为 172.16.9.5 的接口。如果下一跳地址错误，则分组将无法得到正确的转发。如果下一跳地址无法 ping 通或对应的接口不正常，则所添加的静态路由不会出现在路由表中。

如果路由器与 172.16.9.5 所示接口互连的接口是 Fa0/0，则上述命令可以改写成 ip route 10.10.10.0 255.255.255.0 fa0/0，具有相同的意义，但在路由表中会显示为直连的网络。

到达某一个网络的路由，通过静态路由或动态路由都可以告诉路由器，而且运行不同的动态路由协议还会选择不同的路由。当存在到达某个网络的多条路由时，路由器只需选取其中的一条静态路由或某个动态路由协议的路由，而不会全部使用。如何实现？管理距离 AD 就是为此而设计，每种路由协议都有一个被规定好的用来判定路由协议优先级的管理距离。表3-2 列出了各类路由的管理距离。

表 3-2 管理距离

路由源	默认管理距离
Directly connected	0
Static route out an interface	0
Static route to a next hop	1
EIGRP summary route	5
External BGP	20
Internal EIGRP	90
IGRP	100
OSPF	110

续表

路由源	默认管理距离
IS-IS	115
RIP	120
EGP	140
External EIGRP	170
Internal BGP	200
Unknown	255

静态路由的默认管理距离是 0 或 1，优先级非常高，高于其他动态路由协议的路由，为了不影响以后配置 RIP、EIGRP、OSPF 等动态路由协议，可以对静态路由的管理距离进行修改，使其高于这三种路由协议的管理距离。例如，将静态路由的管理距离修改为 180，就不会对上述三种路由协议的路由造成影响。另外，配置一条比主路由管理距离更大的静态路由，当主路由失效时可以作为备份路由。例如，命令 ip route 10.10.10.0 255.255.255.0 172.16.9.5 180 添加的是一条管理距离为 180 的静态路由。

下面就通过静态路由的方式让路由器知道到达所有网络的路由，而且将所有静态路由的管理距离都修改为 180。

为了弄清楚每个路由器还有哪些网络无法到达，即到达哪些网络的路由还没有出现在路由器的路由表中，首先来看一下所构建的网络总共有多少个网络。通过观察网络的拓扑结构图可以看出，图 3-4 构建的网络中有如下一些网络：

10.1.1.0/24
10.1.2.0/24
10.1.3.0/24
10.1.4.0/24
10.1.5.0/24
10.10.1.0/30
192.168.10.0/24
192.168.20.0/24
172.16.10.0/24
172.16.20.0/24

总共 10 个网络，对路由器 Head 来说，已有前 5 个直连的网络，需要将另外 5 个网络的路由加入 Head 的路由表中。

Head 路由器静态路由的配置如下：

Head#conf t
Enter configuration commands, one per line. End with CNTL/Z.
Head(config)#ip route 10.10.1.0 255.255.255.252 10.1.1.2 180
Head(config)#ip route 192.168.10.0 255.255.255.0 10.1.2.2 180
Head(config)#ip route 192.168.20.0 255.255.255.0 10.1.3.2 180
Head(config)#ip route 172.16.10.0 255.255.255.0 10.1.4.2 180

Head(config)#ip route 172.16.20.0 255.255.255.0 10.1.4.2 180
Head(config)#end
Head#wri
Building configuration...
[OK]
Head#

路由器 Router0 和 Router1 都可以到达网络 10.10.1.0/30，配置时选择的是经过 Head 到 Router0 的第一条连接，如果选择经过 Router1 的路径也是可以的。到达网络 192.168.10.0/24 的路由选择的是 Head 到 Router0 的第二条连接，也可以选择第一条连接。

查看 Head 的配置文件，其中就有刚才配置的 5 条路由：

Head#sh run
[cut]
ip route 10.10.1.0 255.255.255.252 10.1.1.2 180
ip route 192.168.10.0 255.255.255.0 10.1.2.2 180
ip route 192.168.20.0 255.255.255.0 10.1.3.2 180
ip route 172.16.10.0 255.255.255.0 10.1.4.2 180
ip route 172.16.20.0 255.255.255.0 10.1.4.2 180
[cut]

再来看 Head 的路由表，已经有了全部网络的路由：

Head#sh ip route
      10.0.0.0/8 is variably subnetted, 6 subnets, 2 masks
C   10.1.1.0/24 is directly connected, Serial1/0
C   10.1.2.0/24 is directly connected, Serial1/1
C   10.1.3.0/24 is directly connected, Serial1/2
C   10.1.4.0/24 is directly connected, FastEthernet0/0
C   10.1.5.0/24 is directly connected, FastEthernet0/1
S   10.10.1.0/30 [180/0] via 10.1.1.2
      172.16.0.0/24 is subnetted, 2 subnets
S   172.16.10.0 [180/0] via 10.1.4.2
S   172.16.20.0 [180/0] via 10.1.4.2
S   192.168.10.0/24 [180/0] via 10.1.2.2
S   192.168.20.0/24 [180/0] via 10.1.3.2
Head#

S 标识的就是静态路由，静态路由中的[180/0]分别表示管理距离为 180 和度量值为 0。静态路由的度量值为 0，原因是静态路由为手动配置，只是指明了路由的方向，但并不知道路由的距离有多远。

路由器 Router0 直连了 4 个网络 10.1.1.0/24、10.1.2.0/24、10.10.1.0/30 和 192.168.10.0/24，不需要再为这 4 个网络创建路由，只需对剩下 6 个网络配置静态路由。

Router0 的配置如下：

Router0#conf t
Enter configuration commands, one per line. End with CNTL/Z.
Router0(config)#ip route 10.1.3.0 255.255.255.0 10.1.1.1 180
Router0(config)#ip route 10.1.4.0 255.255.255.0 10.1.2.1 180
Router0(config)#ip route 10.1.5.0 255.255.255.0 10.1.1.1 180
Router0(config)#ip route 192.168.20.0 255.255.255.0 10.10.1.2 180
Router0(config)#ip route 172.16.10.0 255.255.255.0 10.1.2.1 180
Router0(config)#ip route 172.16.20.0 255.255.255.0 10.1.1.1 180
Router0(config)#end
Router0#wri
Building configuration...
[OK]
Router0#

鉴于 Router0 与 Head 之间有两条连接，在选择下一跳地址时可以考虑轮流使用 10.1.1.1 和 10.1.2.1，使两条链路都能分担一部分流量。如果不考虑分流，都使用同一个下一跳地址对静态路由来说没有影响。

```
Router0#sh ip route
     10.0.0.0/8 is variably subnetted, 6 subnets, 2 masks
C       10.1.1.0/24 is directly connected, Serial1/0
C       10.1.2.0/24 is directly connected, Serial1/1
S       10.1.3.0/24 [180/0] via 10.1.1.1
S       10.1.4.0/24 [180/0] via 10.1.2.1
S       10.1.5.0/24 [180/0] via 10.1.1.1
C       10.10.1.0/30 is directly connected, FastEthernet0/0
     172.16.0.0/24 is subnetted, 2 subnets
S       172.16.10.0 [180/0] via 10.1.2.1
S       172.16.20.0 [180/0] via 10.1.1.1
C    192.168.10.0/24 is directly connected, FastEthernet0/1
S    192.168.20.0/24 [180/0] via 10.10.1.2
Router0#
```

通过查看路由表，Router0 的路由表中已经有了所有网络的路由。

路由器 Router1 与网络 10.1.3.0/24、10.10.1.0/30、192.168.20.0/24 直接相连，还有 7 个网络的路由需要加入路由表。

Router1 的配置如下：

Router1#conf t
Enter configuration commands, one per line. End with CNTL/Z.
Router1(config)#ip route 10.1.1.0 255.255.255.0 s1/0 180

```
Router1(config)# ip route 10.1.2.0 255.255.255.0 s1/0 180
Router1(config)# ip route 10.1.4.0 255.255.255.0 s1/0 180
Router1(config)# ip route 10.1.5.0 255.255.255.0 s1/0 180
Router1(config)# ip route 172.16.10.0 255.255.255.0 s1/0 180
Router1(config)# ip route 172.16.20.0 255.255.255.0 s1/0 180
Router1(config)# ip route 192.168.10.0 255.255.255.0 10.10.1.1 180
Router1(config)# end
Router1# wri
Building configuration...
[OK]
Router1#
```

在配置时,有 6 条静态路由使用了接口 s1/0 作为下一跳。查看 Router1 的路由表内容,显示已有全部 10 个网络的路由。由于使用了接口作为下一跳,所以在路由表中显示的是直接连接(directly connected)。

```
Router1# sh ip route
     10.0.0.0/8 is variably subnetted, 6 subnets, 2 masks
S       10.1.1.0/24 is directly connected, Serial1/0
S       10.1.2.0/24 is directly connected, Serial1/0
C       10.1.3.0/24 is directly connected, Serial1/0
S       10.1.4.0/24 is directly connected, Serial1/0
S       10.1.5.0/24 is directly connected, Serial1/0
C       10.10.1.0/30 is directly connected, FastEthernet0/0
     172.16.0.0/24 is subnetted, 2 subnets
S       172.16.10.0 is directly connected, Serial1/0
S       172.16.20.0 is directly connected, Serial1/0
S    192.168.10.0/24 [180/0] via 10.10.1.1
C    192.168.20.0/24 is directly connected, FastEthernet0/1
Router1#
```

路由器 Router2 直接连接的网络有 10.1.4.0/24、172.16.10.0/24、172.16.20.0/24,因此需要添加静态路由的网络还有 7 个。

Router2 的配置如下:

```
Router2# conf t
Enter configuration commands, one per line.  End with CNTL/Z.
Router2(config)# ip route 10.1.1.0 255.255.255.0 10.1.4.1 180
Router2(config)# ip route 10.1.2.0 255.255.255.0 10.1.4.1 180
Router2(config)# ip route 10.1.3.0 255.255.255.0 10.1.4.1 180
Router2(config)# ip route 10.1.5.0 255.255.255.0 10.1.4.1 180
Router2(config)# ip route 10.10.1.0 255.255.255.252 10.1.4.1 180
Router2(config)# ip route 192.168.10.0 255.255.255.0 10.1.4.1 180
```

```
Router2(config)#ip route 192.168.20.0 255.255.255.0 10.1.4.1 180
Router2(config)#end
Router2#wri
Building configuration...
[OK]
Router2#sh ip route
     10.0.0.0/8 is variably subnetted, 6 subnets, 2 masks
S       10.1.1.0/24 [180/0] via 10.1.4.1
S       10.1.2.0/24 [180/0] via 10.1.4.1
S       10.1.3.0/24 [180/0] via 10.1.4.1
C       10.1.4.0/24 is directly connected, FastEthernet0/0
S       10.1.5.0/24 [180/0] via 10.1.4.1
S       10.10.1.0/30 [180/0] via 10.1.4.1
     172.16.0.0/24 is subnetted, 2 subnets
C       172.16.10.0 is directly connected, Serial1/0
C       172.16.20.0 is directly connected, FastEthernet0/1
S    192.168.10.0/24 [180/0] via 10.1.4.1
S    192.168.20.0/24 [180/0] via 10.1.4.1
Router2#
```

Router2 的路由表中已经包含了所有网络的路由。

路由器 ISP 只有一个直连网络 172.16.10.0/24,所以还需要配置 9 个网络的静态路由。
ISP 的配置如下:

```
ISP#conf t
Enter configuration commands, one per line.  End with CNTL/Z.
ISP(config)#ip route 10.1.1.0 255.255.255.0 172.16.10.2 180
ISP(config)#ip route 10.1.2.0 255.255.255.0 172.16.10.2 180
ISP(config)#ip route 10.1.3.0 255.255.255.0 172.16.10.2 180
ISP(config)#ip route 10.1.4.0 255.255.255.0 172.16.10.2 180
ISP(config)#ip route 10.1.5.0 255.255.255.0 172.16.10.2 180
ISP(config)#ip route 10.10.1.0 255.255.255.252 172.16.10.2 180
ISP(config)#ip route 192.168.10.0 255.255.255.0 172.16.10.2 180
ISP(config)#ip route 192.168.20.0 255.255.255.0 172.16.10.2 180
ISP(config)#ip route 172.16.20.0 255.255.255.0 172.16.10.2 180
ISP(config)#end
ISP#wri
Building configuration...
[OK]
ISP#sh ip route
     10.0.0.0/24 is subnetted, 6 subnets
```

```
S       10.1.1.0 [180/0] via 172.16.10.2
S       10.1.2.0 [180/0] via 172.16.10.2
S       10.1.3.0 [180/0] via 172.16.10.2
S       10.1.4.0 [180/0] via 172.16.10.2
S       10.1.5.0 [180/0] via 172.16.10.2
S       10.10.1.0 [180/0] via 172.16.10.2
        172.16.0.0/24 is subnetted, 2 subnets
C       172.16.10.0 is directly connected, Serial1/0
S       172.16.20.0 [180/0] via 172.16.10.2
S    192.168.10.0/24 [180/0] via 172.16.10.2
S    192.168.20.0/24 [180/0] via 172.16.10.2
ISP#
```

路由器 ISP 的路由表显示有 1 条直连路由和 9 条静态路由,已有全部网络的路由。

网络中 5 个路由器需要添加的静态路由都已配置完成,所有路由器都拥有了正确的路由表,意味着网络中所有的路由器、主机都可以进行正常的通信了。下面就来验证一下主机之间、主机路由器之间的通信是否正常:PC0 与 Email 服务器、Laptop0 与 PC3、PC2 与 DNS 服务器、PC1 与路由器 ISP。

(1) PC0 ping Email 服务器

```
PC>ping 10.1.5.5

Pinging 10.1.5.5 with 32 bytes of data:

Reply from 10.1.5.5: bytes = 32 time = 1ms TTL = 126
Reply from 10.1.5.5: bytes = 32 time = 3ms TTL = 126
Reply from 10.1.5.5: bytes = 32 time = 5ms TTL = 126
Reply from 10.1.5.5: bytes = 32 time = 2ms TTL = 126

Ping statistics for 10.1.5.5:
    Packets: Sent = 4, Received = 4, Lost = 0 (0% loss),
Approximate round trip times in milli-seconds:
    Minimum = 1ms, Maximum = 5ms, Average = 2ms
```

(2) Laptop0 ping PC3

```
PC>ping 192.168.20.3

Pinging 192.168.20.3 with 32 bytes of data:

Reply from 192.168.20.3: bytes = 32 time = 2ms TTL = 125
Reply from 192.168.20.3: bytes = 32 time = 4ms TTL = 125
Reply from 192.168.20.3: bytes = 32 time = 5ms TTL = 125
Reply from 192.168.20.3: bytes = 32 time = 1ms TTL = 125

Ping statistics for 192.168.20.3:
    Packets: Sent = 4, Received = 4, Lost = 0 (0% loss),
Approximate round trip times in milli-seconds:
    Minimum = 1ms, Maximum = 5ms, Average = 3ms
```

(3) PC2 ping DNS 服务器

PC > ping 10.1.5.2

Pinging 10.1.5.2 with 32 bytes of data：

Reply from 10.1.5.2：bytes = 32 time = 7ms TTL = 126

Reply from 10.1.5.2：bytes = 32 time = 1ms TTL = 126

Reply from 10.1.5.2：bytes = 32 time = 6ms TTL = 126

Reply from 10.1.5.2：bytes = 32 time = 1ms TTL = 126

Ping statistics for 10.1.5.2：

    Packets：Sent = 4, Received = 4, Lost = 0 (0% loss),

Approximate round trip times in milli-seconds：

    Minimum = 1ms, Maximum = 7ms, Average = 3ms

(4) PC1 tracert 路由器 ISP、ISP traceroute PC1

PC > tracert 172.16.10.1

Tracing route to 172.16.10.1 over a maximum of 30 hops：

1	1 ms	0 ms	0 ms	192.168.10.1
2	1 ms	0 ms	4 ms	10.1.2.1
3	1 ms	1 ms	1 ms	10.1.4.2
4	5 ms	1 ms	1 ms	172.16.10.1

Trace complete.

ISP#traceroute 192.168.10.3

Type escape sequence to abort.

Tracing the route to 192.168.10.3

1	172.16.10.2	3 msec	2 msec	3 msec
2	10.1.4.1	1 msec	0 msec	1 msec
3	10.1.2.2	5 msec	1 msec	1 msec
4	192.168.10.3	3 msec	2 msec	0 msec

ISP#

上述 4 项测试表明网络通信正常，所做静态路由配置实现了全网路由器、主机的互连。

关于下一跳是使用 IP 地址、还是使用出站接口进行一下说明：在配置静态路由时，下一跳可以使用下一跳路由器的 IP 地址，也可以使用本端路由器的出站接口，但并非完全没有区别，采用哪一种方式比较合适，需要根据实际情况确定。如果是点对点网络连接，不管是指定下一跳 IP 地址还是出站接口，效果是一样的，而且最好配置出站接口如串行接口，因为这种情况下数据包的传送并不需要使用路由表中的下一跳地址。如果是广播网络环境如以太网，相邻两个接口之间需要使用 MAC 地址才能通信，所以指定下一跳 IP 地址和指定出站接口将会有不同的效果。如果下一跳为出站接口，每次数据包到达时都会触发 ARP 请求与响应，如果开启了 ARP 代理，会直接对最终目标发起 ARP 请求，ARP 条目会很多，这就要求路由器配备大量的 ARP 高速缓存。如果下一跳指定为 IP 地址，则只有去往目的网络的第一个数据包到达时，才会触发 ARP 请求。在这种情况下，为了减少 ARP 缓存和便于路由的查找，最好是同时指定下一跳 IP 地址和出站接口，这样，效率会更高。若不能同时指定，则使用下一跳 IP 地址要优于使用出站接口。

3.3.2 默认路由

默认路由属于静态路由的一种特殊情形,是使用通配符替代网络和子网掩码信息的静态路由。如果路由器配置了默认路由,当路由器在路由表中找不到到达目的网络的路由项时,就会使用默认路由,将分组转发到默认路由指定的下一跳路由器。例如,一个连接到互联网的路由器,不可能将互联网上所有网络的路由都加入路由表中,这时采用默认路由是一种非常合适的选择。

当一个路由器只有一条到达外部网络的路径时,这种路由器称为末梢路由器(stub router),有的文献译为存根路由器。由于末梢路由器访问外部的任何网络都要经过这条路径,且只有这条路径,所以特别合适使用默认路由,将所有外出分组都转发到同一个下一跳接口。例如,上述网络中,路由器 ISP 是一个末梢路由器,就可以使用一条默认路由替代配置的 9 条静态路由。配置如下:

ISP(config)#ip route 0.0.0.0 0.0.0.0 172.16.10.2
ISP(config)#ip classless

如果路由器没有运行 ip classless 这条命令,则所有在路由器的路由表中有目的网络主类网,但没有找到到达目的网络明确的路由项的分组都将被丢弃,不会转发到默认路由所指定的下一跳。也就是说,如果想使默认路由无效,只要在全局配置模式下使用 no ip classless 命令即可,当然,直接将默认路由"no"掉也是可以的。如果有的路由器 IOS 在启动时已经运行 ip classless 命令,则不用再配置该命令。

ISP 路由器配置了默认路由以后,那之前所配置的 9 条静态路由就可以删除:

ISP(config)#no ip route 10.1.1.0 255.255.255.0 172.16.10.2 180
ISP(config)#no ip route 10.1.2.0 255.255.255.0 172.16.10.2 180
ISP(config)#no ip route 10.1.3.0 255.255.255.0 172.16.10.2 180
ISP(config)#no ip route 10.1.4.0 255.255.255.0 172.16.10.2 180
ISP(config)#no ip route 10.1.5.0 255.255.255.0 172.16.10.2 180
ISP(config)#no ip route 10.10.1.0 255.255.255.252 172.16.10.2 180
ISP(config)#no ip route 192.168.10.0 255.255.255.0 172.16.10.2 180
ISP(config)#no ip route 192.168.20.0 255.255.255.0 172.16.10.2 180
ISP(config)#no ip route 172.16.20.0 255.255.255.0 172.16.10.2 180

这时,再来看一下 ISP 的路由表:

ISP#sh ip route
Gateway of last resort is 172.16.10.2 to network 0.0.0.0

    172.16.0.0/24 is subnetted, 1 subnets
C   172.16.10.0 is directly connected, Serial1/0
S*   0.0.0.0/0 [1/0] via 172.16.10.2
ISP#

ISP 路由表只有两条路由了:一条是直连网络的路由;另一条由 S*标识的就是刚才配置的默认路由。相比之下,使用默认路由要简单不少。但是,要注意并不是每一个路由器都适合配置默认路由,如果一个路由器到达外部网络存在多条路径,那么创建默认路由就有可能将分组转发到错误的下一跳。因此,在非末梢路由器上配置默认路由要非常小心。

ISP 路由表第一行显示最终网关已设置,就是指明配置了默认路由。另外,默认路由与静态路由一样,可以使用本端路由器的输出接口作为下一跳。这里没有修改默认路由的管理距离为 180,因为在后面配置动态路由协议时,可以直接将此默认路由删除即可。

再说明一下命令 ip classless,该命令告诉路由器按无类地址寻址,如果执行 no ip classless 命令,则路由器会按主类网络查找路由。如果路由表中有目的网络对应的主类网络,即使没有查找到路由项,也不会使用默认路由。如果路由表中没有目的网络对应的主类网络,在没有查找到路由项的情况下,会使用默认路由进行分组转发。例如,路由表中有一条到达网络 172.16.10.0/24 的路由和一条默认路由,总共两条非直连网络路由。如果这时收到一个要到达网络 172.16.20.0/24 的分组,当命令 ip classless 已启用时,路由器会按无类网络查找路由,当查找不到路由时将使用默认路由来转发该分组;如果 ip classless 已关闭,则路由器会因为找不到路由而丢弃该分组。原因是 172.16.20.0/24 对应的主类网络 172.16.0.0 已在路由表中出现,而路由器又是按主类网络查找路由,意思是在路由表中可以找到(找到的是主类网,但并不是分组的路由),在这种情况下就不会使用默认路由。如果路由器收到的分组是要到达网络 10.10.10.0/24,则无论 ip classless 是否启用,路由器都会使用默认路由转发该分组,因为 10.10.10.0/24 对应的主类网络 10.0.0.0 没有在路由表中出现。

还有一条非常有用的命令:

Router(config)#ip default-network network (可到达的网络)

当一个网络中有多台路由器运行同一种动态路由协议,其中有一台路由器具有连接到外部网络的默认路由,则使用该命令可以让具有默认路由的路由器通过动态路由协议,将默认路由传递给其他路由器,而不需要在每台路由器上都配置一条访问外部网络的默认路由。由于该命令需要使用动态路由协议才能发挥作用,将在学习 RIP 路由协议时使用该命令。

3.4 动态路由

动态路由是指路由器通过运行路由协议来查找到达各个网络的路由,并从所获得的路由中选择优先级最高的路由添加到路由表。路由协议是相邻路由器之间交换路由信息的一组规则,不仅可以发现各网络的路由,而且能适应网络环境的变化。当网络的拓扑结构发生改变时,可以根据网络的变化自适应地对路由表进行更新,有的路由协议还能实现负载均衡。与静态路由相比,路由器只要运行了路由协议,对路由的获取与更新不需要人工参与,全部都是由路由协议自动完成。所以,对网络管理者来说,使用动态路由更加容易,不过,运行路由协议需要占用网络资源,如路由器的 CPU、存储资源、网络带宽等。

3.4.1 自治系统

互联网的规模非常大,是由世界上许多电信运营商的网络联合起来共同组成,各自可能使用不同的路由协议。为了让使用不同路由协议的网络内部及网络之间可以正常工作,加上考虑到不同机构对各自网络的有效管理,为此,整个互联网被划分成许多较小的自治系统(autonomous system,AS)。一个 AS 是在一个共同管理域下的一组网络的集合,或者更具体来说,是在单一技术管理下的一组路由器,所有路由器都使用一种自治系统内部的路由选择协议及相同的路由度量。AS 之间是相对独立的,一个 AS 内部的路由策略对另一个 AS 来说是透明的。

3.4.2 路由协议的分类

一个大的电信运营商或 ISP 就是一个自治系统,针对自治系统内部、自治系统之间两种情形,将路由协议划分为两大类:内部网关协议和外部网关协议。

- 内部网关协议(interior gateway protocol,IGP):在一个 AS 内部使用的路由协议,只限于 AS 内部路由器之间交换路由信息,与其他 AS 使用什么样的路由协议没有关系。这类路由协议在互联网中使用较多,如 RIP、IGRP、OSPF、EIGRP 等都属于内部网关协议。
- 外部网关协议(exterior gateway protocol,,EGP):用于 AS 之间的路由信息交互,当两个位于不同 AS 的主机需要通信时,必须使用 EGP。因为两个主机所在 AS 有可能使用了不同的 IGP,当一个分组需要穿越一个 AS 的边界时,就需要 EGP 在 AS 之间传递路由信息。不过,即使两个主机所在的 AS 使用了相同的 IGP,AS 之间也需要使用 EGP 交换路由信息。目前使用最多的 EGP 是 BGP 的第 4 版本(BGP-4,RFC4271)。由于不同的 AS 对最佳路由的度量标准不一定相同,所以 BGP 并非去寻找一条最佳路由,而是在 AS 之间交换可达性信息。BGP 定义了 OPEN、UPDATE、KEEPALIVE、NOTIFICATION 四种报文,采用路径向量(path vector)路由选择,并能支持无类域间路由 CIDR。

按路由器学习路由和维护路由表的方法,可将 IGP 分为以下三种类型:

- 距离矢量(distance vector)路由协议:距离表示远近,根据到达目的网络的距离来判定路由的优劣,距离最短的路径为最佳路由。矢量指明网络所在的方向,具体来说,是指从哪个接口出去可以到达目的网络。RIPv1、RIPv2、IGRP 等都属于距离矢量路由协议。
- 链路状态(link state)路由协议:链路状态是指路由器都与哪些路由器相邻以及链路的度量值是多少。路由器之间通过交流链路状态信息而获得全网的拓扑结构,并由此构建出自己的路由表。OSPF、IS-IS 等都属于链路状态路由协议。
- 混合型(hybrid)路由协议:混合型路由协议是指路由协议同时具有距离矢量路由协议和链路状态路由协议两种路由协议的特点,EIGRP 是混合型路由协议的代表。

3.5 距离矢量路由协议

距离矢量路由协议通过路由器之间相互交互路由表来学习到达每个网络的路由,路由器并不知道整个网络的拓扑结构。这是由路由器之间交换的信息决定的,因为路由表中只记录了到达某个网络的距离和方向,并非全网络的拓扑信息。就好比在需要开车去一个并不熟悉的地方,而手里又没有地图,那只能依靠沿途出现的路牌方知道到达目的地有多远,应该往哪个方向走。一旦公路出现断桥、塌方等需要绕行的异常情况,就只能四处打听才知道如何前行。距离矢量路由协议正是如此,路由器由于不知道网络的拓扑结构,自己没有办法计算出路由,只能完全依赖邻居所提供的路由信息,而且路由器自己也不会去查证这些信息是否正确,形象地称路由器通过这种方式获得的路由为"传闻路由"。

网络中的每个路由器通过与邻居周期性地交换路由表,学习到了到达每个网络的路由后,如果网络一直正常运行,那么数据分组都能被成功地转发至目的主机。但是,一旦网络中出现了路由器损坏、链路中断等异常情况,如果路由器需要获得到达目的地的其他路径,唯一的办法还是需要向自己的邻居打听。另外,由于距离矢量路由协议在网络出现故障时收敛较慢,有可能出现路由环路,需要采取额外的措施来避免环路。

如果到达某个网络存在多条路径,路由器会对获取的路由进行选择。首先比较路由的管理距离 AD,管理距离小的优先。如果管理距离 AD 相等,则比较路由的度量值,根据度量值确定哪一条路由是最佳路由,并将最佳路由放入路由表。如果存在多条最佳路由,有的路由协议可以在多条最佳路由之间作负载均衡。如 RIP 最多可以对 6 条最佳路由作负载均衡,默认是 4 条。由于 RIP 是以跳计数作为度量值,而不考虑链路的带宽,当两条跳计数相同而带宽相差较大的链路作负载均衡时,对带宽很小的链路来说,有可能无法承载分流给它的数据流量,从而导致"针孔拥塞"的问题。

距离矢量路由协议通过在路由器之间传递路由更新(update)包学习路由,其中封装的是路由器的整个路由表。为了维护路由的正确性以及与邻居路由的一致性,交换路由信息的过程需要周期性地进行。当每台路由器都开始运行距离矢量路由协议后,路由器将使用从邻居那里获得的路由信息更新自己的路由表,经过一段时间的路由信息交换,每个路由器最终都会学习到到达所有网络的路由,拥有一张完整的路由表。

3.5.1 协议工作过程

以图 3-5 为例来说明距离矢量路由协议的工作过程,R1、R2 和 R3 三个路由器启动后路由表中只有直连网络的路由项,每个路由项包括目的网络号、到达目的网络的接口和到达目的网络的距离等内容。这里以 RIP 路由协议为例,它是以所经过的路由器数目作为到达目的网络的距离,于是到达每个直连网络的距离就为 0。路由协议开始运行后,每个路由器就会通过路由更新包向所有邻居发送自己完整的路由表,首先发布的就是直连网络的路由。

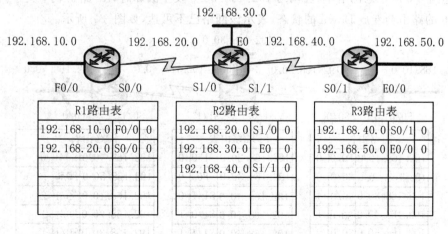

图 3-5 初始路由表

三个路由器经过一段时间的路由信息交换,即 R1 与 R2 交换、R2 与 R3 交换,三个路由器都学习到了到达远程网络的路由,如图 3-6 所示,每个路由器的路由表都包含了所有 5 个网络的路由。

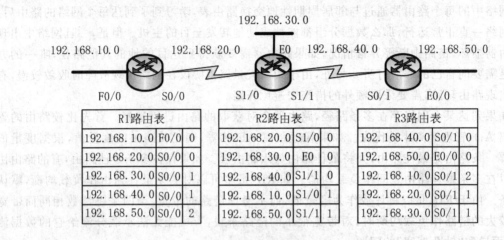

图 3-6　已收敛的路由表

每个路由器通过运行路由协议都学习到了所有网络的路由时,这种状态又被称为是已汇聚的或已收敛的,说明路由协议的运行、路由表、路由等都已达到相对稳定的状态。当路由协议正处于汇聚的过程中时,有可能不会传递数据分组,所以汇聚时间越短越好。不过,距离矢量路由协议的汇聚时间比较长,因为只能依靠与邻居之间周期性地交换路由表,才能一步一步地学习到远程网络的路由。

3.5.2　路由环路的产生与避免

如果网络中出现路由环路,路由器的路由表将会发生频繁的变化,无法得到远程网络稳定的路由,结果是路由表中的某些路由或整个路由表都无法收敛,严重影响分组的正常转发。

为什么会产生路由环路呢?正常运行的网络不会产生路由环路,但是,一旦网络出现故障,特别是距离矢量路由协议的慢汇聚,就有可能产生路由环路。

上述图 3-6 所示的网络中,当网络 192.168.50.0 发生故障时,R3 路由表中关于网络 192.168.50.0 的路由会变成 Down 的状态,表示该网络已不可达,如图 3-7 所示。

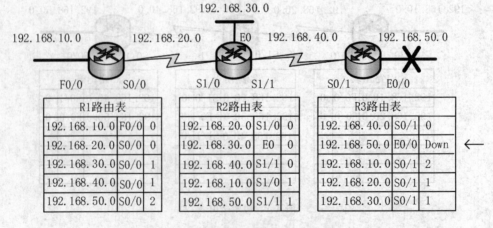

图 3-7　网络 192.168.50.0 发生故障

但是,当路由器 R2 周期性发送的路由更新包到达路由器 R3 时,发现 R2 路由表中网络 192.168.50.0 是可达的。实际上,R2 路由表中的这条路由是从 R3 学到的,但由于路由协议本身的局限,R3 并不知道这个事实。于是,根据路由算法,到达某个目的网络的路由,下一跳不同时,距离更短的优先。因此,R3 就根据 R2 的路由表信息对到达网络 192.168.50.0 的路由进行更新,下一跳改为 S0/1,距离在原来的基础上加 1 变成 2,在路由表中重新恢复了关于网络 192.168.50.0 的路由,如图 3-8 所示。

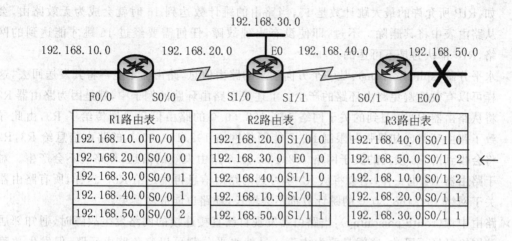

图 3-8 R3 从 R2 学到错误的路由

这明显是错误的,但是,路由错误还没有结束。因为路由器之间还会周期性地交换路由表,而根据路由算法,到达某个目的网络的路由,当下一跳相同时,则无论距离为多少,都认为比原来的路由更好,所以要进行更新。上述的 R2 与 R3 之间情形就是这种情况,当 R2 收到 R3 的路由表,就会将到达网络 192.168.50.0 的距离更新为 3。然后,当 R3 收到 R2 的路由表,又会将到达网络 192.168.50.0 的距离更新为 4。R1 也会收到 R2 的路由表,其路由表中关于网络 192.168.50.0 的路由距离也会不断更新。显然,路由环路已经产生。路由器之间还在周期性地不断地相互发送路由更新包,代表距离的跳数也将继续增长下去。网络 192.168.50.0 的跳数的增加如图 3-9 所示。

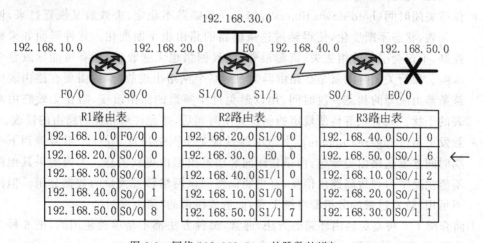

图 3-9 网络 192.168.50.0 的跳数的增加

如果这种状况不能被阻止,那么路由器路由表中关于故障网络的路由项的跳数将会无限增长下去,这样的路由将永远无法汇聚,不仅对分组的转发造成了影响,而且也在严重浪费网络资源,并损害网络的性能。可见,必须采取有效措施避免路由环路的产生。

为了防止路由环路的产生和确保路由的正确性,可采取的有效措施有如下几种:

> 最大度量值限制:某路由项中的距离在达到所规定的最大度量值后,该路由项将变成无效的路由。这样路由环路产生以后,故障路由的距离就不会一直无限增长下去。例如,RIP 所允许的最大跳计数是 15,当路由的跳计数达到 16 时就会成为无效路由,会从路由表中将其删除。不过,即使没有出现故障,任何需要经过 16 跳才能达到的网络,RIP 都认为是不可达的。

> 水平分割(split horizon):从一个方向学来的路由信息,路由器不能再将其发送回去,这样可以有效地避免路由环路的产生。上述关于路由环路的例子中,就是因为路由器 R2 将从路由器 R3 学习到的关于网络 192.168.50.0 的路由信息又回传给了 R3,由此导致了路由环路。如果强制限制 R2 不能回传网络 192.168.50.0 的路由信息给 R3,R2 将会收到由 R3 发出的关于网络 192.168.50.0 路由失效的信息,环路就不会产生。对于路由器 R1 也一样,不会将从 R2 学习到的路由信息再发送给 R2。这样,所有路由器关于网络 192.168.50.0 的跳计数都不会增长,环路也能成功避免。

> 路由中毒(route poisoning):当路由器发现自己直接连接的网络发生故障时,通知邻居该网络已经不可达,这就是路由中毒。虽然水平分割可以避免路由环路,但发生故障的网络的路由在其他路由器的路由表中依然存在,必须尽快告诉它们发生故障的路由已经不可用。例如,R3 发现到达网络 192.168.50.0 的路由出现故障,首先给自己"下毒",标识该路由为"Down",然后通过路由中毒信息告诉 R2 到达网络 192.168.50.0 的路由已失效。通过路由中毒的消息的不断传递,整个网络就会知道到达网络 192.168.50.0 的路由已经发生故障。

> 反向中毒(poison reverse):当一个路由器收到路由中毒消息后,会向所有邻居发送路由中毒消息,其中包括中毒消息来源方向的路由器,这就是反向中毒。反向中毒的目的是强化中毒消息,确保网络中所有路由器都能收到路由中毒消息。例如,R2 收到了 R3 发出的路由中毒消息后,会向 R3 发送反向路由中毒消息。

> 保持关闭时间(hold-down timers):如果一条链路不稳定,失效后又恢复过来,恢复后又失效,状态不断变化,使得经过这条链路的路由也不断变化。这种局面如果得不到控制,不仅会引起分组丢失、资源浪费,而且网络也无法收敛,还有可能导致整个网络瘫痪。保持关闭时间就是在路由器学习到某个网络出现故障后,需要在路由表中保持该条路由故障的状态一段时间,用以避免过于频繁的路由改变,阻止无效路由对路由表的干扰。只有在等待所规定的保持关闭时间后,才允许对相应的路由的修改。

> 触发更新(triggered update):当路由器发现某个网络出现了故障,不需等到下一个周期时间才发送路由更新包,而是立即向邻居发出路由更新消息。因为如果其他路由器不能快速学习到故障路由信息,有可能仍然向该网络转发大量的数据分组。但网络已不可用,转发过来的分组都将被丢弃,而造成所谓的"路由黑洞"。

上面介绍了 6 种避免路由环路的方法,通常,每种方法都不是单独使用的,把 6 种方法联合起来使用,能更有效地阻止路由环路的产生,维护路由表的正确性。

3.6 路由信息协议

路由信息协议(routing information protocol,RIP)是一种典型的距离矢量路由协议,使用从源网络到目的网络所经过的路由器个数(跳计数)作为路由的度量值,最大有效跳数是 15 跳,达到 16 跳的路由就认为不可达。到达同一个目的网络的路由中跳数最少的为最佳路由,并被放入路由表,成为转发分组的路由。如果有两条或两条以上的最佳路由,RIP 可以实现路由之间的负载均衡。RIP 默认支持 4 条路由的负载均衡,最多可以支持在 6 条路由之间进行负载均衡。进行负载均衡的路由都会被加入路由表。

运行 RIP 的路由器只与邻居周期性地交换路由信息,每隔 30 秒就将自己完整的路由表发送给所有邻居。RIP 适合应用在小型网络中,不仅支持不了网络直径大于 16 个路由器的网络,而且对于路由器数量较多的网络,运行效率会很低。

RIP 的运行使用了 4 个定时器:
- 路由更新定时器:设定路由更新的周期,默认值为 30 秒。
- 路由失效定时器:一条路由被认定为无效路由之前需要等待的时间,默认值为 180 秒。如果在等待的过程中,收到了该条路由的更新消息,则不会认定该路由为无效路由。当一条路由被认定为失效后,路由器将向自己的邻居发布该路由已失效的更新。
- 保持失效定时器:当路由器收到关于某条路由不可达的更新消息时,该条路由将进入保持失效状态,定时器设置的是保持失效状态持续的时间,默认值为 180 秒。如果在此期间,没有收到路由恢复的消息,则此路由成为失效路由。
- 路由刷新定时器:设定将一条被认定为无效的路由从路由表中删除之前需要等待的时间,默认值为 240 秒。保持失效定时器的值一定要小于路由刷新定时器的值,以使路由器在将失效路由从路由表中删除之前有时间将失效路由通告给所有的邻居。

RIP 有两个版本:RIPv1 和 RIPv2。由于 RIPv1 不能在路由更新包中携带子网掩码,所以 RIPv1 只能进行有类的路由选择。发布的是有类网络的路由信息,不能支持可变长度子网掩码 VLSM(variable-length subnet mask)和地址聚合。RIPv2 能够携带子网掩码,所以 RIPv2 可以支持无类的路由选择和 VLSM。另外,RIPv2 还能支持多播、认证和不连续网络。

3.6.1 RIP 路由配置

在路由器上配置 RIP 路由协议,包括两个方面:第一,通过命令 router rip 启用 RIP;第二,使用 network 命令发布每个路由器直连的网络信息,注意 network 后面只能使用有类网络地址来发布,不能使用子网掩码。如果网络中的每个路由器上都完成了这两个方面的配置,则路由器之间就开始了路由信息的交换,经过一段时间,所有路由器都能获得到达每个网络的路由。在交换路由信息的过程中,如果路由器发现某条路由的跳计数已达到 15 跳,则路由器不会将该条路由发给它的邻居,因为它的邻居收到这条路由时跳计数就变成了 16 跳而成为不可达路由。

下面以前面配置静态路由的网络图 3-4 为例,说明 RIP 路由协议的配置过程。由于只有当所有路由器都启用了 RIP,路由器之间才通过相互学习获取互连网络中所有网络的路由,所以,这里首先对每个路由器进行配置,都配置完成后,再来查看分析每个路由器的路由表。

路由器 Head 虽然直接连接有 5 个网络,但是 5 个网络都是 A 类网络 10.0.0.0 的子网,所以在发布网络的时候只能发布 10.0.0.0,不使用子网信息。不过,虽然这里只输入了有类网络地址,但找出子网信息并将它们放入路由表是路由协议必须完成的工作。

路由器 Head 的配置如下:

Head#conf t
Enter configuration commands, one per line.   End with CNTL/Z.
Head(config)#router rip
Head(config-router)#network 10.0.0.0
Head(config-router)#end
Head#wri
Building configuration...
[OK]
Head#

路由器 Router0 与 4 个网络相连,其中 3 个网络是 10.0.0.0 的子网,另一个是 192.168.10.0。

路由器 Router0 的配置如下:

Router0#conf t
Enter configuration commands, one per line.   End with CNTL/Z.
Router0(config)#router rip
Router0(config-router)#network 10.0.0.0
Router0(config-router)#network 192.168.10.0
Router0(config-router)#end
Router0#wri
Building configuration...
[OK]
Router0#

路由器 Router1 直接连接了 3 个网络,10.1.3.0 和 10.10.1.1 都是 10.0.0.0 的子网,另一个是 192.168.20.0。

路由器 Router1 的配置如下:

Router1#conf t
Enter configuration commands, one per line.   End with CNTL/Z.
Router1(config)#router rip
Router1(config-router)#network 10.0.0.0
Router1(config-router)#network 192.168.20.0
Router1(config-router)#end
Router1#wri
Building configuration...
[OK]

Router1#

路由器 Router2 直接连接 10.1.4.0、172.16.10.0、172.16.20.0 三个网络，10.1.4.0 是 10.0.0.0 的子网，而 172.16.10.0 和 172.16.20.0 都是 172.16.0.0 的子网。

路由器 Router2 的配置如下：

Router2#conf t
Enter configuration commands, one per line. End with CNTL/Z.
Router2(config)#router rip
Router2(config-router)#network 172.16.0.0
Router2(config-router)#network 10.0.0.0
Router2(config-router)#end
Router2#wri
Building configuration...
[OK]
Router2#

路由器 ISP 只连接有 172.16.10.0 一个网络，它是 172.16.0.0 的子网。

路由器 ISP 的配置如下：

ISP#conf t
Enter configuration commands, one per line. End with CNTL/Z.
ISP(config)#router rip
ISP(config-router)#network 172.16.0.0
ISP(config-router)#end
ISP#wri
Building configuration...
[OK]
ISP#

5 个路由器上都已完成 RIP 的配置，下面来查看一下每个路由器的路由表，并进行分析。首先来查看路由器 Head 的路由表。

Head#sh ip route
     10.0.0.0/8 is variably subnetted, 6 subnets, 2 masks
C   10.1.1.0/24 is directly connected, Serial1/0
C   10.1.2.0/24 is directly connected, Serial1/1
C   10.1.3.0/24 is directly connected, Serial1/2
C   10.1.4.0/24 is directly connected, FastEthernet0/0
C   10.1.5.0/24 is directly connected, FastEthernet0/1
S   10.10.1.0/30 [180/0] via 10.1.1.2
     172.16.0.0/16 is variably subnetted, 3 subnets, 2 masks
R   172.16.0.0/16 [120/1] via 10.1.4.2, 00:00:04, FastEthernet0/0
S   172.16.10.0/24 [180/0] via 10.1.4.2

```
S       172.16.20.0/24 [180/0] via 10.1.4.2
R       192.168.10.0/24 [120/1] via 10.1.1.2, 00:00:01, Serial1/0
                        [120/1] via 10.1.2.2, 00:00:01, Serial1/1
R       192.168.20.0/24 [120/1] via 10.1.3.2, 00:00:03, Serial1/2
```

路由表中由 R 标识的路由就是通过 RIP 学习到的路由，RIP 的管理距离 AD 是 120，显示在[120/1]中，1 是该条路由的跳数。对于 172.16.10.0 和 172.16.20.0 两个网络的路由，RIPv1 只能学习到 172.16.0.0 的路由，因为发布出来的就是两个子网的主类网 172.16.0.0。但到达 172.16.10.0 和 172.16.20.0 两个网络的静态路由也出现在路由表中，尽管这两条静态路由的管理距离 AD 被修改成了 180。原因是与 172.16.10.0 和 172.16.20.0 进行最长匹配，要比 172.16.0.0 具有更好的匹配度，因此路由表中会同时保存了这两条静态路由。对于 192.168.10.0 和 192.168.20.0 两个网络的路由就不存在这样的问题，它们的静态路由已被 RIP 路由替代。而且，到达网络 192.168.10.0 的路由有两条，两条路由的距离都是 1，都是最佳路由，RIP 实现这两条路由之间的负载均衡，两条路由具有相同的带宽，不会出现针孔拥塞的问题。

路由表显示到达网络 10.10.1.0 的路由只有原来的静态路由，并没有通过 RIP 学习到的路由，这里存在是否支持不连续网络的问题。前面提到由于 RIPv1 不支持携带子网掩码，它是不能支持不连续网络的。所谓不连续网络就是一个有类网络的两个或更多的子网通过路由器或另一个有类网络连接在一起的互连网络。网络 10.10.1.0 与 Head 直接连接的 5 个网络属于同一个 A 类主类网 10.0.0.0，而 RIPv1 发布的只能是 10.0.0.0 的路由，显然存在路由冲突。在这种情况下，Head 无法通过 RIP 学习到网络 10.10.1.0 的路由，所以继续使用其静态路由。如果将 10.10.1.0 的静态路由删除，则 Head 将学不到 10.10.1.0 的路由。因此，请特别注意，当网络中有不连续的网络存在时，RIPv1 是无法正常工作的。

查看路由器 Router0 的路由表：

```
Router0#sh ip route
        10.0.0.0/8 is variably subnetted, 6 subnets, 2 masks
C       10.1.1.0/24 is directly connected, Serial1/0
C       10.1.2.0/24 is directly connected, Serial1/1
R       10.1.3.0/24 [120/1] via 10.1.2.1, 00:00:14, Serial1/1
                    [120/1] via 10.1.1.1, 00:00:14, Serial1/0
R       10.1.4.0/24 [120/1] via 10.1.2.1, 00:00:14, Serial1/1
                    [120/1] via 10.1.1.1, 00:00:14, Serial1/0
R       10.1.5.0/24 [120/1] via 10.1.2.1, 00:00:14, Serial1/1
                    [120/1] via 10.1.1.1, 00:00:14, Serial1/0
C       10.10.1.0/30 is directly connected, FastEthernet0/0
        172.16.0.0/16 is variably subnetted, 3 subnets, 2 masks
R       172.16.0.0/16 [120/2] via 10.1.1.1, 00:00:14, Serial1/0
                      [120/2] via 10.1.2.1, 00:00:14, Serial1/1
S       172.16.10.0/24 [180/0] via 10.1.2.1
S       172.16.20.0/24 [180/0] via 10.1.1.1
```

```
C       192.168.10.0/24 is directly connected, FastEthernet0/1
R       192.168.20.0/24 [120/1] via 10.10.1.2, 00:00:07, FastEthernet0/0
Router0#
```

路由器 Router0 通过 RIP 学习到了 5 个网络的动态路由,其中 4 个网络都有两条最佳路由可达。路由表也保存了到达 172.16.10.0 和 172.16.20.0 两个网络的静态路由。这里的问题是为什么 Router0 可以学习到网络 10.1.3.0、10.1.4.0 和 10.1.5.0 的路由,不是只能发布 10.0.0.0 吗?对有类路由协议有这样一个规定,即当路由器从一个接口学习到的网段和配置在这个接口上的 IP 地址属于同一个主类网时,可以使用配置在该接口上的子网掩码作为学到的那个网段的子网掩码。所以,这里将 24 位的子网掩码应用到了 10.1.3.0、10.1.4.0 和 10.1.5.0 这 3 个网络,获得了相应的路由。

查看路由器 Router1 的路由表:

```
Router1# sh ip route
        10.0.0.0/8 is variably subnetted, 6 subnets, 2 masks
R       10.1.1.0/24 [120/1] via 10.1.3.1, 00:00:24, Serial1/0
R       10.1.2.0/24 [120/1] via 10.1.3.1, 00:00:24, Serial1/0
C       10.1.3.0/24 is directly connected, Serial1/0
R       10.1.4.0/24 [120/1] via 10.1.3.1, 00:00:24, Serial1/0
R       10.1.5.0/24 [120/1] via 10.1.3.1, 00:00:24, Serial1/0
C       10.10.1.0/30 is directly connected, FastEthernet0/0
        172.16.0.0/24 is subnetted, 2 subnets
S       172.16.10.0 is directly connected, Serial1/0
S       172.16.20.0 is directly connected, Serial1/0
R       192.168.10.0/24 [120/1] via 10.10.1.1, 00:00:01, FastEthernet0/0
C       192.168.20.0/24 is directly connected, FastEthernet0/1
Router1#
```

在 Router1 的路由表中,没有发现由 R 标识的到达 172.16.0.0/16 的路由,而在 Head、Router0 的路由表中都有。原因是在配置 172.16.10.0 和 172.16.20.0 两个网络的静态路由时,下一跳使用的是本端的输出接口,在路由表中显示的就是直连路由。这样,就出现了不连续网络的情形,即在两个地方出现了同样的 172.16.0.0 网络,显然冲突。这种情况下 RIPv1 无法正常工作,不会将通过 RIP 学习到的 172.16.0.0 网络的路由放入路由表。鉴于此,将两条静态路由的下一跳修改为对端的 IP 地址:

```
Router1(config)# no ip route 172.16.10.0 255.255.255.0 Serial1/0 180
Router1(config)# no ip route 172.16.20.0 255.255.255.0 Serial1/0 180
Router1(config)# ip route 172.16.10.0 255.255.255.0 10.1.3.1 180
Router1(config)# ip route 172.16.20.0 255.255.255.0 10.1.3.1 180
```

再来查看 Router1 的路由表,可以看到其中已有由 R 标识的 172.16.0.0/16 的路由:

```
Router1# sh ip route
        10.0.0.0/8 is variably subnetted, 6 subnets, 2 masks
```

```
R       10.1.1.0/24 [120/1] via 10.1.3.1, 00:00:11, Serial1/0
R       10.1.2.0/24 [120/1] via 10.1.3.1, 00:00:11, Serial1/0
C       10.1.3.0/24 is directly connected, Serial1/0
R       10.1.4.0/24 [120/1] via 10.1.3.1, 00:00:11, Serial1/0
R       10.1.5.0/24 [120/1] via 10.1.3.1, 00:00:11, Serial1/0
C       10.10.1.0/30 is directly connected, FastEthernet0/0
     172.16.0.0/16 is variably subnetted, 3 subnets, 2 masks
R       172.16.0.0/16 [120/2] via 10.1.3.1, 00:00:11, Serial1/0
S       172.16.10.0/24 [180/0] via 10.1.3.1
S       172.16.20.0/24 [180/0] via 10.1.3.1
R    192.168.10.0/24 [120/1] via 10.10.1.1, 00:00:23, FastEthernet0/0
C    192.168.20.0/24 is directly connected, FastEthernet0/1
Router1#
```

查看路由器 Router2 的路由表：

```
Router2# sh ip route
     10.0.0.0/8 is variably subnetted, 6 subnets, 2 masks
R       10.1.1.0/24 [120/1] via 10.1.4.1, 00:00:07, FastEthernet0/0
R       10.1.2.0/24 [120/1] via 10.1.4.1, 00:00:07, FastEthernet0/0
R       10.1.3.0/24 [120/1] via 10.1.4.1, 00:00:07, FastEthernet0/0
C       10.1.4.0/24 is directly connected, FastEthernet0/0
R       10.1.5.0/24 [120/1] via 10.1.4.1, 00:00:07, FastEthernet0/0
S       10.10.1.0/30 [180/0] via 10.1.4.1
     172.16.0.0/24 is subnetted, 2 subnets
C       172.16.10.0 is directly connected, Serial1/0
C       172.16.20.0 is directly connected, FastEthernet0/1
R    192.168.10.0/24 [120/2] via 10.1.4.1, 00:00:07, FastEthernet0/0
R    192.168.20.0/24 [120/2] via 10.1.4.1, 00:00:07, FastEthernet0/0
Router2#
```

Router2 的路由表中有 3 个直连网络，1 条静态路由，6 条 RIP 路由，符合上述的规则与描述。

查看路由器 ISP 的路由表：

```
ISP# sh ip route
     10.0.0.0/8 is variably subnetted, 7 subnets, 2 masks
R       10.0.0.0/8 [120/1] via 172.16.10.2, 00:00:14, Serial1/0
S       10.1.1.0/24 [180/0] via 172.16.10.2
S       10.1.2.0/24 [180/0] via 172.16.10.2
S       10.1.3.0/24 [180/0] via 172.16.10.2
S       10.1.4.0/24 [180/0] via 172.16.10.2
S       10.1.5.0/24 [180/0] via 172.16.10.2
```

```
S       10.10.1.0/30 [180/0] via 172.16.10.2
        172.16.0.0/24 is subnetted, 2 subnets
C       172.16.10.0 is directly connected, Serial1/0
R       172.16.20.0 [120/1] via 172.16.10.2, 00:00:14, Serial1/0
R       192.168.10.0/24 [120/3] via 172.16.10.2, 00:00:14, Serial1/0
R       192.168.20.0/24 [120/3] via 172.16.10.2, 00:00:14, Serial1/0
ISP#
```

对于 10 网段的路由,路由器通过 RIPv1 只能学习到网络 10.0.0.0 的路由,其下的 6 条静态路由同时保存在路由表中。学习到 172.16.20.0 的路由是因为使用了配置在接口 S1/0 上的 24 位子网掩码。192.168.10.0 和 192.168.20.0 两个网络的路由属于正常学习到。

3.6.2 RIP version 2

RIPv2 是 RIPv1 的升级版,路由信息交换的过程、定时器、环路避免方案、最大跳计数等都是相同的,不同的是 RIPv2 能携带子网掩码随路由更新一同发送,能够支持 VLSM 和不连续的网络,属于无类网络的路由协议,另外,还支持多播、MD5 认证等功能。在 RFC1723 中,RIPv2 的报文格式如图 3-10 所示,括号中的数字表示占用的字节数。

```
 0                   1                   2                   3 3
 0 1 2 3 4 5 6 7 8 9 0 1 2 3 4 5 6 7 8 9 0 1 2 3 4 5 6 7 8 9 0 1
+-+-+-+-+-+-+-+-+-+-+-+-+-+-+-+-+-+-+-+-+-+-+-+-+-+-+-+-+-+-+-+-+
|  Command(1)   |  Version(1)   |            unused             |
+-+-+-+-+-+-+-+-+-+-+-+-+-+-+-+-+-+-+-+-+-+-+-+-+-+-+-+-+-+-+-+-+
| Address Family Identifier(2)  |         Route Tag(2)          |
+-+-+-+-+-+-+-+-+-+-+-+-+-+-+-+-+-+-+-+-+-+-+-+-+-+-+-+-+-+-+-+-+
|                         IP Address(4)                         |
+-+-+-+-+-+-+-+-+-+-+-+-+-+-+-+-+-+-+-+-+-+-+-+-+-+-+-+-+-+-+-+-+
|                         Subnet Mask(4)                        |
+-+-+-+-+-+-+-+-+-+-+-+-+-+-+-+-+-+-+-+-+-+-+-+-+-+-+-+-+-+-+-+-+
|                          Next Hop(4)                          |
+-+-+-+-+-+-+-+-+-+-+-+-+-+-+-+-+-+-+-+-+-+-+-+-+-+-+-+-+-+-+-+-+
|                           Metric(4)                           |
+-+-+-+-+-+-+-+-+-+-+-+-+-+-+-+-+-+-+-+-+-+-+-+-+-+-+-+-+-+-+-+-+
```

图 3-10 RIPv2 报文格式

Command:命令,占 1 个字节,指出报文是请求报文还是响应报文。1 表示请求报文,要求相邻路由器发送路由表;2 表示响应报文,用于主动提供路由更新或者对请求报文予以回应。

Version:版本,占 1 个字节,指明 RIP 的版本,在 RIPv2 报文中值为 2。

unused:未使用,占 2 个字节,值为 0。在较新的 RFC2453 中此字段已修改为 must be zero(必为 0)。

Address Family Identifier(AFI):地址族标识符,占 2 个字节,指明所使用的地址类别。因为 RIP 也可以用于携带其他非 TCP/IP 协议族的路由信息,当 AFI 为 2 时,表示使用的是 IP 地址。若 AFI 为 0xFFFF,则该位置存放的不是路由信息,而是认证信息。

Route Tag:路由标记,占 2 个字节,填入自治系统号 ASN,RIP 有可能收到本自治系统以外的路由信息,以区分由 RIP 学到的内部路由和通过其他协议学到的外部路由。

IP Address:IP 地址,占 32 位。

Subnet Mask:子网掩码,占 32 位。

Next Hop:下一跳,占 32 位,指明下一跳 IP 地址。

Metric:距离,占 32 位,表示到达目的网络的跳数,每经过一个路由器即为 1 跳。取值在 1~15 之间,16 表示不可达。

前面 4 个字节是 RIPv2 报文的首部,从 AFI 到 Metric 共 20 个字节为一个路由信息,RIP 报文最多可携带 25 个路由信息。若需要进行认证,除第一个路由信息位置的 AFI 为 0xFFFF 外,需要在 Route Tag 字段写入认证类型(Type 2),剩下的 16 个字节用作存放认证密码,RFC2453 中的表示如图 3-11 所示。于是,最多可以再携带 24 个路由信息。

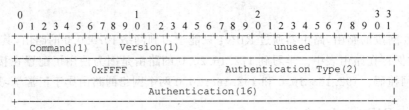

图 3-11 RIPv2 认证信息格式

RIPv1 报文格式与 RIPv2 的报文格式类似,只是首部 Version 字段的值为 1,路由部分的 Subnet Mask 字段和 Next Hop 字段均为全 0。

由于 RIPv2 进行的是无类的路由选择,那么之前运行 RIPv1 所遇到的问题是否可以由 RIPv2 来解决?

要运行 RIPv2,只需在(config-router)#提示符下运行命令 version 2 即可。下面在 5 个路由器上都运行 RIPv2。

```
Head(config)#router rip
Head(config-router)#version 2


Router0(config)#router rip
Router0(config-router)#version 2

Router1(config)#router rip
Router1(config-router)#version 2

Router2(config)#router rip
Router2(config-router)#version 2

ISP(config)#router rip
ISP(config-router)#version 2
```

现在 5 个路由器上运行的都是 RIPv2,首先我们来看一下路由器 Head 的路由表,与之前相比是否发生了变化。

```
Head#sh ip route
    10.0.0.0/8 is variably subnetted, 6 subnets, 2 masks
C      10.1.1.0/24 is directly connected, Serial1/0
C      10.1.2.0/24 is directly connected, Serial1/1
```

```
C       10.1.3.0/24 is directly connected, Serial1/2
C       10.1.4.0/24 is directly connected, FastEthernet0/0
C       10.1.5.0/24 is directly connected, FastEthernet0/1
R       10.10.1.0/30 [120/1] via 10.1.1.2, 00:00:17, Serial1/0
                     [120/1] via 10.1.2.2, 00:00:17, Serial1/1
                     [120/1] via 10.1.3.2, 00:00:22, Serial1/2
        172.16.0.0/16 is variably subnetted, 3 subnets, 2 masks
R       172.16.0.0/16 [120/1] via 10.1.4.2, 00:00:21, FastEthernet0/0
S       172.16.10.0/24 [180/0] via 10.1.4.2
S       172.16.20.0/24 [180/0] via 10.1.4.2
R       192.168.10.0/24 [120/1] via 10.1.1.2, 00:00:17, Serial1/0
                        [120/1] via 10.1.2.2, 00:00:17, Serial1/1
R       192.168.20.0/24 [120/1] via 10.1.3.2, 00:00:22, Serial1/2
Head#
```

与之前不同的地方是 Head 学习到了 10.10.1.0/30 这个网络的路由,而且有三条最佳路由作负载均衡,替代了之前的静态路由。问题是 Head 的路由表中还存在网络 172.16.10.0 和 172.16.20.0 的两条静态路由,为什么它们没有被 RIP 替代?

其原因涉及 RIP 路由协议对路由的自动汇总,对路由汇总可以大幅度减少路由的条目,简化路由表。自动汇总是指 RIP 在有类网络的边界处对路由进行自动汇总,将主类网络下的子网路由都汇总为主类网络的路由。例如,所配置网络中的路由器 Router2 就是主类网络 172.16.0.0 和 10.0.0.0 的边界,因为 Router2 的接口 S1/0 和 Dot 0/2/0 上配置的是主类网络 172.16.0.0,而接口 Fa0/0 上配置的是另一个主类网络 10.0.0.0。这样,Router2 从接口 Fa0/0 发出的路由信息中将对 172.16.0.0 主类网络下的子网路由进行汇总,汇总为 172.16.0.0 的路由。同样,从接口 S1/0 和 Dot 0/2/0 发出的路由信息将对主类网络 10.0.0.0 下的子网路由进行汇总,汇总为 10.0.0.0 的路由。所以,路由器 Head 只能学习到 172.16.0.0 的路由,同样的道理,路由器 ISP 也只能学习到 10.0.0.0 的路由。下面是路由器 ISP 的路由表,可以看出,学到的是主类网络 10.0.0.0 的路由,其下子网的路由都是原来的静态路由。

```
ISP#sh ip route
        10.0.0.0/8 is variably subnetted, 7 subnets, 2 masks
R       10.0.0.0/8 [120/1] via 172.16.10.2, 00:00:21, Serial1/0
S       10.1.1.0/24 [180/0] via 172.16.10.2
S       10.1.2.0/24 [180/0] via 172.16.10.2
S       10.1.3.0/24 [180/0] via 172.16.10.2
S       10.1.4.0/24 [180/0] via 172.16.10.2
S       10.1.5.0/24 [180/0] via 172.16.10.2
S       10.10.1.0/30 [180/0] via 172.16.10.2
        172.16.0.0/24 is subnetted, 2 subnets
C       172.16.10.0 is directly connected, Serial1/0
R       172.16.20.0 [120/1] via 172.16.10.2, 00:00:21, Serial1/0
```

```
R       192.168.10.0/24 [120/3] via 172.16.10.2, 00:00:21, Serial1/0
R       192.168.20.0/24 [120/3] via 172.16.10.2, 00:00:21, Serial1/0
ISP#
```

RIP 的路由汇总功能是可以关闭的,关闭以后应该就可以解决学习不到子网路由的问题。以下命令就是在 Router2 上关闭 RIP 的自动路由汇总功能:

```
Router2(config)#router rip
Router2(config-router)#no auto-summary
```

在 Router2 上关闭 RIP 的自动汇总后,再来查看一下路由器 Head 和路由器 ISP 的路由表,两个路由器都学习到了所有子网的路由,而且所有静态路由都已被 RIP 的路由所替代,因为 RIP 路由的管理距离 AD=120 要小于静态路由的管理距离 180。

```
Head#sh ip route
        10.0.0.0/8 is variably subnetted, 6 subnets, 2 masks
C       10.1.1.0/24 is directly connected, Serial1/0
C       10.1.2.0/24 is directly connected, Serial1/1
C       10.1.3.0/24 is directly connected, Serial1/2
C       10.1.4.0/24 is directly connected, FastEthernet0/0
C       10.1.5.0/24 is directly connected, FastEthernet0/1
R       10.10.1.0/30 [120/1] via 10.1.1.2, 00:00:09, Serial1/0
                     [120/1] via 10.1.2.2, 00:00:09, Serial1/1
                     [120/1] via 10.1.3.2, 00:00:00, Serial1/2
        172.16.0.0/16 is variably subnetted, 3 subnets, 2 masks
R       172.16.0.0/16 [120/1] via 10.1.4.2, 00:02:03, FastEthernet0/0
R       172.16.10.0/24 [120/1] via 10.1.4.2, 00:00:16, FastEthernet0/0
R       172.16.20.0/24 [120/1] via 10.1.4.2, 00:00:16, FastEthernet0/0
R       192.168.10.0/24 [120/1] via 10.1.1.2, 00:00:09, Serial1/0
                        [120/1] via 10.1.2.2, 00:00:09, Serial1/1
R       192.168.20.0/24 [120/1] via 10.1.3.2, 00:00:00, Serial1/2
Head#

ISP#sh ip route
        10.0.0.0/8 is variably subnetted, 6 subnets, 2 masks
R       10.1.1.0/24 [120/2] via 172.16.10.2, 00:00:16, Serial1/0
R       10.1.2.0/24 [120/2] via 172.16.10.2, 00:00:16, Serial1/0
R       10.1.3.0/24 [120/2] via 172.16.10.2, 00:00:16, Serial1/0
R       10.1.4.0/24 [120/1] via 172.16.10.2, 00:00:16, Serial1/0
R       10.1.5.0/24 [120/2] via 172.16.10.2, 00:00:16, Serial1/0
R       10.10.1.0/30 [120/3] via 172.16.10.2, 00:00:16, Serial1/0
        172.16.0.0/24 is subnetted, 2 subnets
C       172.16.10.0 is directly connected, Serial1/0
```

```
R       172.16.20.0 [120/1] via 172.16.10.2, 00:00:16, Serial1/0
R       192.168.10.0/24 [120/3] via 172.16.10.2, 00:00:16, Serial1/0
R       192.168.20.0/24 [120/3] via 172.16.10.2, 00:00:16, Serial1/0
ISP#
```

3.6.3 抑制 RIP 路由信息的传播

为了维护内部网络的安全,有时网络管理者并不希望将网络的路由信息传播到公共网络中。当运行 RIP 路由协议时,就可以使用 passive-interface 命令指定在某个接口上阻止 RIP 路由更新对外广播,但不会影响该接口对 RIP 路由信息的接收。

例如,在路由器 Router2 上指定接口 S1/0 为 passive-interface:

```
Router2(config)#router rip
Router2(config-router)#passive-interface s1/0
```

这样配置以后,路由器 Router2 将不会从接口 S1/0 发送 RIP 路由更新信息,但能够接收路由器 ISP 发出的 RIP 路由信息。查看路由器 ISP 的路由表,会发现路由表中已没有 RIP 路由,而都是原来配置的静态路由。

```
ISP#sh ip route
     10.0.0.0/8 is variably subnetted, 6 subnets, 2 masks
S       10.1.1.0/24 [180/0] via 172.16.10.2
S       10.1.2.0/24 [180/0] via 172.16.10.2
S       10.1.3.0/24 [180/0] via 172.16.10.2
S       10.1.4.0/24 [180/0] via 172.16.10.2
S       10.1.5.0/24 [180/0] via 172.16.10.2
S       10.10.1.0/30 [180/0] via 172.16.10.2
     172.16.0.0/24 is subnetted, 2 subnets
C       172.16.10.0 is directly connected, Serial1/0
S       172.16.20.0 [180/0] via 172.16.10.2
S       192.168.10.0/24 [180/0] via 172.16.10.2
S       192.168.20.0/24 [180/0] via 172.16.10.2
ISP#
```

3.6.4 检查配置正确性的命令

➤ show ip route:用于查看路由表,这个命令已在前面多次使用,是使用频率非常高的命令。

➤ show ip protocols:用于查看路由器上运行的动态路由协议。

```
Head#show ip protocols
Routing Protocol is "rip"
Sending updates every 30 seconds, next due in 23 seconds
Invalid after 180 seconds, hold down 180, flushed after 240
```

```
Outgoing update filter list for all interfaces is not set
Incoming update filter list for all interfaces is not set
Redistributing: rip
Default version control: send version 2, receive 2
    Interface              Send    Recv    Triggered RIP    Key-chain
    FastEthernet0/1         2       2
    FastEthernet0/0         2       2
    Serial1/0               2       2
    Serial1/2               2       2
    Serial1/1               2       2
Automatic network summarization is in effect
Maximum path: 4
Routing for Networks:
    10.0.0.0
Passive Interface(s):
Routing Information Sources:
    Gateway            Distance         Last Update
    10.1.1.2           120              00:00:13
    10.1.2.2           120              00:00:13
    10.1.3.2           120              00:00:10
    10.1.4.2           120              00:00:21
Distance: (default is 120)
Head#
```

这是在路由器 Head 上运行的 show ip protocols 命令显示的内容,包括:当前运行的路由协议是 RIP,RIP 的定时器,有哪些接口发送接收 RIP 信息,自动汇总有效,负载均衡路径可以有 4 条,发布的网络是 10.0.0.0,能够学习到路由的信息源(邻居),默认管理距离为 120。

> debug ip rip:可以实时查看路由器收发的路由更新包。如果是远程登录到路由器,则需要使用 terminal monitor 命令接收 debug 命令的输出。

```
Head#debug ip rip
RIP protocol debugging is on
RIP: received v2 update from 10.1.3.2 on Serial1/2
     10.10.1.0/30 via 0.0.0.0 in 1 hops
     192.168.10.0/24 via 0.0.0.0 in 2 hops
     192.168.20.0/24 via 0.0.0.0 in 1 hops
RIP: sending  v2 update to 224.0.0.9 via FastEthernet0/1 (10.1.5.1)
RIP: build update entries
     10.1.1.0/24 via 0.0.0.0, metric 1, tag 0
     10.1.2.0/24 via 0.0.0.0, metric 1, tag 0
     10.1.3.0/24 via 0.0.0.0, metric 1, tag 0
```

```
        10.1.4.0/24 via 0.0.0.0, metric 1, tag 0
        10.10.1.0/30 via 0.0.0.0, metric 2, tag 0
        172.16.0.0/16 via 0.0.0.0, metric 2, tag 0
        192.168.10.0/24 via 0.0.0.0, metric 2, tag 0
        192.168.20.0/24 via 0.0.0.0, metric 2, tag 0
RIP: sending  v2 update to 224.0.0.9 via FastEthernet0/0 (10.1.4.1)
RIP: build update entries
        10.1.1.0/24 via 0.0.0.0, metric 1, tag 0
        10.1.2.0/24 via 0.0.0.0, metric 1, tag 0
        10.1.3.0/24 via 0.0.0.0, metric 1, tag 0
        10.1.5.0/24 via 0.0.0.0, metric 1, tag 0
        10.10.1.0/30 via 0.0.0.0, metric 2, tag 0
        192.168.10.0/24 via 0.0.0.0, metric 2, tag 0
        192.168.20.0/24 via 0.0.0.0, metric 2, tag 0
```

这是在路由器 Head 上打开 debug 后的部分信息，显示从 S1/2 收到了更新包，下面就是更新包的内容。接下来是以多播的方式从 Fa0/1、Fa0/0 发送路由更新包，因为是 RIPv2，所以使用的是多播方式，而不是广播，多播地址是 224.0.0.9。build update entries 下面的就是路由更新包的内容，是路由器 Head 知道的所有路由，当然从 Fa0/0 学习到的关于 172.16.0.0 及其子网的路由就不会再发送回去，这是水平分割原则不允许的。

3.6.5 使用 RIP 通告默认路由

在介绍默认路由时，提到过一条很有用的命令 ip default-network network（可到达的网络），用于让具有默认路由的路由器将默认路由传递给其他路由器，但需要动态路由协议的支持。当网络中的所有路由器都已启用 RIP 时，就可以达到传递默认路由的目的。

假设路由器 ISP 通过接口 S1/1 连接到因特网，这里增加一个路由器模拟因特网，如图 3-12 所示。

当网络中的路由器收到一个发往因特网远程结点的分组时，它需要知道应该将指向因特网的分组发往哪里，否则，它只能将分组丢弃。可以在每个路由器上都配置一条默认路由，将数据发给路由器 ISP，再由 ISP 发送给因特网。这种方式对小型网络较合适，但当网络规模较大时会增加比较大的工作量，不适合采用。现在路由器都在运行 RIPv2，通过动态路由协议来传播默认路由是一种更常用的方法。

这里只需在路由器 ISP 上配置一条指向因特网的默认路由，再使用 ip default-network 命令，就可以将这条默认路由通告给网络中的每一个路由器。假设路由器 ISP 与路由器因特网互连的网络是 196.10.88.0/30。

路由器 ISP 的配置如下：

```
ISP(config)# int s1/1
ISP(config-if)# ip address 196.10.88.2 255.255.255.252
ISP(config-if)# no shutdown
ISP(config)# ip route 0.0.0.0 0.0.0.0 s1/1
```

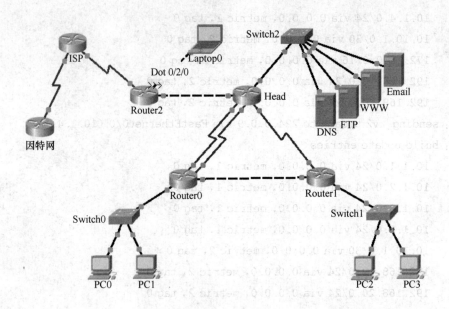

图 3-12 模拟因特网的网络结构

ISP(config)#ip default-network 196.10.88.0

路由器因特网的配置如下：

Internet(config)#int s1/0

Internet(config-if)#ip address 196.10.88.1 255.255.255.252

Internet(config-if)#clock rate 64000

Internet(config-if)#no shutdown

以下是路由器 ISP 的路由表，S*标识的就是添加的默认路由，*标识 196.10.88.0 是默认路由到达的网络：

```
ISP#sh ip route
Codes: C - connected, S - static, I - IGRP, R - RIP, M - mobile, B - BGP
       D - EIGRP, EX - EIGRP external, O - OSPF, IA - OSPF inter area
       N1 - OSPF NSSA external type 1, N2 - OSPF NSSA external type 2
       E1 - OSPF external type 1, E2 - OSPF external type 2, E - EGP
       i - IS-IS, L1 - IS-IS level-1, L2 - IS-IS level-2, ia - IS-IS inter area
       * - candidate default, U - per-user static route, o - ODR
       P - periodic downloaded static route

Gateway of last resort is 0.0.0.0 to network 0.0.0.0

     10.0.0.0/8 is variably subnetted, 6 subnets, 2 masks
R       10.1.1.0/24 [120/2] via 172.16.10.2, 00:00:22, Serial1/0
R       10.1.2.0/24 [120/2] via 172.16.10.2, 00:00:22, Serial1/0
R       10.1.3.0/24 [120/2] via 172.16.10.2, 00:00:22, Serial1/0
R       10.1.4.0/24 [120/1] via 172.16.10.2, 00:00:22, Serial1/0
R       10.1.5.0/24 [120/2] via 172.16.10.2, 00:00:22, Serial1/0
```

```
R        10.10.1.0/30 [120/3] via 172.16.10.2, 00:00:22, Serial1/0
     172.16.0.0/24 is subnetted, 2 subnets
C        172.16.10.0 is directly connected, Serial1/0
R        172.16.20.0 [120/1] via 172.16.10.2, 00:00:22, Serial1/0
R        192.168.10.0/24 [120/3] via 172.16.10.2, 00:00:22, Serial1/0
R        192.168.20.0/24 [120/3] via 172.16.10.2, 00:00:22, Serial1/0
*        196.10.88.0/30 is subnetted, 1 subnets
C        196.10.88.0 is directly connected, Serial1/1
S*       0.0.0.0/0 is directly connected, Serial1/1
ISP#
```

以下是路由器 Router1 的路由表，由 R* 标识的就是通过 RIP 学习到的默认路由：

```
Router1#sh ip route
     10.0.0.0/8 is variably subnetted, 6 subnets, 2 masks
R        10.1.1.0/24 [120/1] via 10.1.3.1, 00:00:06, Serial1/0
                    [120/1] via 10.10.1.1, 00:00:23, FastEthernet0/0
R        10.1.2.0/24 [120/1] via 10.1.3.1, 00:00:06, Serial1/0
                    [120/1] via 10.10.1.1, 00:00:23, FastEthernet0/0
C        10.1.3.0/24 is directly connected, Serial1/0
R        10.1.4.0/24 [120/1] via 10.1.3.1, 00:00:06, Serial1/0
R        10.1.5.0/24 [120/1] via 10.1.3.1, 00:00:06, Serial1/0
C        10.10.1.0/30 is directly connected, FastEthernet0/0
     172.16.0.0/16 is variably subnetted, 3 subnets, 2 masks
R        172.16.0.0/16 [120/2] via 10.1.3.1, 00:00:06, Serial1/0
S        172.16.10.0/24 is directly connected, Serial1/0
S        172.16.20.0/24 is directly connected, Serial1/0
R        192.168.10.0/24 [120/1] via 10.10.1.1, 00:00:23, FastEthernet0/0
C        192.168.20.0/24 is directly connected, FastEthernet0/1
R*       0.0.0.0/0 [120/3] via 10.1.3.1, 00:00:06, Serial1/0
Router1#
```

路由器 Router1 中并没有网络 196.10.88.0/30 的路由，但可以 ping 通路由器 ISP 接口 S1/1 上的地址 196.10.88.2。

```
Router1#ping 196.10.88.2
Type escape sequence to abort.
Sending 5, 100-byte ICMP Echos to 196.10.88.2, timeout is 2 seconds:
!!!!!
Success rate is 100 percent (5/5), round-trip min/avg/max = 7/8/10 ms
```

3.7 内部网关路由协议简介

内部网关路由协议(interior gateway routing protocol，IGRP)属于思科专有协议，不是开放标准，只能应用于思科路由器之上，由思科公司在 20 世纪 80 年代中期设计。虽然 IGRP 与 RIP 一样是典型的距离矢量路由协议，但是 IGRP 具有一些自己的特点：

- 度量值综合考虑了带宽(bandwidth)、延迟(delay)、负载(loading)、可靠性(reliability)、最大传输单元(MTU)5 个方面的因素，默认值是带宽加延迟。
- IGRP 的最大度量值是 4 294 967 295。
- 默认支持 4 条、最多可支持 6 条等开销的链路做负载均衡，也可支持不等开销链路的负载均衡，命令是 Router(config-router)#variance multiplier，multiplier 参数是一个乘数。这个命令将在学习 EIGRP 路由协议时讲解。
- 路由更新周期是 90 秒，路由失效时间是 270 秒，清除路由时间是 630 秒，保持时间是 280 秒。
- 启用 IGRP 协议需要输入自治系统 AS 号，如 Router(config)#router igrp 10，10 就是路由器所在的自治系统号。发布直连网络时，与 RIP 一样，只能发布主类网络。
- 指定相邻路由器，命令是 Router(config-router)#neighbor <相邻接口 IP 地址>，允许在非广播型网络中路由器之间可以交换路由信息，广播型网络中无须指定。
- 抑制某个接口发送路由信息，命令是 passive-interface <接口号>。EIGRP 也有此项功能，在学习 EIGRP 时会讲到这个命令。

思科较新的产品及 IOS 已经不再支持 IGRP，而只支持增强型内部网关路由协议(EIGRP)，所以对 IGRP 路由协议只进行以上简要的介绍，详细的讲解请参考 IGRP 相关资料。

通过以上对论静态路由、默认路由和动态路由的讨论，加深了对互联网络的认识。在进行网络设计时，需要理解清楚不同路由方式的优势和不足，并对不同的网络情况进行具体的分析，才能做出好的、正确的选择，以真正满足具体应用的需求。事实上，没有哪一种路由协议可以适用于所有情况，因为某一网络的最佳配置未必也能成为另一个网络的最佳配置。因此，只有真正理解了路由选择方式间的不同，才能针对特定应用环境和商业需求提出最佳的配置解决方案。

习 题

1. 局域网为什么需要使用路由器才能接入因特网？
2. 路由器如何获取到达远程网络的路由？
3. 什么是被路由协议？说明路由协议与被路由协议之间的关系。
4. 对比静态路由和动态路由的优势与不足，两种路由各适应在什么网络环境下使用？
5. 什么时候需要使用最长匹配原则？为什么？
6. 配置静态路由时，为什么不建议使用 permanent 参数？
7. 路由器的路由表中可以有几条默认路由？使用默认路由有什么需要注意的地方？什么样的网络最适合使用默认路由？

8. 使用默认路由时,为什么需要 ip classless?
9. 什么是自治系统(AS)？内部网关协议(IGP)和外部网关协议(EGP)有什么区别？
10. 距离矢量路由协议、链路状态路由协议和混合型路由协议各有什么特点？
11. 为什么会有"针孔拥塞"问题的出现？
12. 距离矢量路由协议在什么情况下会出现路由环路？
13. 有哪些有效防止路由环路的措施？并说明每一种措施的具体内容。
14. RIP 路由协议为什么不能支持大型网络？
15. RIPv2 与 RIPv1 有哪些相同与不同之处？
16. 查阅内部网关路由协议(IGRP)的相关资料。
17. 什么命令可以阻止从某个接口发出 RIP 路由更新,但仍然可以接收 RIP 路由更新？
18. 路由表中到达某个网络有一条 RIP 路由、一条 IGRP 路由和一条静态路由,在默认的情况下使用哪条路由转发分组？
19. 需要在串行接口 DCE 端配置,但不需要在 DTE 端配置的是什么命令？
20. 哪种路由环路防止措施在某条链路失效时发出最大跳计数？
21. 哪种路由环路防止措施抑制将路由信息回传给接收这些信息的接口？
22. 创建一条由接口 Serial 1/0 出去的默认路由。
23. 如果要求在无类网络环境下使用默认路由,需要使用哪条命令？
24. 当一台主机 H1 向非本局域网的主机 H2 发送数据时,发送给默认网关的数据帧中 IP 地址和 MAC 地址各是什么？
25. 动手实验:使用至少三台路由器串联搭建一个网络环境,每台路由器至少连接一台主机。例如,三台路由器 R1、R2、R3 串联是指 R1 与 R2 相连、R2 与 R3 相连。
  (1) 分配好 IP 地址,完成基本配置,相邻的两台路由器能 ping 通,主机能 ping 通网关;
  (2) 配置静态路由,管理距离 AD>120,要求任意两台主机之间能够 ping 通;
  (3) 配置 IGRP 路由,路由表中不能出现静态路由,要求任意两台主机之间能够 ping 通;
  (4) 配置 RIP 路由,路由表中不能出现静态路由和 IGRP 路由,要求任意两台主机之间能够 ping 通;
  (5) 使用 debug 命令观察动态路由协议的路由更新过程。

第4章　链路状态路由协议和混合型路由协议

距离矢量路由协议由于本身存在不足,并不适合应用在规模较大的网络上。在电信级骨干网或大型网络中,一般都是使用链路状态路由协议或混合型路由协议。

4.1　链路状态路由协议原理

运行了链路状态路由协议的路由器之间首先通过专门的 Hello 包建立邻居关系,Hello 包的发送是周期性的,用于邻居关系的维持。接下来,路由器向邻居学习整个网络的拓扑结构,并建立拓扑表(又称链路状态数据库)。最后,路由器使用最短路径优先(shortest path first, SPF)算法,从自己建立的拓扑表中计算出每个网络的路由。

路由器具有了拓扑表,就相当于拥有了一张全网的地图。一方面,可以确保路由的正确性,不需要另外的措施来避免路由环路;另一方面,当网络出现故障或网络有更新时,能够快速计算出新的路由,汇聚时间非常短。

链路状态路由协议使用的 SPF 算法就是基于 Dijkstra 算法的最短路径优先算法,它会把网络拓扑结构转变为最短路径优先树(shortest path first tree),树根就是进行计算的路由器,然后从树型结构中找出到达每一个网络的最短路径,作为到达每一个网络的路由。从树型结构计算出的路由自然不会有环路。距离矢量路由协议使用的算法称为 Bellman-Ford-Fulkerson 算法,该算法无法了解网络的拓扑结构,只能知道一个网络有多远、从哪个方向可以到达。

距离矢量路由协议由于不知道网络拓扑,需要周期性地向邻居发送整个路由表,以保证路由的正确性和实时性。而链路状态路由协议了解整个网络的拓扑结构,不必周期性地向邻居发送路由更新,只需在网络发生变化时发出触发更新信息,告诉网络中的其他路由器在哪个位置网络发生了变化。每个路由器收到触发更新信息后,将依据变化了的拓扑结构重新计算相关路由。链路状态路由协议的这种路由更新方式称为增量更新,不仅更新效率高,而且还能节省网络带宽。

为了减少路由表中的路由数目、减小路由操作时延,链路状态路由协议需要对网络划分区域,以便对每个区域的路由进行汇总,减少路由选择开销,并将网络的不稳定性限制在单一的网络区域内。对网络划分区域后,链路状态路由协议要求进行体系化编址,对子网的分配位置和分配顺序要求都非常严格。

链路状态路由协议特别适合电信级骨干网络等大规模网络上的路由选择,OSPF(open shortest path first)、IS-IS(intermediate system to intermediate system)等都属于这种类型的路由协议。

4.2 开放最短路径优先基础

开放最短路径优先(OSPF)是一个标准的动态路由协议,公开而非私有,被广泛应用于各种网络开发商的设备之中。OSPF 属于 IGP 路由协议,只能在一个自治系统内部工作,不能跨越自治系统运行。详细说明请参考 RFC2328。

OSPF 运行过程中有三个表:第一个是邻居表,记录路由器与其他路由器的邻居关系,由 Hello 包维持路由器之间的邻居关系;第二个是拓扑表,即链路状态数据库,用于记录全网的拓扑结构,网络中的所有路由器拥有相同的拓扑表;第三个是路由表,由路由器将根据拓扑表计算出来的最短路径作为路由添加到路由表中,并支持多条最佳路由之间的负载均衡。

OSPF 对网络采取了分级的设计,将大型网络划分成多个"区域",其中一个是主干区域,也称为区域 0。OSPF 网络必须要有一个区域 0,所有其他区域都必须连接到区域 0,每个区域都有一个区域 ID。如图 4-1 所示,区域 1、区域 2 和区域 3 都必须连接到区域 0,R1 是区域 0 中的路由器,称为主干路由器。分别连接区域 0 与区域 1、区域 2、区域 3 的路由器 R2、R4、R3 称为区域边界路由器(area border router,ABR),它们至少有一个接口属于区域 0。OSPF 只能运行在自治系统内部,不过通过它可以将多个自治系统连接起来,用于与其他自治系统相连接的路由器(如 R7)被称为自治系统边界路由器(autonomous system border router,ASBR)。

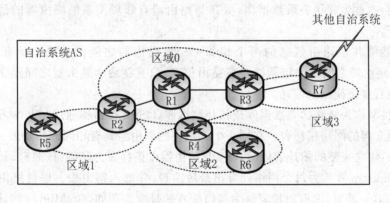

图 4-1　OSPF 区域

划分区域以后,路由器只与同一个区域中的路由器交流路由信息,不需要学习其他区域的路由,由此提高路由操作效率、减少路由条目与开销,加速网络汇聚。对于目的地是其他区域的分组,只需将其交给边界路由器,由边界路由器转发分组到其他区域。如果一个区域的网络发生变化或出现故障,只会对本区域的网络有影响。本区域的路由更新或发生的故障不会影响到其他区域,阻止了路由更新或故障在整个网络中的传播,缩小了路由更新或故障的影响范围。不会由于某些区域的网络拓扑变化而引起整个网络频繁地进行收敛操作。

OSPF 具有以下一些特点:
- 支持无类网络路由选择;
- 支持 VLSM/CIDR;
- 支持不连续网络;
- 支持手动汇总、不支持自动汇总;
- 支持多播;

> 支持认证；
> 没有跳计数限制；
> 支持网络分级（划分区域）。

由于 OSPF 具有上述优良的特性，使 OSPF 成为一种收敛速度快、路由效率高、可缩放性好的路由协议，已被广泛应用于数以千计的生产网络中。

4.2.1 OSPF 路由术语

> 路由器 ID：RID (Router ID)，在网络中标识一个路由器的 IP 地址。路由器上有环回接口时，环回接口中最大的 IP 地址被选为路由器的 ID。如果路由器上没有配置环回接口，则物理接口上最大的 IP 地址将被选为 RID。环回接口（loopback）是路由器上一种虚拟的软件接口或者称为逻辑接口，并非真正的路由器接口。只要路由器在运行，环回接口就会处于激活状态，这也是以环回接口上的 IP 地址作为 RID 的优势所在。

> 链路：连接相邻 OSPF 路由器的网络或接口，接口的状态 up 或 down 代表了链路的状态信息。OSPF 路由器之间通过学习链路状态信息获取网络的拓扑结构。每条链路根据带宽不同都有一个度量值，OSPF 称之为"开销"。

> 邻居：同一个区域中相邻的两台 OSPF 路由器形成邻居关系，它们之间可以交换网络拓扑信息。路由器通过 Hello 包发现邻居，并维护彼此之间的邻居关系。

> 邻居表：也称为邻居关系数据库，保存与路由器有邻居关系的路由器的信息，如 RID、状态等。

> 邻接：能够共享路由信息的两个相邻 OSPF 路由器之间的关系。具有邻居关系的 OSPF 路由器之间不一定能够共享路由信息，只有在两个路由器之间建立邻接关系之后才能直接交换路由信息。

> 拓扑表：又称为链路状态数据库或拓扑数据库，OSPF 路由器通过相互学习网络拓扑信息而建立起的网络拓扑表。在同一个区域中的路由器具有相同的拓扑表。

> 路由表：建立完整的拓扑表以后，OSPF 路由器以拓扑表为基础，按照链路开销的不同，使用 Dijkstra 算法为每个网络计算出最短路径，并加入路由表。思科路由器的链路开销等于 10^8/带宽，这里的带宽是为接口配置的带宽。例如，100Mbit/s 快速以太网接口的默认开销为 1，带宽被配置为 64000 的接口开销为 1563。

> LSA 和 LSU：LSA（link-state advertisement）称为链路状态通告，是一个 OSPF 数据包。当链路发生变化时，会触发路由器发出 LSA，通告链路状态变化信息。LSU（link-state update）称为链路状态更新包，LSA 必须封装在 LSU 中才能在网络中传递。一个 LSU 可以包含有多个 LSA。

> DR 和 BDR：DR（designated router）称为指定路由器，是 OSPF 为了减少网络中路由信息的交换数量而定义的路由器，负责将路由信息分发给共享网络中的其他路由器，同时收集其他路由器的路由信息。BDR（backup designated router）是备份指定路由器，是 DR 的备份。网络中的所有路由器都将与 DR 和 BDR 建立邻接关系，这样与 DR 和 BDR 可以直接交换路由信息。DR 正常时，BDR 只会从 OSPF 邻接路由器接收所有的路由更新，但不会分发。

4.2.2 适合使用 OSPF 路由协议的网络类型

- 广播多路访问网络(broadcast multi-access,MBA):多个设备连接到同一个网络上,任意一个结点发送的数据其他结点都能接收到,如以太网、令牌环网等。这种类型的网络使用 OSPF 必须选出一个 DR 和一个 BDR。
- 非广播多路访问网络(non-broadcast multi-access,NMBA):有些网络(如 ATM、帧中继、X.25 等)不具备广播功能,但可以支持多路访问。在这种网络中使用 OSPF 较为复杂,需要特殊的 OSPF 配置。
- 点对点网络(point-to-point):两个路由器直接相连组成的网络拓扑是一条单一的通信路径,如专线。点对点网络使用 OSPF 时不需进行 DR 和 BDR 选举。
- 点对多点网络(point-to-multipoint):一个路由器上的单一接口与多个路由器相连,所有不同路由器上的接口都共享属于同一网络点到多点的连接。在这种网络环境下使用 OSPF 也不需要选举 DR 和 BDR。

4.2.3 DR 和 BDR 的选举

当连接到广播多路访问网络的路由器都运行 OSPF 路由协议时,所有路由器两两之间都会建立邻居关系,这种邻居关系具有 $O(N^2)$ 的复杂度。在大型网络中,维持邻居关系将会消耗很多的带宽,影响正常的路由服务。选举 DR 和 BDR 负责路由信息的收集与分发可以大幅度减少信息交换的数量,解决所面临的 $O(N^2)$ 问题。

两个 OSPF 路由器要成为邻居,首先要具有相同的区域 ID,即是属于同一个区域中的路由器;其次,如果路由器之间设置了认证密码,则必须保证密码相同;最后 Hello 和 dead 间隔(interval)必须相同,Hello 间隔是发送 Hello 数据包的周期,dead 间隔是邻居关系失效时间,多长时间收不到邻居的 Hello 数据包,就认为邻居已经断开连接,邻居关系不再有效。这两个时间间隔必须一致,两个路由器才能成为邻居。

DR 和 BDR 选举出来以后,每个路由器的路由更新消息只需发给 DR 和 BDR,而不用发给其他的路由器,DR 收到路由更新信息后将这些信息分发给每个路由器。为了节省网络资源,DR 分发路由信息采取的是多播的方式,多播地址是 224.0.0.5,这样通过一个多播数据包就可以将多条路由信息传递给所有的路由器。每个路由器与 DR 和 BDR 之间的关系为邻接关系,是在邻居关系建立之后再形成的一种关系,使 DR 成为多路访问网络中路由信息的汇聚点和发散点。

DR 和 BDR 的选举只会在广播和非广播多路访问网络中进行,对于点对点网络、点对多点网络不会有这样的选举。选举的进行由 Hello 协议来完成,优先级最高的路由器会成为 DR,优先级第二高的成为 BDR。当所有路由器的优先级都相同时,路由器 ID 最大的路由器将成为 DR,路由器 ID 第二大的路由器成为 BDR。如果 DR 出现故障,BDR 会升级成为 DR,再从其他路由器中选举一台 BDR。如果优先级低的或者 RID 小的路由器最先启动,则优先级低的或者 RID 小的路由器会被选举为 DR,即最先启动的路由器将被选举为 DR。

接口优先级为 0 的路由器不会在这个接口上被选举为 DR 或 BDR,接口状态也会变为 DR OTHER。

4.2.4 OSPF 执行状态

OSPF 在执行过程中,需要经历以下几种状态:

- Down：OSPF 还没有运行,路由器之间还没有向对方发送任何信息,互相不知道对方存在。
- 初始状态：OSPF 开始运行,路由器开始发送 Hello 包,每 10 秒一次。在 NBMA 网络中,每 30 秒一次。
- Two-Way：路由器之间互相收到了 Hello 包,邻居关系形成。
- Exstart：选举 DR 和 BDR。
- Exchange：DR 与非 DR 之间交互链路状态汇总信息。
- Loading：如果路由器对某条链路的信息不清楚,可以向 DR 发送请求,DR 将回复该条链路的完整信息。
- Full：路由器学习到了完整的网络拓扑,并从拓扑表中计算出路由表。Full 状态之前,路由器是没有路由能力的。

4.2.5 OSPF 基本配置命令

不像 RIP 那样简单,OSPF 路由协议的配置较为复杂,这里只介绍单区域中的 OSPF 配置,首先了解一些基本命令。

- 在路由器上启用 OSPF 路由协议

Router(config)#router ospf process-id

参数 process-id 是进程号,取值范围为 1~65535。一台路由器可以同时运行多个 OSPF 进程,不同的路由器可以使用不同的进程号。进程号只具有本地意义,对其他路由器没有影响。

- 启用 OSPF 以后,就可以发布所知道的网络

Router(config-router)#network address wildcard-mask area area-id

参数 address 可以是接口地址、子网或网段。wildcard-mask 称为通配符掩码,正好与子网掩码相反,0 代表网络位,1 代表主机位,但作用与子网掩码相同。area-id 是区域标识,其格式可以是 0~4294967295 范围内的十进制数,也可以是标准的点分十进制法表示的数值。例如,area 0.0.0.0 表示的仍然是主干区域 0。在单区域的 OSPF 配置中区域标识必须是 0,即只有一个主干区域 0。举例如下：

Router(config-router)#network 10.10.10.10 0.0.0.0 area 0
Router(config-router)#network 10.10.10.0 0.0.0.255 area 0
Router(config-router)#network 10.10.0.0 0.0.255.255 area 0
Router(config-router)#network 10.0.0.0 0.255.255.255 area 0

- 配置环回接口

在运行 OSPF 路由协议的路由器上配置环回接口,主要的目的就是让环回接口的 IP 地址作为路由器的 ID,因为环回接口不会像物理接口可能会从 up 状态变为 down 的状态。如果采用物理接口的 IP 地址作为路由器 ID,当这个接口变成了 down 的状态,会引起网络的不稳定。使用环回接口作为路由器 ID,一个物理接口 down 不会影响其他接口的网络连接。配置命令如下：

Router(config)#interface loopback number

参数 number 的取值范围为 0～2147483647 的十进制数，标识一个环回接口。可以在环回接口下配置 IP 地址，不需使用 no shutdown 命令激活。例如，

Router(config)#int loopback 0
Router(config-if)#ip address 172.16.10.25 255.255.255.255

环回接口不会与其他接口互连，所以可以使用/32 的掩码，这样可以节省子网的空间。例如，loopback 0 配置 ip address 172.16.10.25 255.255.255.0，那么整个子网 172.16.10.0 的地址就只能配置在这一个接口上，因为路由器的两个接口不能配置属于同一个子网的地址。如果配置/32 的掩码，就不会有这样的问题，子网 172.16.10.0 的地址还可以配置在其他的环回接口。再配置一个环回接口如下：

Router(config)#int loopback1
Router(config-if)#ip address 172.16.10.26 255.255.255.255

要取消一个环回接口，可以使用命令：

Router(config)#no interface loopback number

➢ 配置接口优先级

OSPF 在选举 DR、BDR 时会比较路由器的优先级，优先级高的路由器将成为 DR 或 BDR，优先级的范围是 0～255，路由器上默认的优先级是 1。通过改变优先级可以让路由器成为 DR 或 BDR，也可以让路由器永远不会成为 DR 或 BDR。

更改路由器优先级的命令如下：

Router(config-if)#ip ospf priority number

参数 number 就是要配置的优先级。例如，

Router(config)#int f0/0
Router(config-if)#ip ospf priority ?
<0-255> Priority
Router(config-if)#ip ospf priority 10
Router(config-if)#end
Router#

已将接口 Fa0/0 的 OSPF 优先级修改为 10，可以使用命令 show ip ospf interface fa0/0 查看。

Router#sh ip ospf interface fa0/0
FastEthernet0/0 is up, line protocol is up
  Internet address is 10.1.4.1/24, Area 0
  Process ID 10, Router ID 10.1.5.1, Network Type BROADCAST, Cost: 1
  Transmit Delay is 1 sec, State BDR,Priority 10
[cut]

➢ 配置链路开销

开销与每个路由器接口的输出端相关联。前面提到过，链路开销的计算公式是：链路开销

$=10^8/$带宽,思科路由器的 OSPF 会根据接口的带宽自动计算出链路的开销值。在串行接口上的链路带宽默认为 1.544 Mbit/s,其开销为 64。这里要注意的是,不同的设备厂商可能有不同的链路开销计算方式。当不同厂商的路由器互连并运行 OSPF 时,需要统一链路开销的计算,OSPF 才能正常运行。原因很简单,如果最佳路由的标准不统一,将无法进行最佳路由的查找。

修改接口的带宽,链路开销也会发生改变。例如,

Router(config)#int fa0/0
Router(config-if)#bandwidth ?
<1-10000000> Bandwidth in kilobits
Router(config-if)#bandwidth 500000
Router(config-if)#end
Router#

也可以直接在接口上更改链路开销:

Router(config)#int s1/0
Router(config-if)#ip ospf cost ?
<1-65535> Cost
Router(config-if)#ip ospf cost 64
Router(config-if)#end
Router#

将串行接口 s1/0 的开销更改成了 64。

> 配置邻居验证

一般 OSPF 路由器之间不需要验证,但根据网络环境需求,可以在 OSPF 路由器接口上配置 8 位验证密码。当两台路由器交换 Hello 数据包时,其中将携带验证信息,如果双方密码不一致,将无法建立邻居关系。

配置验证密码命令为:

Router(config-if)#ip ospf authentication-key password

参数 password 就是要设置的密码。

然后,在 OSPF 路由协议中声明使用验证:

Router(config-router)#area area-id authentication

以上是使用明文密码,还可以使用 MD5 加密的密码,在接口上配置:

Router(config-if)#ip ospf message-digest-key key-id md5 encryption-type key

参数 key-id 是 1~255 之间的数字,该数双方必须一致才能成为邻居。encryption-type key 可以是 0~7 之间的数,表示加密程度,0 表示不加密,7 表示最高级的加密。

在 OSPF 路由协议中声明使用加密的验证:

Router(config-router)#area area-id authentication message-digest

以密文方式验证,可以提高安全性。

➢ 配置 hello 间隔、dead 间隔

默认的 hello 间隔是 10 秒、dead 间隔是 40 秒。在非广播多路访问网络中，默认的 hello 间隔是 30 秒、dead 间隔是 120 秒。如果在 dead 间隔内没有收到邻居的 hello 包，就认为与邻居之间的连接已经断开，邻居已经离线。

更改命令如下：

Router(config-if)#ip ospf hello-interval seconds
Router(config-if)#ip ospf dead-interval seconds

参数 seconds 是需要设置的秒数，取值范围是 1～65535。在修改的时候一定要注意，双方路由器必须配置相同的 hello 间隔和 dead 间隔，否则，不能建立邻居关系。

➢ 从边界路由器学习默认路由

在 OSPF 非主干区域，区域内部的路由器不需要了解其他区域的路由，只需要把到达其他区域的分组发送给边界路由器即可。

可以在每个路由器上配置一条默认路由就可以完成这些分组的转发，只是如果路由器的数量较多时，工作量比较大。有一条命令可以让区域内的路由器从边界路由器学习到默认路由：

Router(config-router)#default-information originate [always]

运行这条命令，区域内路由器将把边界路由器作为它们的网关。加 always 参数，不管边界路由器有没有默认路由，都让别的路由器来找它；不加 always 参数，只有当边界路由器有默认路由时，才让别的路由器找它。当然，单区域的网络环境不需要使用此命令。

4.3 配置 OSPF 路由

用 OSPF 配置前面的示例网络，假设是在配置了静态路由、RIPv1 的基础上来进行 OSPF 的配置，因为 OSPF 的管理距离 AD=110，静态路由配置的 AD=180，RIP 的 AD=120，所以当这三种路由同时存在时，路由器应该选择 OSPF 路由协议的路由。为了方便描述，示例网络如图 4-2 所示，与图 3-4 完全一样。

路由器 Head 的路由表，包括了直连网络、静态路由和 RIP 路由，总共 10 个网络的路由：

```
Head#sh ip route
     10.0.0.0/8 is variably subnetted, 6 subnets, 2 masks
C       10.1.1.0/24 is directly connected, Serial1/0
C       10.1.2.0/24 is directly connected, Serial1/1
C       10.1.3.0/24 is directly connected, Serial1/2
C       10.1.4.0/24 is directly connected, FastEthernet0/0
C       10.1.5.0/24 is directly connected, FastEthernet0/1
S       10.10.1.0/30 [180/0] via 10.1.1.2
     172.16.0.0/16 is variably subnetted, 3 subnets, 2 masks
R       172.16.0.0/16 [120/1] via 10.1.4.2, 00:00:25, FastEthernet0/0
S       172.16.10.0/24 [180/0] via 10.1.4.2
```

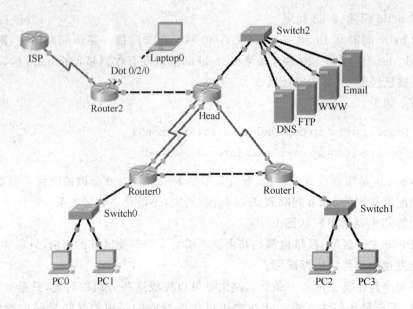

图 4-2　示例网络

```
S       172.16.20.0/24 [180/0] via 10.1.4.2
R       192.168.10.0/24 [120/1] via 10.1.1.2, 00:00:04, Serial1/0
                       [120/1] via 10.1.2.2, 00:00:04, Serial1/1
R       192.168.20.0/24 [120/1] via 10.1.3.2, 00:00:22, Serial1/2
Head#
```

下面给网络中的每个路由器配置 OSPF 路由协议。在 OSPF 协议中声明网络时,既可以使用通配符掩码发布一个接口所属的网络,也可以使用 0.0.0.0 通配符精确地指定接口的 IP 地址来声明。

路由器 Head 的配置如下:

```
Head(config)#router ospf 10
Head(config-router)#network 10.1.1.1 0.0.0.0 area 0
Head(config-router)#network 10.1.2.1 0.0.0.0 area 0
Head(config-router)#network 10.1.3.1 0.0.0.0 area 0
Head(config-router)#network 10.1.4.1 0.0.0.0 area 0
Head(config-router)#network 10.1.5.1 0.0.0.0 area 0
Head(config-router)#end
Head#
```

配置的 OSPF 进程号为 10,采用了接口 IP 地址来声明网络信息。如果通过发布网络来进行网络声明,则一条语句就可以完成:

```
Head(config-router)#network 10.1.0.0 0.0.255.255 area 0
```

这个命令的意义是找出任何一个起始于 10.1. 的接口,并将它们加入区域 0 中。因为 5 个接口的 IP 地址都是属于网络 10.1.0.0/16,所以会被加入区域 0。事实上,两种配置方式效果是一样的。

路由器 Router0 直接连接 4 个网络，在配置 Router0 时，配置 OSPF 进程号为 20，使用每个接口的网络地址。

路由器 Router0 的配置如下：

Router0(config)#router ospf 20

Router0(config-router)#network 10.1.1.0 0.0.0.255 area 0

Router0(config-router)#network 10.1.2.0 0.0.0.255 area 0

Router0(config-router)#network 10.10.1.0 0.0.0.3 area 0

Router0(config-router)#network 192.168.10.0 0.0.0.255 area 0

Router0(config-router)#end

Router0#

路由器 Router1 直接连接 3 个网络，配置 OSPF 的进程号为 30，并使用每个接口的具体 IP 地址声明网络。

路由器 Router1 的配置如下：

Router1(config)#router ospf 30

Router1(config-router)#network 10.10.1.2 0.0.0.0 area 0

Router1(config-router)#network 10.1.3.2 0.0.0.0 area 0

Router1(config-router)#network 192.168.20.1 0.0.0.0 area 0

Router1(config-router)#end

Router1#

路由器 Router2 直接连接 3 个网络，配置 OSPF 的进程号为 40，使用一个接口的 IP 地址和另外两个网络的聚合声明网络信息。

路由器 Router2 的配置如下：

Router2(config)#router ospf 40

Router2(config-router)#network 10.1.4.2 0.0.0.0 area 0

Router2(config-router)#network 172.16.0.0 0.0.255.255 area 0

Router2(config-router)#end

Router2#

路由器 ISP 只直接连接 1 个网络，配置与 Router2 相同的 OSPF 进程号 40，检验一下是否有影响。声明网络使用接口所属的网络地址。

路由器 ISP 的配置如下：

ISP(config)#router ospf 40

ISP(config-router)#network 172.16.10.0 0.0.0.255 area 0

ISP(config-router)#end

ISP#

每个路由上 OSPF 路由协议已配置完成，下面来检查一下每个路由器的路由表。

路由器 Head 的路由表：

```
Head#sh ip route
     10.0.0.0/8 is variably subnetted, 6 subnets, 2 masks
C    10.1.1.0/24 is directly connected, Serial1/0
C    10.1.2.0/24 is directly connected, Serial1/1
C    10.1.3.0/24 is directly connected, Serial1/2
C    10.1.4.0/24 is directly connected, FastEthernet0/0
C    10.1.5.0/24 is directly connected, FastEthernet0/1
O    10.10.1.0/30 [110/65] via 10.1.1.2, 00:26:11, Serial1/0
                  [110/65] via 10.1.3.2, 00:26:11, Serial1/2
     172.16.0.0/16 is variably subnetted, 3 subnets, 2 masks
R    172.16.0.0/16 [120/1] via 10.1.4.2, 00:00:27, FastEthernet0/0
O    172.16.10.0/24 [110/65] via 10.1.4.2, 00:15:58, FastEthernet0/0
O    172.16.20.0/24 [110/2] via 10.1.4.2, 00:15:58, FastEthernet0/0
O    192.168.10.0/24 [110/65] via 10.1.1.2, 00:36:59, Serial1/0
O    192.168.20.0/24 [110/65] via 10.1.3.2, 00:25:29, Serial1/2
Head#
```

路由器 Head 有 5 个直连网络,通过 OSPF 学习到了另外 5 个网络的路由。但路由表中还有一条 RIP 路由到达网络 172.16.0.0/16,原因是什么呢？该路由是由于 RIP 进行路由的自动汇总而得到的,但路由器在交流 OSPF 路由信息时并没有 172.16.0.0/16 的路由,事实上,网络中也不存在网络 172.16.0.0/16,因此不存在路由器优先选择 OSPF 路由的问题。这条路由只与 RIP 的自动汇总有关,而与 OSPF 无关,也不会影响分组的正常转发。如果不希望在路由表中看到 RIP 路由,可以将路由器上的 RIP 路由协议删除,命令是 Router(config)# no router rip。

路由器 Head 到达网络 10.10.1.0/30 有两条最佳路由,OSPF 会在两条路由之间进行负载均衡。

路由器 Router0 的路由表如下：

```
Router0#sh ip route
     10.0.0.0/8 is variably subnetted, 6 subnets, 2 masks
C    10.1.1.0/24 is directly connected, Serial1/0
C    10.1.2.0/24 is directly connected, Serial1/1
O    10.1.3.0/24 [110/65] via 10.10.1.2, 00:39:31, FastEthernet0/0
O    10.1.4.0/24 [110/65] via 10.1.1.1, 00:29:56, Serial1/0
O    10.1.5.0/24 [110/65] via 10.1.1.1, 00:52:46, Serial1/0
C    10.10.1.0/30 is directly connected, FastEthernet0/0
     172.16.0.0/16 is variably subnetted, 3 subnets, 2 masks
R    172.16.0.0/16 [120/2] via 10.1.2.1, 00:00:05, Serial1/1
                   [120/2] via 10.1.1.1, 00:00:05, Serial1/0
O    172.16.10.0/24 [110/129] via 10.1.1.1, 00:29:18, Serial1/0
O    172.16.20.0/24 [110/66] via 10.1.1.1, 00:29:18, Serial1/0
```

```
C    192.168.10.0/24 is directly connected, FastEthernet0/1
O    192.168.20.0/24 [110/2] via 10.10.1.2, 00:38:49, FastEthernet0/0
Router0#
```

路由器 Router0 直连了 4 个网络,通过 OSPF 学习到了其他 6 个网络的路由。网络 172.16.0.0/16 RIP 路由的出现,仍然是 RIP 对路由进行自动汇总的缘故,并且 Router0 通过 RIP 学习到了关于 172.16.0.0/16 的路由。

路由器 Router1 的路由表如下:

```
Router1#sh ip route
     10.0.0.0/8 is variably subnetted, 6 subnets, 2 masks
O       10.1.1.0/24 [110/65] via 10.10.1.1, 00:48:54, FastEthernet0/0
O       10.1.2.0/24 [110/65] via 10.10.1.1, 00:48:54, FastEthernet0/0
C       10.1.3.0/24 is directly connected, Serial1/0
O       10.1.4.0/24 [110/65] via 10.1.3.1, 00:38:59, Serial1/0
O       10.1.5.0/24 [110/65] via 10.1.3.1, 00:48:34, Serial1/0
C       10.10.1.0/30 is directly connected, FastEthernet0/0
     172.16.0.0/16 is variably subnetted, 3 subnets, 2 masks
R       172.16.0.0/16 [120/2] via 10.1.3.1, 00:00:24, Serial1/0
O       172.16.10.0/24 [110/129] via 10.1.3.1, 00:38:21, Serial1/0
O       172.16.20.0/24 [110/66] via 10.1.3.1, 00:38:21, Serial1/0
O    192.168.10.0/24 [110/2] via 10.10.1.1, 00:48:54, FastEthernet0/0
C    192.168.20.0/24 is directly connected, FastEthernet0/1
Router1#
```

路由器 Router1 直连了 3 个网络,通过 OSPF 学习到了其他 7 个网络的路由,也有 1 条关于 172.16.0.0/16 的 RIP 路由。

路由器 Router2 的路由表如下:

```
Router2#sh ip route
     10.0.0.0/8 is variably subnetted, 6 subnets, 2 masks
O       10.1.1.0/24 [110/65] via 10.1.4.1, 00:41:47, FastEthernet0/0
O       10.1.2.0/24 [110/65] via 10.1.4.1, 00:41:47, FastEthernet0/0
O       10.1.3.0/24 [110/65] via 10.1.4.1, 00:41:47, FastEthernet0/0
C       10.1.4.0/24 is directly connected, FastEthernet0/0
O       10.1.5.0/24 [110/2] via 10.1.4.1, 00:41:47, FastEthernet0/0
O       10.10.1.0/30 [110/66] via 10.1.4.1, 00:41:47, FastEthernet0/0
     172.16.0.0/24 is subnetted, 2 subnets
C       172.16.10.0 is directly connected, Serial1/0
C       172.16.20.0 is directly connected, FastEthernet0/1
O    192.168.10.0/24 [110/66] via 10.1.4.1, 00:41:47, FastEthernet0/0
O    192.168.20.0/24 [110/66] via 10.1.4.1, 00:41:47, FastEthernet0/0
Router2#
```

路由器 Router2 直连 3 个网络，通过 OSPF 学习到了其他 7 个网络的路由，但没有关于 172.16.0.0/16 的 RIP 路由。因为 172.16.0.0/16 是 Router2 直连网络的主类网络，没有自动汇总路由需要放入路由表中。

路由器 ISP 的路由表如下：

ISP#sh ip route
     10.0.0.0/8 is variably subnetted, 7 subnets, 3 masks
R   10.0.0.0/8 [120/1] via 172.16.10.2, 00:00:24, Serial1/0
O   10.1.1.0/24 [110/129] via 172.16.10.2, 00:58:36, Serial1/0
O   10.1.2.0/24 [110/129] via 172.16.10.2, 00:58:36, Serial1/0
O   10.1.3.0/24 [110/129] via 172.16.10.2, 00:58:36, Serial1/0
O   10.1.4.0/24 [110/65] via 172.16.10.2, 00:58:36, Serial1/0
O   10.1.5.0/24 [110/66] via 172.16.10.2, 00:58:36, Serial1/0
O   10.10.1.0/30 [110/130] via 172.16.10.2, 00:58:36, Serial1/0
     172.16.0.0/24 is subnetted, 2 subnets
C   172.16.10.0 is directly connected, Serial1/0
O   172.16.20.0 [110/65] via 172.16.10.2, 00:58:36, Serial1/0
O   192.168.10.0/24 [110/130] via 172.16.10.2, 00:58:36, Serial1/0
O   192.168.20.0/24 [110/130] via 172.16.10.2, 00:58:36, Serial1/0
ISP#

路由器 ISP 直连 1 个网络，通过 OSPF 学习到了其他 9 个网络的路由。路由器 ISP 上的 OSPF 进程号与路由器 Router2 上的 OSPF 进程号都为 40，并不影响 OSPF 的运行，可见 OSPF 进程号只有本地意义。这里有一条关于 10.0.0.0/8 的 RIP 路由，原因仍然与 RIP 自动汇总路由有关，路由器 Router2 向 ISP 传递 RIP 路由时进行了路由汇总。

4.4 检查 OSPF 配置

在配置 OSPF 路由协议时，要确保路由器接口上配置的 IP 地址和子网掩码是正确的、在声明网络时使用了正确的通配符掩码、网络都发布到了正确的区域中。一旦配置有误，就会影响 OSPF 路由协议的运行，导致错误的路由选择。

> 命令 show ip ospf

查看 OSPF 进程信息，如 OSPF 进程号、路由器 ID、LSA 定时器、区域、区域中的接口数、区域认证、SPF 统计等。以下是该命令在路由器 Head 上的输出：

Head#sh ip ospf
Routing Process "ospf 10" with ID 10.1.5.1
Supports only single TOS(TOS0) routes
Supports opaque LSA
SPF schedule delay 5 secs, Hold time between two SPFs 10 secs
Minimum LSA interval 5 secs. Minimum LSA arrival 1 secs
Number of external LSA 0. Checksum Sum 0x000000

```
Number of opaque AS LSA 0. Checksum Sum 0x000000
Number of DCbitless external and opaque AS LSA 0
Number of DoNotAge external and opaque AS LSA 0
Number of areas in this router is 1. 1 normal 0 stub 0 nssa
External flood list length 0
    Area BACKBONE(0)
        Number of interfaces in this area is 5
        Area has no authentication
        SPF algorithm executed 25 times
        Area ranges are
        Number of LSA 7. Checksum Sum 0x0462a4
        Number of opaque link LSA 0. Checksum Sum 0x000000
        Number of DCbitless LSA 0
        Number of indication LSA 0
        Number of DoNotAge LSA 0
        Flood list length 0
Head#
```

显示出路由器 Head 上 OSPF 的进程号是 10，路由器 ID 为 10.1.5.1；Head 属于区域 0，且有 5 个接口属于这个区域，没有启用认证等信息。

> 命令 show ip ospf interface

显示与接口相关的 OSPF 信息，可以检查接口是否被配置在相应的区域里、进程号、路由器 ID、网络类型、开销、优先级、DR/BDR、Hello 间隔、dead 间隔、邻接关系等内容。

以下是在路由器 Router1 上执行该命令：

```
Router1# show ip ospf interface fa0/0
FastEthernet0/0 is up, line protocol is up
  Internet address is 10.10.1.2/30, Area 0
  Process ID 30, Router ID 192.168.20.1, Network Type BROADCAST, Cost: 1
  Transmit Delay is 1 sec, State BDR, Priority 1
  Designated Router (ID) 192.168.10.1, Interface address 10.10.1.1
  Backup Designated Router (ID) 192.168.20.1, Interface address 10.10.1.2
  Timer intervals configured, Hello 10, Dead 40, Wait 40, Retransmit 5
    Hello due in 00:00:04
  Index 1/1, flood queue length 0
  Next 0x0(0)/0x0(0)
  Last flood scan length is 1, maximum is 1
  Last flood scan time is 0 msec, maximum is 0 msec
  Neighbor Count is 1, Adjacent neighbor count is 1
    Adjacent with neighbor 192.168.10.1 (Designated Router)
  Suppress hello for 0 neighbor(s)
```

```
Router1#
Router1# show ip ospf interface s1/0
Serial1/0 is up, line protocol is up
  Internet address is 10.1.3.2/24, Area 0
  Process ID 30, Router ID 192.168.20.1, Network Type POINT-TO-POINT, Cost: 64
  Transmit Delay is 1 sec, State POINT-TO-POINT, Priority 0
  No designated router on this network
  No backup designated router on this network
  Timer intervals configured, Hello 10, Dead 40, Wait 40, Retransmit 5
    Hello due in 00:00:04
  Index 2/2, flood queue length 0
  Next 0x0(0)/0x0(0)
  Last flood scan length is 1, maximum is 1
  Last flood scan time is 0 msec, maximum is 0 msec
  Neighbor Count is 1 , Adjacent neighbor count is 1
    Adjacent with neighbor 10.1.5.1
  Suppress hello for 0 neighbor(s)
Router1#
```

分别针对快速以太网接口和串行接口运行命令,特别注意到,以太网接口上的网络类型是广播多路访问,进行了 DR 和 BDR 的选举。串行接口上的网络类型是点对点,不需要进行 DR 和 BDR 选举。另外,串行接口上的链路带宽默认认为 1.544 Mbit/s,其 Cost 为 64。

命令后面如果不指定具体的接口,将会显示与 OSPF 相关的所有接口的信息。

➢ 命令 show ip ospf database

显示路由器管理的拓扑表、OSPF 进程号和路由器 ID。

以下是在路由器 Router2 上执行该命令:

```
Router2# sh ip ospf database
        OSPF Router with ID (172.16.20.1) (Process ID 40)
            Router Link States (Area 0)
Link ID         ADV Router       Age       Seq#         Checksum Link count
10.1.5.1        10.1.5.1         1672      0x80000013   0x00de6c      8
172.16.10.1     172.16.10.1      1193      0x8000000c   0x00ecde      2
172.16.20.1     172.16.20.1      492       0x80000012   0x005254      4
192.168.20.1    192.168.20.1     108       0x80000012   0x00d1eb      4
192.168.10.1    192.168.10.1    108       0x80000017   0x0024eb      6
            Net Link States (Area 0)
Link ID         ADV Router       Age       Seq#         Checksum
10.10.1.1       192.168.10.1     2260      0x8000000b   0x006173
10.1.4.2        172.16.20.1      492       0x80000001   0x0014e0
Router2#
```

这里显示了路由器 Router2 的 RID 为 172.16.20.1（Router2 上最大的 IP 地址）、进程号为 40。Router Link States 中显示了 5 个路由器和每个路由器的 ID，以及每个路由器在本区域（区域 0）的链路数，注意串行接口会在 Link Count 中自动多生成一条 stub。Net Link States 描述的是 DR 的情况，这里显示网络中有两个 DR，分别是路由器 Router0 和路由器 Router2。

➢ 命令 show ip ospf neighbor

显示 OSPF 邻居信息、优先级和当前状态。如果有 DR、BDR 选举，也显示 DR、BDR 信息。由于路由器 Head 和 Router2 之间是广播多路访问（以太网链路），下面分别在 Head 和 Router2 上运行该命令进行对比。

以下是在路由器 Head 上执行该命令的情况：

```
Head#sh ip ospf neighbor
Neighbor ID      Pri   State        Dead Time    Address        Interface
172.16.20.1      1     FULL/DR      00:00:37     10.1.4.2       FastEthernet0/0
192.168.10.1     0     FULL/  -     00:00:37     10.1.2.2       Serial1/1
192.168.10.1     0     FULL/  -     00:00:37     10.1.1.2       Serial1/0
192.168.20.1     0     FULL/  -     00:00:37     10.1.3.2       Serial1/2
Head#
```

在路由器 Router2 上执行该命令的情况：

```
Router2#sh ip ospf neighbor
Neighbor ID      Pri   State        Dead Time    Address        Interface
10.1.5.1         1     FULL/BDR     00:00:37     10.1.4.1       FastEthernet0/0
172.16.10.1      0     FULL/  -     00:00:37     172.16.10.1    Serial1/0
Router2#
```

可以看出，路由器 Head 有 4 个邻居，路由器 Router2 有两个邻居，但只有 Head 和 Router2 之间进行了 DR、BDR 选举。路由器 Router2 是 DR，路由器 Head 是 BDR，因为 Router2 的 RID 大于路由器 Head 的 RID。串行链路（点对点连接）没有进行 DR、BDR 选举，优先级也全部为 0。FULL 表示 OSPF 的运行状态，说明网络已趋于稳定，路由器都已学习到了所有网络的路由。

如果使用命令 show ip ospf neighbor detail，则会显示更加详细的邻居信息。

```
Head#sh ip ospf neighbor detail
Neighbor 192.168.10.1, interface address 10.1.2.2
    In the area 0 via interface Serial1/1
    Neighbor priority is 0, State is FULL, 7 state changes
    DR is 0.0.0.0 BDR is 0.0.0.0
    Options is 0x00
    Dead timer due in 00:00:33
    Neighbor is up for 01:19:29
    Index 1/1, retransmission queue length 0, number of retransmission 0
```

```
        First 0x0(0)/0x0(0) Next 0x0(0)/0x0(0)
        Last retransmission scan length is 0, maximum is 1
        Last retransmission scan time is 0 msec, maximum is 0 msec
Neighbor 172.16.20.1, interface address 10.1.4.2
        In the area 0 via interface FastEthernet0/0
        Neighbor priority is 1, State is FULL, 6 state changes
        DR is 10.1.4.2 BDR is 10.1.4.1
        Options is 0x00
        Dead timer due in 00:00:36
        Neighbor is up for 01:19:35
        Index 2/2, retransmission queue length 0, number of retransmission 0
        First 0x0(0)/0x0(0) Next 0x0(0)/0x0(0)
        Last retransmission scan length is 0, maximum is 3
        Last retransmission scan time is 0 msec, maximum is 0 msec
[cut]
```

> 命令 show ip protocols

显示运行于路由器之上的路由协议,不仅是 OSPF。

在路由器 Head 上执行该命令的情况如下:

```
Head#sh ip protocols
Routing Protocol is "rip"
Sending updates every 30 seconds, next due in 7 seconds
Invalid after 180 seconds, hold down 180, flushed after 240
Outgoing update filter list for all interfaces is not set
Incoming update filter list for all interfaces is not set
Redistributing: rip
Default version control: send version 1, receive any version
    Interface            Send    Recv    Triggered RIP    Key-chain
    FastEthernet0/0      1       2 1
    FastEthernet0/1      1       2 1
    Serial1/2            1       2 1
    Serial1/1            1       2 1
    Serial1/0            1       2 1
Automatic network summarization is in effect
Maximum path: 4
Routing for Networks:
    10.0.0.0
Passive Interface(s):
Routing Information Sources:
    Gateway          Distance         Last Update
```

```
    10.1.4.2                    120              00:00:07
    10.1.2.2                    120              00:00:23
    10.1.1.2                    120              00:00:23
    10.1.3.2                    120              00:00:18
  Distance：(default is 120)

Routing Protocol is "ospf 10"
  Outgoing update filter list for all interfaces is not set
  Incoming update filter list for all interfaces is not set
  Router ID 10.1.5.1
  Number of areas in this router is 1. 1 normal 0 stub 0 nssa
  Maximum path：4
  Routing for Networks：
    10.1.1.1 0.0.0.0 area 0
    10.1.2.1 0.0.0.0 area 0
    10.1.3.1 0.0.0.0 area 0
    10.1.4.1 0.0.0.0 area 0
    10.1.5.1 0.0.0.0 area 0
  Routing Information Sources：
    Gateway              Distance         Last Update
    10.1.5.1             110              00:49:58
    172.16.10.1          110              00:11:58
    172.16.20.1          110              00:00:18
    192.168.10.1         110              00:23:55
    192.168.20.1         110              00:23:55
  Distance：(default is 110)
Head#
```

当前运行在路由器 Head 上的路由协议有 RIP 和 OSPF，与 RIP 相关的信息之前已经分析过。对于有关 OSPF 的信息，这里显示了进程号、路由器 ID、区域数量、负载均衡的最大路由数、配置的网络和区域、邻居的 ID、管理距离等内容。与前面的 RIP 相比，OSPF 没有相关定时器的信息，因为链路状态路由协议不像距离矢量路由协议那样需要定时器才能维持网络的稳定运行。

4.5 OSPF 调试

如果需要 OSPF 重新获取全网的路由，可以清空路由器的路由表，使路由表进行更新。命令如下：

```
Router#clear ip route *
```

如果只需清除到达某一条网络 a.b.c.d 的路由条目，则可以使用如下命令：

Router#clear ip route a.b.c.d

如果需要检查OSPF的链路状态更新,可以使用如下debug命令:
- debug ip ospf events:显示所有OSPF事件。
- debug ip ospf packet:显示被接收的Hello包。
- debug ip ospf hello:显示更详细的内容,包括被发送和被接收的Hello包。
- debug ip ospf adj:显示有关邻居的事件、DR/BDR选举过程。

下面是debug ip ospf events显示的部分信息:

Head#debug ip ospf events

OSPF events debugging is on

Head#

00:41:48: OSPF: Rcv hello from 192.168.10.1 area 0 from Serial1/0 10.1.1.2

00:41:48: OSPF: End of hello processing

00:41:50: OSPF: Rcv hello from 192.168.20.1 area 0 from Serial1/2 10.1.3.2

00:41:50: OSPF: End of hello processing

00:41:50: OSPF: Rcv hello from 172.16.20.1 area 0 from FastEthernet0/0 10.1.4.2

00:41:50: OSPF: End of hello processing

00:41:57: OSPF: Rcv hello from 192.168.10.1 area 0 from Serial1/1 10.1.2.2

00:41:57: OSPF: End of hello processing

00:41:58: OSPF: Rcv hello from 192.168.10.1 area 0 from Serial1/0 10.1.1.2

00:41:58: OSPF: End of hello processing

00:42:00: OSPF: Rcv hello from 192.168.20.1 area 0 from Serial1/2 10.1.3.2

00:42:00: OSPF: End of hello processing

00:42:00: OSPF: Rcv hello from 172.16.20.1 area 0 from FastEthernet0/0 10.1.4.2

00:42:00: OSPF: End of hello processing

[cut]

下面使用debug ip ospf adj命令,观察一下DR、BDR的选举过程以及OSPF的状态变化。路由器Head与路由器Router2之间是以太网链路(广播多路访问),它们之间是需要选举DR和BDR的。首先在路由器Head上运行命令debug ip ospf adj,然后关闭路由器Router2与Head相连接口,再将其启用,这样使两个路由器之间重新进行DR、BDR选举。

Head#debug ip ospf adj

OSPF adjacency events debugging is on

Head#

%LINEPROTO-5-UPDOWN: Line protocol on Interface FastEthernet0/0, changed state to down

00:30:09: %OSPF-5-ADJCHG: Process 10, Nbr 172.16.20.1 on FastEthernet0/0 from FULL to DOWN, Neighbor Down: Interface down or detached

00:30:09: OSPF: Build router LSA for area 0, router ID 10.1.5.1, seq 0x8000000b

00:30:09: OSPF: DR/BDR election on FastEthernet0/0

00:30:09: OSPF: Elect BDR 0.0.0.0

```
00:30:09: OSPF: Elect DR 0.0.0.0
00:30:09: OSPF: Elect BDR 0.0.0.0
00:30:09: OSPF: Elect DR 0.0.0.0
00:30:09:         DR: none    BDR: none
00:30:09: OSPF: Build router LSA for area 0, router ID 10.1.5.1, seq 0x8000000c
00:30:09: OSPF: Build router LSA for area 0, router ID 10.1.5.1, seq 0x8000000c
Head#
    %LINEPROTO-5-UPDOWN: Line protocol on Interface FastEthernet0/0, changed state
to up
00:30:13: OSPF: Build router LSA for area 0, router ID 10.1.5.1, seq 0x8000000c
Head#
00:30:53: OSPF: Rcv DBD from 172.16.20.1 on FastEthernet0/0 seq 0x111a opt 0x00
flag 0x7 len 32  mtu 1500 state 2WAY
00:30:53: OSPF: Nbr state is 2WAY
00:30:53: OSPF: end of Wait on interface FastEthernet0/0
00:30:53: OSPF: DR/BDR election on FastEthernet0/0
00:30:53: OSPF: Elect BDR 172.16.20.1
00:30:53: OSPF: Elect DR 172.16.20.1
00:30:53:         DR: 172.16.20.1 (Id)   BDR: 172.16.20.1 (Id)
00:30:53: OSPF: Send DBD to 172.16.20.1 on FastEthernet0/0 seq 0x4df opt 0x00 flag
0x7 len 32
00:30:53: OSPF: Build router LSA for area 0, router ID 10.1.5.1, seq 0x8000000d
00:30:53: OSPF: DR/BDR election on FastEthernet0/0
00:30:53: OSPF: Elect BDR 10.1.5.1
00:30:53: OSPF: Elect DR 172.16.20.1
00:30:53: OSPF: Elect BDR 10.1.5.1
00:30:53: OSPF: Elect DR 172.16.20.1
00:30:53:         DR: 172.16.20.1 (Id)   BDR: 10.1.5.1 (Id)
00:30:53: OSPF: Build router LSA for area 0, router ID 10.1.5.1, seq 0x8000000d
Head#
00:30:58: OSPF: Rcv DBD from 172.16.20.1 on FastEthernet0/0 seq 0x111a opt 0x00
flag 0x7 len 32  mtu 1500 state EXSTART
00:30:58: OSPF: NBR Negotiation Done. We are the SLAVE
00:30:58: OSPF: Send DBD to 172.16.20.1 on FastEthernet0/0 seq 0x111a opt 0x00
flag 0x2 len 172
00:30:58: OSPF: Rcv DBD from 172.16.20.1 on FastEthernet0/0 seq 0x111b opt 0x00
flag 0x3 len 152  mtu 1500 state EXCHANGE
00:30:58: OSPF: Send DBD to 172.16.20.1 on FastEthernet0/0 seq 0x111b opt 0x00
flag 0x0 len 32
00:30:58: OSPF: Rcv DBD from 172.16.20.1 on FastEthernet0/0 seq 0x111c opt 0x00
```

```
flag 0x1 len 32   mtu 1500 state EXCHANGE
    00:30:58: OSPF: Send DBD to 172.16.20.1 on FastEthernet0/0 seq 0x111c opt 0x00
flag 0x0 len 32
    00:30:58: Exchange Done with 172.16.20.1 on FastEthernet0/0
    00:30:58: Synchronized with with 172.16.20.1 on FastEthernet0/0, state FULL
    00:30:58: %OSPF-5-ADJCHG: Process 10, Nbr 172.16.20.1 on FastEthernet0/0 from
LOADING to FULL, Loading Done
    00:30:58: OSPF: Build router LSA for area 0, router ID 10.1.5.1, seq 0x8000000d
    00:30:58: OSPF: Build router LSA for area 0, router ID 10.1.5.1, seq 0x8000000e
    00:30:58: OSPF: Send DBD to 172.16.20.1 on FastEthernet0/0 seq 0x111c opt 0x00
flag 0x0 len 32
    [cut]
```

当路由器Router2与Head互连接口关闭时,它们之间的邻居关系断开,而且OSPF的状态也从FULL变成了DOWN。Router2上的互连接口重新启用后,OSPF的状态开始发生变化,2WAY、EXSTART、EXCHANGE、LOADING都出现在过程中,直到最后达到FULL状态,双方又重新学到了所有网络的路由。在这个过程中,2WAY状态后就开始了DR和BDR的选举,直到EXSTART状态时选举了路由器Router2为DR、路由器Head为BDR。

4.6　EIGRP路由协议基础

EIGRP(enhanced interior gateway routing protocol)称为增强的内部网关路由协议,是一种混合型路由协议,同时拥有距离矢量路由协议和链路状态路由协议的特性,综合了二者的优点。在路由更新方面,更新数据与距离矢量路由协议类似,包含网络信息以及到达目的网络的开销,而不是像OSPF那样发送链路状态更新数据。但同时也具有链路状态路由协议的特点,当网络拓扑结构发生变化时才进行数据更新,而不是周期性地更新。另外,EIGRP在路由学习上使用的是与OSPF类似的方法,而其度量值的计算又与距离矢量路由协议(IGRP)相类似。EIGRP这种混合型的特点使其具有更优的路由算法和更快的收敛速度。

EIGRP是一种无类的路由协议,因为在路由更新时能携带子网掩码,所以也能支持可变长度子网掩码VLSM、无类域间路由CIDR、路由汇总以及不连续的网络。

EIGRP路由协议独立于被路由协议而存在,不仅能支持IP协议栈,也能支持如IPX、AppleTalk等其他网络层协议,而且能够支持在同一台路由器上同时启用多种网络层协议。因为EIGRP具有协议相关模块PDM(protocol-dependent module),由该模块来实现对多个网络层协议的支持。PDM为指定的协议维护相互独立的表,保存此协议的相关信息。例如,如果一个路由器上同时启用了IPv4和IPv6,那么EIGRP将分别为IPv4和IPv6建立独立的邻居表、拓扑表和路由表。IS-IS路由协议也具有这种支持多种网络层协议的功能。

EIGRP与RIP一样有跳计数,默认为100,最大为255。但是,EIGRP的跳计数不是选择路由的度量,而是用来限定路由更新数据包能够经过的路由器个数,超过这个数值将会被丢弃,自然也限制了EIGRP所在AS的大小。所以,EIGRP的跳计数与度量值的计算没有关系，EIGRP 有专门度量值计算方法。

EIGRP 是思科专用协议，具有收敛迅速、可扩展性好、高效处理路由环路等特点，非常适合应用于大型网络。

4.6.1　EIGRP 的邻居表、拓扑表和路由表

EIGRP 采纳了链路状态路由协议学习路由的优点，计算路由之前先学习网络的拓扑结构，当有故障发生时，可以快速恢复，克服了距离矢量路由协议"坏消息传播慢"的缺点。

相邻的 EIGRP 路由器首先要建立邻居关系，才能进行路由信息的交换。两个路由器要成为邻居，必须满足三个条件：(1)互相能够收到对方的 Hello 数据包；(2)具有相同的自治系统号 ASN(AS number)，也即位于同一个 AS 中；(3)具有相同的度量(K 值)。路由器之间通过交流 Hello 数据包建立邻居关系后，就将邻居的信息保存在邻居表中，包括邻居的 IP 地址、接口等信息，邻居表存储在 RAM 中。邻居表中有序列号(SeqNum)记录了从每个邻居那里收到的最后一个 Hello 的顺序号，用于标识数据包的更新、识别错序的数据包。

邻居关系建立以后，EIGRP 路由器之间就开始交换路由信息。刚开始的时候，双方都将自己完整的路由表通告给对方，以后就不需要交换完整的路由表，只需对路由表变化了的部分进行更新。路由器将从邻居那里学习到的路由或路由更新都保存在一个本地的拓扑表中，拓扑表中保留了所有路由器知道的路由，对于同一个目的网络，可能有多条相应的路由。拓扑表是由协议相关模块 PDM 根据 DUAL(diffusing update algorithm)算法生成的。

基于拓扑表中的数据，为每一个目的网络计算路由。使用 DUAL 算法，从多条路由中选出一条最佳路由作为目的网络的路由，并将其加入路由表。这样，最佳路由会同时出现在拓扑表和路由表中，而路由表中信息只来源于拓扑表。拓扑表和路由表也都存储在 RAM 中。

对于路由选择，DUAL 算法定义了以下一些术语：
- 可行距离(feasible distance，FD)：到达目的网络的最小开销，用于到达远程网络路径的度量，具有最小 FD 的路由被认为是最佳路由，只有这样的路由才会出现在路由表中。
- 被通告/被报告距离(reported distance，RD)：由邻居报告的到达远程网络的度量或开销，是邻居到达远程网络的 FD。RD 加上到此邻居的度量就是本路由器到达远程网络的 FD。
- 后继(successor)：到达目的网络度量值最小的路径，即最佳路径，被记入路由表而成为到达目的网络的路由。
- 可行后继(feasible successor，FS)：是后继的备份路径，EIGRP 拓扑表中最多可保存 16 个可行后继。拓扑表中有可行后继和后继，但路由表中只有后继。

通过可行后继作为后继的备份路由，当后继失效时，可行后继可以即刻替代成为新的后继，使网络的汇聚迅速完成，收敛速度非常快，而且增量更新的通信量也很小。不过，并不是所有到达目的网络的路径都可以成为后继或者可行后继。例如，如果一条路径的 RD 大于或等于到达目的网络的 FD，则该条路径不能成为可行后继。

4.6.2　可靠传输协议

众所周知，在 IP 网络中，使用 TCP 来保证可靠传输，为什么 EIGRP 不能使用 TCP 呢？原因是 EIGRP 是独立于被路由协议的，而 TCP 基于的被路由协议是 IP，另外，EIGRP 是使用多播来传送分组，TCP 并不支持多播，所以 EIGRP 不能使用 TCP 工作，只能使用专有的传输

层协议(reliable transport protocol,RTP)来达到与 TCP 相同的作用,保证按序可靠地将 EIGRP 数据包传送给所有的邻居。

EIGRP 使用 D 类地址 224.0.0.10 发送多播数据,邻居收到数据后会做出应答。如果 EIGRP 没有收到某个邻居的应答消息,将采取单播的方式向此邻居重发数据,如果尝试 16 次后仍然没有收到应答,则认为该邻居已离线。这种多播与单播协调工作的机制称为"可靠的多播"。

EIGRP 在启动时会同步整个路由数据库,但之后就只会传播有变化的数据部分,路由数据库处于一个相对稳定的状态。在数据的传输过程中,EIGRP 路由器将通过序列号跟踪每个数据包的发送,并及时发现顺序错误的、重复的或过时的数据包,以避免非正常的数据包导致路由数据库不稳定。

4.6.3 路由算法 DUAL

EIGRP 由 IGRP 发展而来,EIGRP 在收敛时间上有较大改进,使其可以在大规模网络上使用。但是,EIGRP 和 IGRP 仍有许多相似之处,如二者使用了相同的度量值计算公式。公式如下:

度量值=[K1×带宽+(K2×带宽)/(256-负载)+(K3×延迟)]×[K5/(可靠性+K4)]

其中,K1=带宽、K2=负载、K3=时延、K4=可靠性、K5=MTU,在默认情况下,K1=K3=1,K2=K4=K5=0,公式可以简化为:度量值=带宽+时延。

带宽的计算如下:

IGRP 的带宽=10,000,000/网络实际带宽

EIGRP 的带宽=(10,000,000/网络实际带宽)×256

时延的计算如下:

IGRP 的时延=实际延迟时间/10

EIGRP 的时延=(实际延迟时间/10)×256

EIGRP 依靠 5 种不同类型的数据包完成邻居关系建立、学习网络拓扑以及维护 EIGRP 的 3 个表等功能。

➢ Hello 包

实现邻居关系的建立和维护。EIGRP 按多播方式周期性地发送 Hello 包,如果在规定的保持时间(Hold Time)内没有收到邻居的 Hello 包,则认为邻居已离线,DUAL 算法将重新计算路由。根据链路不同,EIGRP 有不同的 Hello 间隔和保持时间,在默认情况下,保持时间是 Hello 间隔的 3 倍。例如,对于帧中继链路,两个时间是 60 秒和 180 秒;对以太网链路,两个时间是 5 秒和 15 秒。Hello 包不需要确认。

➢ 确认包(Acknowledgement)

RTP 要求对收到的有可靠要求的数据包进行确认。确认包不需要确认。

➢ 更新包(Update)

当发现网络的拓扑结构发生变化时,路由器将发送更新包通告网络拓扑的改变。更新包有可靠要求,接收到更新包的路由器必须发回确认包。

➢ 请求包(Query)

如果一个路由器失去了某条链路的信息,将向邻居发送请求,获取该条链路的信息。请求包有可靠要求,需要接收者回复答复包予以确认。

- 答复包(Reply)

收到了邻居的请求包,不论是否有相关的请求信息,都要使用答复包对邻居的请求进行答复。答复包有可靠要求,需要进行确认。

DUAL 算法执行如下一些功能:
- 为目的网络计算后继和可行后继,即最佳路由和备份路由,支持 VLSM/CIDR。
- 当路由器失去到达某个目的网络的后继时,网络开始收敛操作。如果在拓扑表中能够找到可行后继,则路由收敛可以即刻完成。如果在拓扑表中找不到可行后继,则路由器向邻居发送请求包,要求获取到达该目的网络的路由信息。
- 收到请求包的路由器将发送答复包回复发送请求包的路由器。
- 如果一个路由器向多个邻居发送了请求包,则必须等到收到了全部的答复后再计算到达目的网络的后继和可行后继。得到后继和可行后继后,关于该目的网络的路由收敛完成。

由于 DUAL 算法为 EIGRP 提供了最佳路由和备份路由计算、快速查找替代路由等功能,加上 RTP 可靠的传输和顺序控制机制,使得 EIGRP 的路由汇聚非常快。DUAL 算法对邻居快速求助并获得相关路由信息的机制,充分体现了 DUAL 算法的"扩散"特性。

4.6.4 EIGRP 基本配置命令

- 在路由器全局模式下启用 EIGRP

Router(config)#router eigrp ASN

参数 ASN 是自治系统号,取值范围为 1~65535,所有路由器必须配置相同的自治系统号,才能交换 EIGRP 路由信息。这与运行 OSPF 的路由器可以配置不同的 OSPF 进程号是不同的。

- 向其他路由器发布直接连接的网络

Router(config-router)#network network-number

参数 network-number 是直连的网络号,如果不是直连的网络,请不要发布,否则会导致错误的路由学习。例如:

Router(config)#router eigrp 64
Router(config-router)#network 10.0.0.0
Router(config-router)#network 172.16.0.0
Router(config-router)#network 192.168.10.0

注意,发布的都是主类网络,EIGRP 会学习到所划分的子网。

- 修改接口带宽和延迟

Router(config-if)#bandwidth number

参数 number 是需要修改的带宽值,取值范围为 1~10000000,单位为 kbit。修改带宽不会影响接口的真正带宽,只是度量值将会按修改后的带宽来计算。

Router(config-if)#delay ?
<1-16777215> Throughput delay (tens of microseconds)

通过修改接口的带宽和时延来改变 EIGRP 计算路由的度量值。

➢ 保存邻居关系

Router(config-if)#eigrp log-neighbor-change

把邻居关系的变化在日志里保存下来,有利于发现网络问题和监控网络的稳定性。

➢ 修改最大路径数

在默认情况下,EIGRP 最多支持 4 条最佳路由之间的负载均衡,可以通过下列命令修改:

Router(config-router)#maximum-path <1-16>

最多支持 16 条最佳路由参与负载均衡。

➢ 非等价路由负载均衡

Router(config)#router eigrp ASN
Router(config-router)#variance ?
<1-128>   Metric variance Multiplier

设 variance 的值为 n,最佳路由的度量值为 M。当取 n=1 时,即为等价路由负载均衡;当 2≤n≤128 时,任意一条 EIGRP 路由,只要它的度量值小于或等于 n*M,它就可以参与负载均衡。

➢ 修改跳计数

EIGRP 默认的最大跳计数是 100,最大可以配置到 255。

Router(config-router)#metric maximum-hops <1-255>

EIGRP 的跳计数与度量值计算无关,跳计数只用来限制 AS 的范围。

➢ 配置被动接口

Router(config-router)#passive-interface type <slot/port>

参数 type<slot/port>是接口标识,指定要将哪个接口配置成被动接口。与 RIP 中被动接口可以接收路由更新不同,在 EIGRP 中,被动接口既不可以发送更新,也不可以接收更新,相当于在该接口上停止了 EIGRP 的运行。

➢ 配置路由汇总

前面提到过,EIGRP 是无类的路由协议,但在默认情况下,EIGRP 仍然对路由进行自动汇总,以减少路由表的条目。但是,如果网络中存在不连续的网络,自动汇总会导致路由冲突或路由学习错误,冲突的路由路由器是不会学习的。所以,在有不连续网络存在时,需要使用如下命令关闭路由自动汇总:

Router(config-router)#no auto-summary

然后,通过手动配置路由汇总:

Router(config-if)#ip summary-address eigrp ASN ip-address mask administrative-distance

这是在路由器的接口上配置无类路由的汇总,让其他路由器学习到所连接的子网。例如:

Router(config)#int s1/0
Router(config-if)#ip summary-address eigrp 64 172.16.128.0 255.255.192.0

路由器的路由表中会出现一条路由：

D 172.16.128.0/18 is a summary, 00:00:45 Null0

Null0 不是一个实际的接口，这条路由的作用只是通告路由汇总，不是路由器实际连接的网络，EIGRP 汇总路由的管理距离 AD 为 5。在手动汇总之前，务必将自动汇总关闭，否则，其他路由器会收到自动汇总和手动汇总两种路由。

4.7 配置 EIGRP 路由

在前述的示例网络中，静态路由配置的 AD=180，RIP 的 AD=120，OSPF 的管理距离 AD=110，而 EIGRP 的管理距离 AD=90，所以，不考虑资源消耗的情况下，在配置了 OSPF 的示例网络上继续配置 EIGRP 还是可行的，因为路由器会优先选择 EIGRP 的路由。

下面在每个路由器上配置 EIGRP，取 ASN=64。

路由器 Head 的配置如下：

Head(config)#router eigrp 64
Head(config-router)#network 10.0.0.0
Head(config-router)#end
Head#

路由器 Router0 的配置如下：

Router0(config)#router eigrp 64
Router0(config-router)#network 10.0.0.0
Router0(config-router)#network 192.168.10.0
Router0(config-router)#end
Router0#

路由器 Router1 的配置如下：

Router1(config)#router eigrp 64
Router1(config-router)#network 10.0.0.0
Router1(config-router)#network 192.168.20.0
Router1(config-router)#end
Router1#

路由器 Router2 的配置如下：

Router2(config)#router eigrp 64
Router2(config-router)#network 10.0.0.0
Router2(config-router)#network 172.16.0.0
Router2(config-router)#end
Router2#

路由器 ISP 的配置如下：

```
ISP(config)#router eigrp 64
ISP(config-router)#network 172.16.0.0
ISP(config-router)#end
ISP#
```

5个路由器上的 EIGRP 都已配置完成,下面来检查一下每个路由器的路由表。

路由器 Head 的路由表:

```
Head#sh ip route
     10.0.0.0/8 is variably subnetted, 6 subnets, 2 masks
C       10.1.1.0/24 is directly connected, Serial1/0
C       10.1.2.0/24 is directly connected, Serial1/1
C       10.1.3.0/24 is directly connected, Serial1/2
C       10.1.4.0/24 is directly connected, FastEthernet0/0
C       10.1.5.0/24 is directly connected, FastEthernet0/1
D       10.10.1.0/30 [90/20514560] via 10.1.1.2, 00:10:08, Serial1/0
                    [90/20514560] via 10.1.2.2, 00:10:08, Serial1/1
                    [90/20514560] via 10.1.3.2, 00:06:20, Serial1/2
     172.16.0.0/16 is variably subnetted, 3 subnets, 2 masks
D       172.16.0.0/16 [90/30720] via 10.1.4.2, 00:03:35, FastEthernet0/0
O       172.16.10.0/24 [110/65] via 10.1.4.2, 00:21:16, FastEthernet0/0
O       172.16.20.0/24 [110/2] via 10.1.4.2, 00:21:16, FastEthernet0/0
D    192.168.10.0/24 [90/20514560] via 10.1.2.2, 00:09:38, Serial1/1
                    [90/20514560] via 10.1.1.2, 00:09:38, Serial1/0
D    192.168.20.0/24 [90/20514560] via 10.1.3.2, 00:06:06, Serial1/2
Head#
```

路由表中以 D 标识的就是 EIGRP 的路由,D 就是"DUAL"。路由表中有 4 条 EIGRP 路由,其中 10.10.1.0/30、192.168.10.0/24、192.168.20.0/24 都是网络中的目的网络,但 172.16.10.0/24 和 172.16.20.0/24 两个网络仍然是 OSPF 的路由,路由器 Head 没有通过 EIGRP 学习到这两个网络的路由。原因是路由器 Router2 在发布路由时对这两个网络的路由进行了自动汇总,发布的是 172.16.0.0/16 的路由,所以路由器 Head 通过 EIGRP 只学习到了这条路由。

路由表也体现了负载均衡,到达网络 10.10.1.0/30 有 3 条等价路由,到达网络 192.168.10.0/24 有 2 条等价路由。

路由器 Router0 的路由表如下:

```
Router0#sh ip route
     10.0.0.0/8 is variably subnetted, 7 subnets, 3 masks
D       10.0.0.0/8 is a summary, 00:37:33, Null0
C       10.1.1.0/24 is directly connected, Serial1/0
C       10.1.2.0/24 is directly connected, Serial1/1
D       10.1.3.0/24 [90/20514560] via 10.10.1.2, 00:34:15, FastEthernet0/0
```

```
D       10.1.4.0/24 [90/20514560] via 10.1.1.1, 00:38:03, Serial1/0
                    [90/20514560] via 10.1.2.1, 00:38:03, Serial1/1
D       10.1.5.0/24 [90/20514560] via 10.1.1.1, 00:38:03, Serial1/0
                    [90/20514560] via 10.1.2.1, 00:38:03, Serial1/1
C       10.10.1.0/30 is directly connected, FastEthernet0/0
     172.16.0.0/16 is variably subnetted, 3 subnets, 2 masks
D       172.16.0.0/16 [90/20517120] via 10.1.1.1, 00:31:30, Serial1/0
                      [90/20517120] via 10.1.2.1, 00:31:30, Serial1/1
O       172.16.10.0/24 [110/129] via 10.1.2.1, 00:42:25, Serial1/1
O       172.16.20.0/24 [110/66] via 10.1.2.1, 00:42:25, Serial1/1
C    192.168.10.0/24 is directly connected, FastEthernet0/1
D    192.168.20.0/24 [90/30720] via 10.10.1.2, 00:34:01, FastEthernet0/0
Router0#
```

路由器 Router0 的路由表有两条同样的 OSPF 路由，也是通过 EIGRP 只学习到了汇总路由 172.16.0.0/16。另外，路由表中有一条由 Router0 汇总的路由 10.0.0.0/8，从其接口为 Null0 可以看出。10 个网络中有 4 个网络的路由是通过 EIGRP 学习到。

路由器 Router1 的路由表如下：

```
Router1#sh ip route
     10.0.0.0/8 is variably subnetted, 7 subnets, 3 masks
D       10.0.0.0/8 is a summary, 00:49:00, Null0
D       10.1.1.0/24 [90/20514560] via 10.10.1.1, 00:49:15, FastEthernet0/0
D       10.1.2.0/24 [90/20514560] via 10.10.1.1, 00:49:15, FastEthernet0/0
C       10.1.3.0/24 is directly connected, Serial1/0
D       10.1.4.0/24 [90/20514560] via 10.1.3.1, 00:49:15, Serial1/0
D       10.1.5.0/24 [90/20514560] via 10.1.3.1, 00:49:15, Serial1/0
C       10.10.1.0/30 is directly connected, FastEthernet0/0
     172.16.0.0/16 is variably subnetted, 3 subnets, 2 masks
D       172.16.0.0/16 [90/20517120] via 10.1.3.1, 00:46:30, Serial1/0
O       172.16.10.0/24 [110/129] via 10.1.3.1, 00:57:40, Serial1/0
O       172.16.20.0/24 [110/66] via 10.1.3.1, 00:57:40, Serial1/0
D    192.168.10.0/24 [90/30720] via 10.10.1.1, 00:49:15, FastEthernet0/0
C    192.168.20.0/24 is directly connected, FastEthernet0/1
Router1#
```

路由器 Router1 的路由表与路由器 Router2 的路由表情况类似。10 个网络中有 5 个网络的路由是通过 EIGRP 学习到。

路由器 Router2 的路由表如下：

```
Router2#sh ip route
     10.0.0.0/8 is variably subnetted, 7 subnets, 3 masks
D       10.0.0.0/8 is a summary, 00:51:43, Null0
```

```
D        10.1.1.0/24 [90/20514560] via 10.1.4.1, 00:52:00, FastEthernet0/0
D        10.1.2.0/24 [90/20514560] via 10.1.4.1, 00:52:00, FastEthernet0/0
D        10.1.3.0/24 [90/20514560] via 10.1.4.1, 00:52:00, FastEthernet0/0
C        10.1.4.0/24 is directly connected, FastEthernet0/0
D        10.1.5.0/24 [90/30720] via 10.1.4.1, 00:52:00, FastEthernet0/0
D        10.10.1.0/30 [90/20517120] via 10.1.4.1, 00:52:00, FastEthernet0/0
     172.16.0.0/16 is variably subnetted, 3 subnets, 2 masks
D        172.16.0.0/16 is a summary, 00:51:43, Null0
C        172.16.10.0/24 is directly connected, Serial1/0
C        172.16.20.0/24 is directly connected, FastEthernet0/1
D    192.168.10.0/24 [90/20517120] via 10.1.4.1, 00:52:00, FastEthernet0/0
D    192.168.20.0/24 [90/20517120] via 10.1.4.1, 00:52:00, FastEthernet0/0
Router2#
```

路由器 Router2 的路由表中有两条由 Router2 自动汇总的路由：10.0.0.0/8 和 172.16.0.0/16，因为对应的接口均为 Null0。在 10 个网络中，除 3 个直连网络外，其余 7 个网络的路由都是通过 EIGRP 学习到的。

路由器 ISP 的路由表如下：

```
ISP# sh ip route
     10.0.0.0/8 is variably subnetted, 7 subnets, 3 masks
D        10.0.0.0/8 [90/20514560] via 172.16.10.2, 00:54:54, Serial1/0
O        10.1.1.0/24 [110/129] via 172.16.10.2, 01:14:00, Serial1/0
O        10.1.2.0/24 [110/129] via 172.16.10.2, 01:14:00, Serial1/0
O        10.1.3.0/24 [110/129] via 172.16.10.2, 01:14:00, Serial1/0
O        10.1.4.0/24 [110/65] via 172.16.10.2, 01:14:00, Serial1/0
O        10.1.5.0/24 [110/66] via 172.16.10.2, 01:14:00, Serial1/0
O        10.10.1.0/30 [110/130] via 172.16.10.2, 01:07:29, Serial1/0
     172.16.0.0/24 is subnetted, 2 subnets
C        172.16.10.0 is directly connected, Serial1/0
D        172.16.20.0 [90/20514560] via 172.16.10.2, 00:54:54, Serial1/0
D    192.168.10.0/24 [90/21029120] via 172.16.10.2, 00:54:54, Serial1/0
D    192.168.20.0/24 [90/21029120] via 172.16.10.2, 00:54:54, Serial1/0
ISP#
```

对于以 10 开头的网络，路由器 ISP 的 EIGRP 除学习到一条由 Router2 自动汇总的路由 10.0.0.0/8 外，其余网络的路由 EIGRP 都没有学到，因为路由器 Router2 的 EIGRP 没有发布给它，所以显示的仍然都是 OSPF 的路由。不存在自动汇总的网络 172.16.20.0、192.168.10.0 和 192.168.20.0 的路由都能通过 EIGRP 学习到。

有一个问题，为什么路由器 Head 没有学习到 Router0 和 Router1 的自动汇总路由 10.0.0.0/8？因为路由器 Head 并不是处于主类网络 10.0.0.0 的边界，自动的路由汇总只会出现在主类网络的边界。例如，路由器 Router2 就处于主类网络 172.16.0.0 和 10.0.0.0 两个网络的边界,所以它的路由表中有两条汇总路由。发布网络的时候,只会向主类网络的外部发布汇总的路由,不会向内部发布。具体来说,Router2 向路由器 Head 发布 172.16.0.0 的汇总路由,而向路由器 ISP 发布 10.0.0.0 的汇总路由。

从 5 个路由器路由表的情况来看,EIGRP 路由学习不成功的主要原因是 EIGRP 对子网路由进行了自动汇总。如果将自动汇总关闭,问题应该就能得到解决。现在将路由器 Router2 上 EIGRP 自动汇总关闭,再观察 EIGRP 路由的学习情况。

在路由器 Router2 关闭自动汇总命令如下:

Router2(config)#router eigrp 64
Router2(config-router)#no auto-summary
Router2(config-router)#end
Router2#

查看一下 Router2 的路由表,已没有自动汇总的路由,说明 Router2 没有再对 172.16.0.0 和 10.0.0.0 两个网络进行自动汇总。

```
Router2#sh ip route
     10.0.0.0/8 is variably subnetted, 6 subnets, 2 masks
D       10.1.1.0/24 [90/20514560] via 10.1.4.1, 00:04:14, FastEthernet0/0
D       10.1.2.0/24 [90/20514560] via 10.1.4.1, 00:04:14, FastEthernet0/0
D       10.1.3.0/24 [90/20514560] via 10.1.4.1, 00:04:14, FastEthernet0/0
C       10.1.4.0/24 is directly connected, FastEthernet0/0
D       10.1.5.0/24 [90/30720] via 10.1.4.1, 00:04:14, FastEthernet0/0
D       10.10.1.0/30 [90/20517120] via 10.1.4.1, 00:04:14, FastEthernet0/0
     172.16.0.0/24 is subnetted, 2 subnets
C       172.16.10.0 is directly connected, Serial1/0
C       172.16.20.0 is directly connected, FastEthernet0/1
D    192.168.10.0/24 [90/20517120] via 10.1.4.1, 00:04:14, FastEthernet0/0
D    192.168.20.0/24 [90/20517120] via 10.1.4.1, 00:04:14, FastEthernet0/0
Router2#
```

再来看一下路由器 ISP 的路由表:

```
ISP#sh ip route
     10.0.0.0/8 is variably subnetted, 7 subnets, 3 masks
R       10.0.0.0/8 [120/1] via 172.16.10.2, 00:00:26, Serial1/0
D       10.1.1.0/24 [90/21026560] via 172.16.10.2, 00:02:13, Serial1/0
D       10.1.2.0/24 [90/21026560] via 172.16.10.2, 00:02:13, Serial1/0
D       10.1.3.0/24 [90/21026560] via 172.16.10.2, 00:02:13, Serial1/0
D       10.1.4.0/24 [90/20514560] via 172.16.10.2, 00:02:13, Serial1/0
D       10.1.5.0/24 [90/20517120] via 172.16.10.2, 00:02:13, Serial1/0
D       10.10.1.0/30 [90/21029120] via 172.16.10.2, 00:02:13, Serial1/0
     172.16.0.0/24 is subnetted, 2 subnets
```

```
C       172.16.10.0 is directly connected, Serial1/0
D       172.16.20.0 [90/20514560] via 172.16.10.2, 00:02:13, Serial1/0
D    192.168.10.0/24 [90/21029120] via 172.16.10.2, 00:02:13, Serial1/0
D    192.168.20.0/24 [90/21029120] via 172.16.10.2, 00:02:13, Serial1/0
ISP#
```

在 10 个网络中,除 1 个直连网络外,其余 9 个网络的路由都通过 EIGRP 学习到了。由于 RIP 具有自动汇总路由功能,所以路由表中有 1 条 RIP 的汇总路由,这与学习 RIP 时的情形是一致的。

4.8 检查 EIGRP 配置

➢ show ip route eigrp:检查路由器路由表中关于 EIGRP 的路由项。

```
Head# sh ip route eigrp
     10.0.0.0/8 is variably subnetted, 6 subnets, 2 masks
D       10.10.1.0/30 [90/20514560] via 10.1.3.2, 00:01:23, Serial1/2
     172.16.0.0/16 is variably subnetted, 3 subnets, 2 masks
D       172.16.10.0/24 [90/20514560] via 10.1.4.2, 00:01:22, FastEthernet0/0
D       172.16.20.0/24 [90/30720] via 10.1.4.2, 00:01:30, FastEthernet0/0
D    192.168.10.0/24 [90/20517120] via 10.1.3.2, 00:01:23, Serial1/2
D    192.168.20.0/24 [90/20514560] via 10.1.3.2, 00:01:23, Serial1/2
Head#
```

显示的路由信息中只有由 D 标识的路由,全部为 EIGRP 的路由。

➢ show ip eigrp neighbors:显示 EIGRP 邻居。

在路由器 Head 上执行该命令如下:

```
Head# sh ip eigrp neighbors
IP-EIGRP neighbors for process 64
H   Address         Interface       Hold  Uptime    SRTT   RTO    Q    Seq
                                    (sec)           (ms)          Cnt  Num
0   10.1.4.2        Fa0/0           11    00:05:26  40     1000   0    16
1   10.1.1.2        Se1/0           14    00:05:21  40     1000   0    22
2   10.1.2.2        Se1/1           11    00:05:20  40     1000   0    22
3   10.1.3.2        Se1/2           13    00:00:02  40     1000   1    0
Head#
```

在显示信息中,H 表示发现邻居的顺序,hold 时间表示下一次接收 Hello 的等待时间,Uptime 表示邻居关系已建立多长时间,SRTT(smooth round-trip time)是与邻居之间的平均往返时间,RTO(retransmission timeout)表示重传数据需要等待的时间,Q Cnt(queue count)表示重传队列中等待发送的数据包数量,SeqNum(sequence number)表示最新更新数据的序列号。

➢ show ip eigrp interfaces：显示接口上的 EIGRP 信息。

显示路由器 Head 上接口的 EIGRP 信息如下：

Head#sh ip eigrp interfaces
IP-EIGRP interfaces for process 64

Interface	Peers	Xmit Queue Un/Reliable	Mean SRTT	Pacing Time Un/Reliable	Multicast Flow Timer	Pending Routes
Fa0/1	0	0/0	1236	0/10	0	0
Fa0/0	1	0/0	1236	0/10	0	0
Se1/0	1	0/0	1236	0/10	0	0
Se1/1	1	0/0	1236	0/10	0	0
Se1/2	1	0/0	1236	0/10	0	0

➢ show ip eigrp topology：显示 EIGRP 拓扑表内容。

显示路由器 Head 的拓扑表如下：

Head#sh ip eigrp topology
IP-EIGRP Topology Table for AS 64
Codes: P - Passive, A - Active, U - Update, Q - Query, R - Reply,
　　　r - Reply status
P 10.1.5.0/24, 1 successors, FD is 28160
　　　via Connected, FastEthernet0/1
P 10.1.4.0/24, 1 successors, FD is 28160
　　　via Connected, FastEthernet0/0
P 10.1.1.0/24, 1 successors, FD is 20512000
　　　via Connected, Serial1/0
P 10.1.2.0/24, 1 successors, FD is 20512000
　　　via Connected, Serial1/1
P 10.1.3.0/24, 1 successors, FD is 20512000
　　　via Connected, Serial1/2
P 172.16.20.0/24, 1 successors, FD is 30720
　　　via 10.1.4.2 (30720/28160), FastEthernet0/0
P 10.10.1.0/30, 3 successors, FD is 20514560
　　　via 10.1.1.2 (20514560/28160), Serial1/0
　　　via 10.1.2.2 (20514560/28160), Serial1/1
　　　via 10.1.3.2 (20514560/28160), Serial1/2
P 192.168.10.0/24, 2 successors, FD is 20514560
　　　via 10.1.1.2 (20514560/28160), Serial1/0
　　　via 10.1.2.2 (20514560/28160), Serial1/1
　　　via 10.1.3.2 (20517120/30720), Serial1/2
P 192.168.20.0/24, 1 successors, FD is 20514560
　　　via 10.1.3.2 (20514560/28160), Serial1/2

```
                via 10.1.2.2 (20517120/30720), Serial1/1
                via 10.1.1.2 (20517120/30720), Serial1/0
P 172.16.10.0/24, 1 successors, FD is 20514560
                via 10.1.4.2 (20514560/20512000), FastEthernet0/0
Head#
```

在路由器 Head 的 EIGRP 拓扑表中有到达 10 个网络的路由，每条路由前面都是由 P 标识，意思就是路由的当前状态是 Passive（被动状态），表明路由处于正常的稳定状态。如果一条路由处于 Active（活跃）状态，由 A 标识，说明该路由出现了故障，已经失去了到达目的网络的路径，正在查找可替代的路径。除 P、A 外，还有 U、Q、R、r 等 4 种状态。

以路由器 Head 到达网络 192.168.10.0/24 的路由为例：

```
P 192.168.10.0/24, 2 successors, FD is 20514560
                via 10.1.1.2 (20514560/28160), Serial1/0
                via 10.1.2.2 (20514560/28160), Serial1/1
                via 10.1.3.2 (20517120/30720), Serial1/2
```

这里有 3 条路由可以到达网络 192.168.10.0，前面两条是后继，也就是说这两条是最佳路由，FD 为 20514560，它们都会被放到路由表中，并在两条路由之间进行负载均衡。第三条路由的开销较大，它是最佳路由的备份路由。括号里面的两个数字如（20514560/28160）：前面一个数字 20514560 是到达目的网络的开销，对最佳路由来说，这个数值就是 FD；后面那个 28160 是被报告距离 RD，在这里就是路由器 Router0 通告给路由器 Head 的开销。

➢ show ip eigrp traffic：显示路由器收发的 EIGRP 数据包的数量。

在路由器 Head 上的执行该命令的情况如下：

```
Head#sh ip eigrp traffic
IP-EIGRP Traffic Statistics for process 64
    Hellos sent/received：14716/11776
    Updates sent/received：416/30
    Queries sent/received：0/0
    Replies sent/received：  0/0
    Acks sent/received：  30/21
    Input queue high water mark 1, 0 drops
    SIA-Queries sent/received：0/0
    SIA-Replies sent/received：0/0
```

显示了路由器 Head 上 EIGRP 各种信息包的发送和接收情况，EIGRP 五种类型的数据包（Hello、ACK（确认）、Update（更新）、Query（请求）、Reply（答复）等）都出现在这里。在默认情况下，Hello 包每 5 秒发送 1 次，所以 Hello 包收发的数量最多。另外，更新包、确认包都有计数，网络运行稳定的时候，其他数据包的收发较少。

SIA 是 Stuck-in-Active 的缩写，意义是如果路由器在规定的时间（如 3 分钟）内没有收到对路由查询的应答，路由器将会陷入主动状态，即滞留在 Active 状态。前面已经提到，EIGRP 查询路由时使用的是可靠的多播，要求每个邻居都必须进行应答，如果收不到响应，路由器将继续进行查询,有可能导致 SIA 的出现。因为邻居无法对查询进行响应,肯定是出现了异常情况,如路由器的 CPU 利用率过高或者内存不够使得路由器一直处于忙的状态,也有可能路由器之间的链路出现了问题导致响应丢失,或者路由器之间的链路是单向链路等。SIA 的出现将严重影响 EIGRP 的邻居关系,有可能引起邻居关系大面积重建,严重时可能导致网络崩溃。要防止 SIA 的出现,必须采取适当的措施来限制 EIGRP 的查询范围,如使用路由汇总可以缩小查询范围。上述信息中显示有关 SIA 的数据收发均为 0,说明路由器没有出现 SIA 现象。

> show ip protocols:显示路由器上所有路由协议的运行情况。

在路由器 Head 上的执行该命令的情况如下:

```
Head#sh ip protocols
Routing Protocol is "eigrp  64 "
  Outgoing update filter list for all interfaces is not set
  Incoming update filter list for all interfaces is not set
  Default networks flagged in outgoing updates
  Default networks accepted from incoming updates
  EIGRP metric weight K1 = 1, K2 = 0, K3 = 1, K4 = 0, K5 = 0
  EIGRP maximum hopcount 100
  EIGRP maximum metric variance 1
Redistributing: eigrp 64
  Automatic network summarization is in effect
  Automatic address summarization:
  Maximum path: 4
  Routing for Networks:
    10.0.0.0
  Routing Information Sources:
    Gateway          Distance          Last Update
    10.1.4.2         90                0
    10.1.1.2         90                5654
    10.1.2.2         90                6614
    10.1.3.2         90                416237
  Distance: internal 90 external 170

Routing Protocol is "rip"
Sending updates every 30 seconds, next due in 7 seconds
Invalid after 180 seconds, hold down 180, flushed after 240
Outgoing update filter list for all interfaces is not set
Incoming update filter list for all interfaces is not set
Redistributing: rip
Default version control: send version 1, receive any version
  Interface              Send  Recv  Triggered RIP  Key-chain
```

```
    FastEthernet0/1        1      2 1
    FastEthernet0/0        1      2 1
    Serial1/0              1      2 1
    Serial1/1              1      2 1
    Serial1/2              1      2 1
Automatic network summarization is in effect
Maximum path: 4
Routing for Networks:
    10.0.0.0
Passive Interface(s):
Routing Information Sources:
    Gateway          Distance      Last Update
    10.1.4.2         120           00:00:21
    10.1.1.2         120           00:00:25
    10.1.2.2         120           00:00:25
    10.1.3.2         120           00:00:22
Distance: (default is 120)

Routing Protocol is "ospf 10"
    Outgoing update filter list for all interfaces is not set
    Incoming update filter list for all interfaces is not set
    Router ID 10.1.5.1
    Number of areas in this router is 1. 1 normal 0 stub 0 nssa
    Maximum path: 4
    Routing for Networks:
        10.1.1.1 0.0.0.0 area 0
        10.1.2.1 0.0.0.0 area 0
        10.1.3.1 0.0.0.0 area 0
        10.1.4.1 0.0.0.0 area 0
        10.1.5.1 0.0.0.0 area 0
    Routing Information Sources:
        Gateway          Distance      Last Update
        10.1.5.1         110           00:07:48
        172.16.10.1      110           00:14:49
        172.16.20.1      110           00:14:20
        192.168.10.1     110           00:07:49
        192.168.20.1     110           00:07:50
    Distance: (default is 110)
Head#
```

在路由器 Head 上运行的路由协议有 RIP、OSPF 和 EIGRP。关于 RIP 和 OSPF 的输出内容在前面章节已经分析过。关于 EIGRP 路由协议的运行,显示信息有 ASN=64、度量值计算 K1=K3=1,K2=K4=K5=0、最大跳计数为 100、variance 取值等于 1(只允许等代价负载均衡)、路由自动汇总有效、最多 4 条路径参与负载均衡、发布的网络是 10.0.0.0、可获取路由信息的邻居有 4 个、内部路由的管理距离为 90、外部路由的管理距离为 170。

4.9 EIGRP 调试

有两个 debug 命令可以对 EIGRP 进行调试:
> debug eigrp fsm:输出 EIGRP 可行后继的活动。fsm 是 finite state machine,DUAL 算法使用一个有限状态自动机(FSM)来描述 EIGRP 的路由计算过程,保证 DUAL 算法可以收敛。
> debug eigrp packets:显示收发 Hello 数据包的情况。

下面在路由器 Head 上运行 debug eigrp packets:

```
Head#debug eigrp ?
  fsm    EIGRP Dual Finite State Machine events/actions
  packets  EIGRP packets
Head#debug eigrp packets
EIGRP Packets debugging is on
    (UPDATE, REQUEST, QUERY, REPLY, HELLO, ACK )
EIGRP: Sending HELLO on Serial1/1
    AS 64, Flags 0x0, Seq 45/0 idbQ 0/0 iidbQ un/rely 0/0
EIGRP: Sending HELLO on FastEthernet0/0
    AS 64, Flags 0x0, Seq 45/0 idbQ 0/0 iidbQ un/rely 0/0
EIGRP: Received HELLO on Serial1/0 nbr 10.1.1.2
    AS 64, Flags 0x0, Seq 24/0 idbQ 0/0
EIGRP: Sending HELLO on FastEthernet0/1
    AS 64, Flags 0x0, Seq 45/0 idbQ 0/0 iidbQ un/rely 0/0
EIGRP: Received HELLO on Serial1/1 nbr 10.1.2.2
    AS 64, Flags 0x0, Seq 24/0 idbQ 0/0
EIGRP: Sending HELLO on Serial1/2
    AS 64, Flags 0x0, Seq 45/0 idbQ 0/0 iidbQ un/rely 0/0
EIGRP: Received HELLO on Serial1/2 nbr 10.1.3.2
    AS 64, Flags 0x0, Seq 53/0 idbQ 0/0
EIGRP: Received HELLO on FastEthernet0/0 nbr 10.1.4.2
    AS 64, Flags 0x0, Seq 21/0 idbQ 0/0
EIGRP: Sending HELLO on Serial1/0
    AS 64, Flags 0x0, Seq 45/0 idbQ 0/0 iidbQ un/rely 0/0
[cut]
```

因为 Hello 数据包每 5 秒要发送一次,且路由器 Head 有 4 条链路与邻居相连,所以,输出的信息非常多，都是每个接口上 Hello 数据包的收发。

在网络已经收敛的情况下，打开 debug eigrp fsm 并没有相关信息显示，因为路由的计算已经完成。但是，当重启路由器 Head 的邻居 Router0，就能看到重新计算路由的信息。以下是显示的部分信息：

```
Head#debug eigrp fsm
EIGRP FSM Events/Actions debugging is on
DUAL: rcvupdate: 10.1.2.0/24 via 10.1.3.2 metric 21536000/21024000
DUAL: Find FS for dest: 10.1.2.0/24. FD is 20512000, RD is 0
DUAL: rcvupdate: 10.1.2.0/24 via 10.1.3.2 metric 4294967295/4294967295
DUAL: Find FS for dest: 10.1.2.0/24. FD is 20512000, RD is 0
DUAL: rcvupdate: 10.1.1.0/24 via 10.1.3.2 metric 21505280/20993280
DUAL: Find FS for dest: 10.1.1.0/24. FD is 20512000, RD is 0
DUAL: rcvupdate: 10.1.1.0/24 via 10.1.3.2 metric 21536000/21024000
DUAL: Find FS for dest: 10.1.1.0/24. FD is 20512000, RD is 0
DUAL: rcvupdate: 10.1.1.0/24 via 10.1.3.2 metric 4294967295/4294967295
DUAL: Find FS for dest: 10.1.1.0/24. FD is 20512000, RD is 0
DUAL: rcvupdate: 10.1.2.0/24 via 10.1.3.2 metric 21505280/20993280
DUAL: Find FS for dest: 10.1.2.0/24. FD is 20512000, RD is 0
DUAL: rcvupdate: 10.1.2.0/24 via 10.1.3.2 metric 21536000/21024000
DUAL: Find FS for dest: 10.1.2.0/24. FD is 20512000, RD is 0
DUAL: rcvupdate: 10.1.2.0/24 via 10.1.3.2 metric 4294967295/4294967295
DUAL: Find FS for dest: 10.1.2.0/24. FD is 20512000, RD is 0
[cut]
```

4.10 路由汇总

配置 OSPF 区域间路由汇总如下：

OSPF 不执行自动汇总，但可以实施手动汇总，将多区域 OSPF 网络汇总到区域 0。例如，图 4-3 所示的网络，其中 Router1、Router2、Router3 属于区域 1，Router4 属于区域 0，Router0 是区域边界路由器，通过 Fa0/0 接口与 Router4 互连。在 Router0 可以将区域 1 中的 3 个网络汇总到区域 0。

Router0 上的配置如下：

```
Router0(config)#router ospf 100
Router0(config-router)#network 172.16.32.0 0.0.7.255 area 1
Router0(config-router)#network 172.16.40.0 0.0.7.255 area 1
Router0(config-router)#network 172.16.48.0 0.0.7.255 area 1
Router0(config-router)#network 10.1.1.0 0.0.0.255 area 0
Router0(config-router)#area 1 range 172.16.32.0 255.255.224.0
```

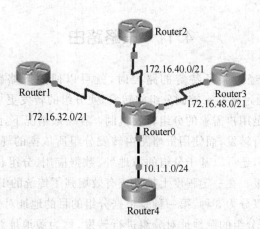

图 4-3　路由汇总举例

这样区域 1 中 3 个网络的路由被汇总到了区域 0,表现为一个路由项:172.16.32.0/19。

在自治系统边界路由器 ASBR 上,OSPF 还可以进行外部路由汇总,详细操作请参考相关文献。

使用 EIGRP 也可以将 3 个网络 172.16.32.0/21、172.16.40.0/21 和 172.16.48.0/21 手动汇总后,从 Router0 的接口 Fa0/0 通告出去。因为 EIGRP 会进行自动汇总,所以需要关闭自动汇总功能。

路由器 Router0 上的配置如下:

Router0(config)#router eigrp 100

Router0(config-router)#network 172.16.0.0

Router0(config-router)#network 10.0.0.0

Router0(config-router)#no auto-summary

Router0(config-router)#int fa0/0

Router0(config-if)#ip summary-address eigrp 100 172.16.32.0 255.255.224.0

Router0(config-if)#end

Router0#

在路由器 Router0 的路由表中可以看到一条 EIGRP 汇总路由:

Router0#sh ip route

  10.0.0.0/24 is subnetted, 1 subnets

C 10.1.1.0 is directly connected, FastEthernet0/0

  172.16.0.0/16 is variably subnetted, 4 subnets, 2 masks

D 172.16.32.0/19 is a summary, 00:00:09, Null0

C 172.16.32.0/21 is directly connected, Serial1/0

C 172.16.40.0/21 is directly connected, Serial1/1

C 172.16.48.0/21 is directly connected, Serial1/2

4.11 策略路由

当用户希望数据流经过某条特定的路径时,就可以使用策略路由。策略路由(policy based routing,PBR)是通过策略来控制分组的转发,使分组的转发更加灵活,是一种比依据目的网络进行路由更能满足用户需求的分组转发机制。在一般情况下,路由器转发 IP 分组都是根据分组的目的地址进行转发,而使用策略路由转发分组所依据的规则更加丰富。除可以基于 IP 分组的目的地址外,还可以基于分组的源地址、数据应用、分组长度等对分组进行转发,还可以设置分组的优先级。在一定程度上扩展或有效增强了传统的 IP 路由机制。

转发分组的策略可以分为 3 种:第一种是根据分组的目的地址对分组进行转发,称为目的地址路由;第二种是根据分组的源地址对分组进行转发,称为源地址路由;第三种称为智能均衡策略,对分组进行自动识别并采取相应的路由策略,可以根据数据包的应用不同而使用不同的链路如根据 IP 分组的长度选择路由,实现高效的负载均衡。

使用策略路由类似于使用访问控制列表,首先定义路由映射(route-map),有的文献称之为路由图,然后将定义好的 route-map 应用到某个接口上。不过,不像访问控制列表有入站(in)和出站(out)两个方向,策略路由一般只针对进入接口的数据分组进行操作,且对路由器本身产生的数据流不使用策略路由。如果需要对路由器本身产生的数据流也使用策略路由,需在全局配置模式下执行命令:Router(config)#ip local policy route-map <route-map-id>。

可见,使用策略路由的关键之处在于定义好 route-map,一个 route-map 可以由多个策略组成,而且策略按序号大小排列,只要有符合的策略,就执行相应的操作并退出 route-map 的执行,这一点也跟访问控制列表类似。要定义 route-map,需要执行如下命令进入 route-map 配置模式:

Router(config)#route-map <route-map-id> [permit|deny] <sequence-number>
Route(config-route-map)#

接着在 route-map 配置模式下定义匹配规则,只有符合规则的数据分组才会使用策略路由,如果匹配规则没有配置,则认为所有的数据分组都符合规则。定义规则的时候需要用到标准的访问控制列表,以指定 IP 地址范围,这也是访问控制列表的重要用途之一。例如:

match ip address <access-list-number>匹配访问控制列表中的地址
match length <min-length max-length>匹配数据分组的长度范围

有了规则,路由器就根据是否满足定义的规则对数据分组进行操作,包括设置分组转发的下一跳、设置 IP 分组的优先级等。例如:

set ip next-hop <ip address>设置下一跳 IP 地址
set ip default next-hop <ip address>设置下一跳 IP 地址
set interface <int-type int-num>设置输出接口
set default interface <int-type int-num>设置输出接口

可以在路由器上直接用"?"查看能够支持的操作:

Router(config-route-map)#set ip ?
  address   Specify IP address

```
    default       Set default information
    df            Set DF bit
    global        global routing table
    next-hop      Next hop address
    precedence    Set precedence field
    qos-group     Set QOS Group ID
    tos           Set type of service field
    vrf           VRF name
Router(config-route-map)#set ip precedence ?
<0-7> Precedence value
    critical        Set critical precedence (5)
    flash           Set flash precedence (3)
    flash-override  Set flash override precedence (4)
    immediate       Set immediate precedence (2)
    internet        Set internetwork control precedence (6)
    network         Set network control precedence (7)
    priority        Set priority precedence (1)
    routine         Set routine precedence (0)
```

set ip next-hop 和 set ip default next-hop 区别在于，set ip next-hop 指示路由器首先使用策略路由，如果没有符合规则的策略路由，则再查找路由表中的路由对数据分组进行转发。set ip default next-hop 是指示路由器首先查找路由表，若路由表中没有合适的路由，则使用策略路由进行分组转发。分组优先级的设置与路由器是否启用了队列机制有关，如果路由器启用了队列机制，优先级高的分组会得到优先处理，以保证其 QoS。如果路由器没有启用队列机制，则所有分组的处理相同，优先级不起作用，都是按先进先出(FIFO)的方式进行处理。

route-map 定义完成以后，就可以将其应用到指定的接口，命令如下：

```
Router(config-if)#ip policy route-map <route-map-id>
```

下面以基于源地址的策略路由为例说明策略路由的配置。构建如图 4-4 所示的网络，包括 5 个路由器 R1、R2、R3、R4 和 R5，两台交换机 SW1 和 SW2，以及 5 台主机 PC-1、PC-2、PC-3、PC-4 和 PC-5。图中已经标明每个网段的网络地址，PC-1 和 PC-2 属于同一个网络，IP 地址分别为 192.168.1.2、192.168.1.3，网关地址为 192.168.1.1；PC-3 和 PC-4 属于同一个网络，IP 地址分别为 192.168.2.2、192.168.2.3，网关地址为 192.168.2.1；主机 PC-5 的 IP 地址为 172.16.30.2。路由器 R3 的接口 f0/1 与 R2 相连，路由策略将应用在该接口上。

首先，在 5 个路由器上配置 OSPF，检测从网络 192.168.1.0/24 和 192.168.2.0/24 分别发送分组到达 PC-5 的路径。这里 OSPF 的配置过程省略，配置完成后，可以查看路由器 R3 的路由表。

```
R3#sh ip route
Codes: C - connected, S - static, R - RIP, M - mobile, B - BGP
       D - EIGRP, EX - EIGRP external, O - OSPF, IA - OSPF inter area
       N1 - OSPF NSSA external type 1, N2 - OSPF NSSA external type 2
```

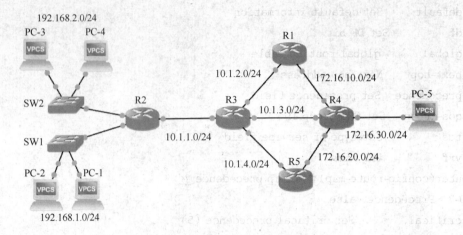

图 4-4 策略路由网络拓扑

```
E1 - OSPF external type 1, E2 - OSPF external type 2
i - IS-IS, su - IS-IS summary, L1 - IS-IS level-1, L2 - IS-IS level-2
ia - IS-IS inter area, * - candidate default, U - per-user static route
o - ODR, P - periodic downloaded static route

Gateway of last resort is not set

    172.16.0.0/24 is subnetted, 3 subnets
O      172.16.30.0 [110/11] via 10.1.3.2, 00:14:39, FastEthernet1/0
O      172.16.20.0 [110/11] via 10.1.4.2, 00:19:16, FastEthernet1/1
                   [110/11] via 10.1.3.2, 00:20:55, FastEthernet1/0
O      172.16.10.0 [110/11] via 10.1.3.2, 00:20:55, FastEthernet1/0
                   [110/11] via 10.1.2.1, 00:22:35, FastEthernet0/0
    10.0.0.0/24 is subnetted, 4 subnets
C      10.1.3.0 is directly connected, FastEthernet1/0
C      10.1.2.0 is directly connected, FastEthernet0/0
C      10.1.1.0 is directly connected, FastEthernet0/1
C      10.1.4.0 is directly connected, FastEthernet1/1
O   192.168.1.0/24 [110/11] via 10.1.1.1, 00:25:07, FastEthernet0/1
O   192.168.2.0/24 [110/11] via 10.1.1.1, 00:25:07, FastEthernet0/1
R3#
```

R3 的路由表中有 4 条直连路由,通过 OSPF 学到了到达 5 个网络的路由,可以看出,路由器 R3 已经获取到全网所有 9 个网络的路由。下面分别测试一下 PC-1、PC-2 到达 PC-5 的路由:

```
PC-1 > ping 172.16.30.2

84 bytes from 172.16.30.2 icmp_seq = 1 ttl = 61 time = 58.223 ms
84 bytes from 172.16.30.2 icmp_seq = 2 ttl = 61 time = 39.361 ms
84 bytes from 172.16.30.2 icmp_seq = 3 ttl = 61 time = 38.602 ms
84 bytes from 172.16.30.2 icmp_seq = 4 ttl = 61 time = 35.871 ms
```

84 bytes from 172.16.30.2 icmp_seq = 5 ttl = 61 time = 36.226 ms

PC-1 > trace 172.16.30.2
trace to 172.16.30.2, 8 hops max, press Ctrl + C to stop
1   192.168.1.1   4.845 ms   9.265 ms   9.777 ms
2   10.1.1.2   19.887 ms   30.988 ms   30.257 ms
3   10.1.3.2   50.570 ms   50.850 ms   50.022 ms
4   *172.16.30.2   51.052 ms (ICMP type:3, code:3, Destination port unreachable)

PC-3 > ping 172.16.30.2
84 bytes from 172.16.30.2 icmp_seq = 1 ttl = 61 time = 40.688 ms
84 bytes from 172.16.30.2 icmp_seq = 2 ttl = 61 time = 61.630 ms
84 bytes from 172.16.30.2 icmp_seq = 3 ttl = 61 time = 39.038 ms
84 bytes from 172.16.30.2 icmp_seq = 4 ttl = 61 time = 39.597 ms
84 bytes from 172.16.30.2 icmp_seq = 5 ttl = 61 time = 54.798 ms

PC-3 > trace 172.16.30.2
trace to 172.16.30.2, 8 hops max, press Ctrl + C to stop
1   192.168.2.1   11.618 ms   9.392 ms   8.704 ms
2   10.1.1.2   20.297 ms   19.536 ms   19.755 ms
3   10.1.3.2   30.133 ms   30.249 ms   30.072 ms
4   *172.16.30.2   40.437 ms (ICMP type:3, code:3, Destination port unreachable)

主机 PC-1 和 PC-3 代表了两个不同的网络，从测试结果来看，从两个主机发出的分组到达 PC-5 经过的路由是一样的，都是 R2--> R3--> R4--> PC-5。

下面在路由器 R3 上使用策略改变从网络 192.168.1.0/24 和 192.168.2.0/24 到达 PC-5 的路由，从网络 192.168.1.0/24 发出分组经过 R2、R3、R1、R4 到达 PC-5，从网络 192.168.2.0/24 发出分组经过 R2、R3、R5、R4 到达 PC-5。

在路由器 R3 上的配置如下：

R3(config)#access-list 1 permit 192.168.1.0 0.0.0.255

R3(config)#access-list 2 permit 192.168.2.0 0.0.0.255

R3(config)#route-map to-R1-R5 permit 10

R3(config-route-map)#match ip address 1

R3(config-route-map)#set ip next-hop 10.1.2.1

R3(config-route-map)#route-map to-R1-R5 permit 20

R3(config-route-map)#match ip address 2

R3(config-route-map)#set ip next-hop 10.1.4.2

R3(config-route-map)#route-map to-R1-R5 permit 30

R3(config-route-map)#set interface null 0

% Warning:Use P2P interface for routemap set

```
                        interface clause
R3(config-route-map)# int null 0
R3(config-if)# no ip unreachable
R3(config-if)# int f0/1
R3(config-if)# ip policy route-map to-R1-R5
R3(config-if)# end
R3(config-if)#
```

首先使用标准的访问控制列表指定发出分组的两个网络,然后定义 route-map,其 id 为 to-R1-R5。第一条策略序号为 10,允许当 IP 地址为访问控制列表 1 中标记的地址,下一跳地址设置为 10.1.2.1,即 R1 的接口地址。第二条策略序号为 20,允许当 IP 地址为访问控制列表 2 中标记的地址,下一跳地址设置为 10.1.4.2,即 R5 的接口地址。第三条策略序号为 30,其他所有流量都会被发送到逻辑接口 null 0,发送到接口 null 0 的数据包都会被丢弃。命令 no ip unreachable 表示不要发送 ICMP 不可达信息,避免因为丢弃大量的 IP 分组而导致很多 ICMP 不可达消息返回。最后,将定义好的 route-map to-R1-R5 应用到 R3 的接口 f0/1。

下面测试一下 PC-2 和 PC-4 到达 PC-5 的数据流情况:

```
PC-2> ping 172.16.30.2
84 bytes from 172.16.30.2 icmp_seq=1 ttl=61 time=46.489 ms
84 bytes from 172.16.30.2 icmp_seq=2 ttl=61 time=44.323 ms
84 bytes from 172.16.30.2 icmp_seq=3 ttl=61 time=47.425 ms
84 bytes from 172.16.30.2 icmp_seq=4 ttl=61 time=53.183 ms
84 bytes from 172.16.30.2 icmp_seq=5 ttl=61 time=57.321 ms


PC-2> trace 172.16.30.2
trace to 172.16.30.2, 8 hops max, press Ctrl+C to stop
1   192.168.1.1   9.336 ms   9.441 ms   8.131 ms
2   10.1.1.2   19.753 ms   19.205 ms   19.388 ms
3   10.1.2.1   29.082 ms   29.702 ms   29.605 ms
4   172.16.10.2   39.927 ms   40.522 ms   40.249 ms
5   *172.16.30.2   49.915 ms (ICMP type:3, code:3, Destination port unreachable)


PC-4> ping 172.16.30.2
84 bytes from 172.16.30.2 icmp_seq=1 ttl=61 time=51.831 ms
84 bytes from 172.16.30.2 icmp_seq=2 ttl=61 time=49.243 ms
84 bytes from 172.16.30.2 icmp_seq=3 ttl=61 time=49.712 ms
84 bytes from 172.16.30.2 icmp_seq=4 ttl=61 time=66.074 ms
84 bytes from 172.16.30.2 icmp_seq=5 ttl=61 time=50.084 ms


PC-4> trace 172.16.30.2
trace to 172.16.30.2, 8 hops max, press Ctrl+C to stop
```

```
1  192.168.2.1    4.562 ms    9.791 ms    8.795 ms
2  10.1.1.2      19.186 ms   19.326 ms   19.162 ms
3  10.1.4.2      50.233 ms   30.320 ms   30.114 ms
4  172.16.20.1   40.523 ms   49.734 ms   39.963 ms
5  * 172.16.30.2  50.902 ms (ICMP type:3, code:3, Destination port unreachable)
```

测试结果显示,从 PC-2 发出的分组到达 PC-5 经过的路由是 R2--> R3--> R1--> R4--> PC-5,从 PC-4 发出的分组经过的路由是 R2--> R3--> R5--> R4--> PC-5,从路由器 R2 ping PC-5 将无法 ping 通,说明策略路由已经发挥作用。

还可以使用 show route-map 查看策略路由的执行情况:

```
R3#sh route-map
route-map to-R1-R5, permit, sequence 10
  Match clauses:
    ip address (access-lists): 1
  Set clauses:
    ip next-hop 10.1.2.1
  Policy routing matches: 46 packets, 4796 bytes
route-map to-R1-R5, permit, sequence 20
  Match clauses:
    ip address (access-lists): 2
  Set clauses:
    ip next-hop 10.1.4.2
  Policy routing matches: 16 packets, 1616 bytes
route-map to-R1-R5, permit, sequence 30
  Match clauses:
  Set clauses:
    interface Null0
  Policy routing matches: 10 packets, 1140 bytes
```

注意区分"策略路由"与"路由策略",二者是不相同的。"路由策略"针对的是路由,对符合条件的路由执行相应的操作,如路由信息的收发、路由选路、环路避免策略等。"策略路由"针对的是数据分组,对符合规则的分组按照策略规定的操作进行处理或转发。另外,策略路由的作用是局部的,是单方向的。例如,从 PC-2、PC-4 到达 PC-5 的数据流由于策略路由的使用经过了不同的路径,但是反过来,从 PC-5 到达 PC-2、PC-4 的数据流并没有通过不同的路径传输,而是使用路由表中的路由,经过的是相同的路径。如下所示:

```
PC-5 > trace 192.168.1.3(PC-2)
trace to 192.168.1.3, 8 hops max, press Ctrl+C to stop
1  172.16.30.1    8.393 ms    9.247 ms    9.214 ms
2  10.1.3.1      29.971 ms   31.386 ms   30.209 ms
3  10.1.1.1      42.526 ms   30.218 ms   30.065 ms
4  * * 192.168.1.3  54.856 ms (ICMP type:3, code:3, Destination port unreachable)
```

```
PC-5 > trace 192.168.2.3(PC-4)
trace to 192.168.2.3, 8 hops max, press Ctrl + C to stop
1    172.16.30.1    4.870 ms   9.365 ms   9.189 ms
2    10.1.3.1       20.221 ms  19.852 ms  19.686 ms
3    10.1.1.1       30.722 ms  30.122 ms  30.659 ms
4    **192.168.2.3  51.114 ms (ICMP type:3, code:3, Destination port unreachable)
```

因此,策略路由改变了路由的对称性,有可能影响某些网络参数的测量。

4.12 路由热备份

热备份路由器协议(hot standby router protocol,HSRP)RFC2281 是思科私有协议,使多台路由器能够互相备份,提高网络的可靠性。多台路由器可以组成一个"热备份组",在逻辑上融为一个整体,形成一个虚拟路由器。在一个"热备份组"中,只有一个路由器负责转发数据分组,这个路由器称为活动路由器(active router),另外有一个路由器称为备份路由器(standby router)。在一个"热备份组"中,最多有一个活动路由器和一个备份路由器。如果活动路由器出现故障,备份路由器将取代原来的活动路由器成为活动路由器,保障主机的数据发送不受影响。不过,对主机来说,路由器之间的切换是透明的,它的分组仍然发送给相同的虚拟路由器,这由配置虚拟的网关 IP 地址实现。事实上,每个"热备份组"就好像一个路由器在工作,或者说是在模拟一个虚拟路由器工作,既有虚拟 IP 地址,也有虚拟 MAC 地址,而且每一个组的虚拟 IP 地址、HSRP 路由器的接口地址以及主机的 IP 地址属于同一个子网内的地址。当有多个"热备份组"存在时,可以考虑将主机分配给不同的"热备份组",即将主机的默认网关地址配置不同"热备份组"的虚拟 IP 地址,这样能起到负载均衡的作用。

在同一个"热备份组"中,可以设置路由器的优先级,路由器的默认优先级是 100,优先级最高的路由器将被选举为活动路由器。如果路由器的优先级相同,则比较两个路由器的 IP 地址,IP 地址大的将成为活动路由器。由于活动路由器出现故障,备份路由器成为活动路由器后,如果"热备份组"中还有其他的路由器,则重新选举出一个备份路由器,确保一个"热备份组"中有一主一备两个路由器。如果没有别的路由器了,则只能有一个活动路由器,而没有备份路由器。优先级高的路由器恢复正常后,活动路由器会切回到这个优先级高的路由器,原来的活动路由器就会转变为备份路由器。

HSRP 路由器之间以多播的方式交换信息,多播地址是 224.0.0.2。交换的信息有以下 3 种:

> Hello 消息:交换 HSRP 优先级和状态信息,默认每 3 秒发送一次。
> Coup 消息:当一个备份路由器转变为活动路由器时会发出一个 Coup 消息。
> Resign 消息:当有优先级更高的路由器发出 Hello 消息或活动路由器出现宕机,活动路由器将发送一个 Resign 消息,准备要其他的路由器来担任活动路由器。

HSRP 路由器有以下 6 种状态:

> Initial:初始状态,HSRP 开始启动。

- Learn：学习状态，等待活动路由器发出 Hello 消息，还不知道虚拟 IP 地址。
- Listen：监听状态，监听从活动路由器和备份路由器发出的 Hello 消息，已经获取虚拟 IP 地址。路由器既不是活动路由器，也不是备份路由器。
- Speak：说话状态，定期发出 Hello 消息，参与活动路由器或备份路由器的竞选。没有被选为活动路由器或备份路由器的路由器将变成 Listen 状态。
- Standby：备份状态，路由器定时发出 Hello 消息，活动路由器出现故障时将替换活动路由器。
- Active：活动状态，路由器承担数据分组的转发，数据分组使用的是"热备份组"的虚拟 MAC 地址。路由器定时发出 Hello 消息。

在配置 HSRP 时还会涉及 HSRP 的两个定时器：Hello 消息间隔和 Hold 时间。Hello 消息间隔是路由器之间交换 Hello 消息的周期，默认是 3 秒。Hold 时间定义的是多长时间没有收到一个路由器发送的消息，就视为该路由器已经失效了，默认是 10 秒。例如，在默认情况下，本来 10 秒之内应该收到活动路由器发出的 Hello 消息，但如果 10 秒之内没有收到活动路由器发来的消息，就认为活动路由器已经失效。由于在局域网内进行设备切换，与生成树协议 STP 的切换时间有关，所以，HSRP 的两个定时器并不是越小越好，需要与 STP 的运行时间协调一致。另外，如果要更改 HSRP 的两个定时器，则属于同一个"热备份组"的所有路由器必须设置相同的时间，而且 Hold 时间至少是 Hello 消息间隔的 3 倍。

在路由器上可以看到 HSRP 需要配置的一些参数：

```
R2(config-if)# standby ?
  <0-255>         group number
  authentication  Authentication
  delay           HSRP initialisation delay
  ip              Enable HSRP and set the virtual IP address
  mac-address     Virtual MAC address
  name            Redundancy name string
  preempt         Overthrow lower priority Active routers
  priority        Priority level
  redirect        Configure sending of ICMP Redirect messages with an HSRP
                  virtual IP address as the gateway IP address
  timers          Hello and hold timers
  track           Priority tracking
  use-bia         HSRP uses interface's burned in address
  version         HSRP version
R2(config-if)# standby
```

参数说明如下：

group number 是组号，组号相同的路由器属于同一个"热备份组"，具有相同的虚拟 IP 地址。组号可以在不同的接口上重复使用，即不同的接口上可以有相同的组号。

authentication 是配置认证密码，可以防止非法设备加入 HSRP 组，同一个组的路由器需要配置相同的密码，不配置密码就表示不需认证。

ip 是设置"热备份组"虚拟 IP 地址,作为主机的网关地址。

mac-address 可以修改虚拟 MAC 地址,系统默认的虚拟 MAC 地址是 0000.0c07.acXX,其中 XX 是 HSRP 的 group number(组号)。

name 可以给"热备份组"配置一个名字,如果不配置,则使用系统自动生成的名字,如 hsrp-Et1/0-1。

preempt 配置竞争成为活动路由器,如果不配置此命令,则无论路由器的优先级有多高,都不会成为活动路由器。

priority 配置路由器的优先级,默认优先级为 100。

timers 设置两个定时器的时间,注意同一个"热备份组"的所有路由器都必须有一致的定时器时间。

track 端口跟踪,监测指定端口是否正常。如果发现指定端口出现问题,路由器就会将自己的优先级降低一个指定的值,让其他优先级更高的路由器成为活动路由器或备份路由器。如果不配置端口跟踪,则有可能某个端口失效已经影响到了分组的转发,但活动路由器却发现不了,因为 Hello 消息的发送和接收并没有受到影响,从而继续向该端口转发分组,势必会造成分组的丢失。所以,配置端口跟踪还是很重要的。

version 配置 HSRP 版本号,HSRP 有 version 1 和 version 2 两个版本,两个版本并不兼容,HSRP 路由器要使用相同的版本。设置版本号的命令是 standby version <1 or 2>,并不是针对某个组进行设置。

HSRP 可以在路由器上配置,也可以在三层交换机上配置,但二者的配置是不同的。下面以图 4-5 所示网络为例说明在路由器上配置 HSRP。

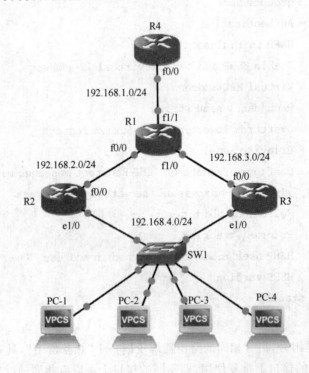

图 4-5 HSRP 网络示意图

网络中有 4 台路由器 R1、R2、R3 和 R4,1 台交换机 SW1,4 台主机 PC-1、PC-2、PC-3 和

PC-4，总共有 4 个网段，图中已表明每个网段的位置。要求在路由器 R2 和 R3 为 4 台主机到路由器 R4 的路由作 HSRP。

路由器 R4 的配置如下：

R4(config)#int f0/0
R4(config-if)#ip address 192.168.1.1 255.255.255.0
R4(config-if)#no shutdown
R4(config-if)#end
R4(config)#ip route 0.0.0.0 0.0.0.0 192.168.1.2
R4(config)#wri

路由器 R1 的配置如下：

R1(config)#int f1/1
R1(config-if)#ip address 192.168.1.2 255.255.255.0
R1(config-if)#no shutdown
R1(config-if)#int f0/0
R1(config-if)#ip address 192.168.2.1 255.255.255.0
R1(config-if)#no shutdown
R1(config-if)#int f1/0
R1(config-if)#ip address 192.168.3.1 255.255.255.0
R1(config-if)#no shutdown
R1(config-if)#exit
R1(config)#router rip
R1(config-router)#network 192.168.1.0
R1(config-router)#network 192.168.2.0
R1(config-router)#network 192.168.3.0
R1(config-router)#end
R1#wri

路由器 R2 的配置如下：

R2(config)#int f0/0
R2(config-if)#ip address 192.168.2.2 255.255.255.0
R2(config-if)#no shutdown
R2(config-if)#int e1/0
R2(config-if)#ip address 192.168.4.1 255.255.255.0
R2(config-if)#no shutdown
R2(config-if)#exit
R2(config)#router rip
R2(config-router)#network 192.168.2.0
R2(config-router)#network 192.168.4.0
R2(config-router)#passive-interface e1/0

```
R2(config)# int e1/0
R2(config-if)# standby 1 ip 192.168.4.254
R2(config-if)# standby 1 priority 110
R2(config-if)# standby 1 preempt
R2(config-if)# standby 1 timers 3 10
R2(config-if)# standby 1 authentication md5 key-string 123456
R2(config-if)# standby 1 track f0/0 20
R2(config-if)# end
R2# wri
```

路由器 R3 的配置如下：

```
R3(config)# int f0/0
R3(config-if)# ip address 192.168.3.2 255.255.255.0
R3(config-if)# no shutdown
R3(config-if)# int e1/0
R3(config-if)# ip address 192.168.4.2 255.255.255.0
R3(config-if)# no shutdown
R3(config-if)# exit
R3(config)# router rip
R3(config-router)# network 192.168.3.0
R3(config-router)# network 192.168.4.0
R3(config-router)# passive-interface e1/0
R3(config)# int e1/0
R3(config-if)# standby 1 ip 192.168.4.254
R3(config-if)# standby 1 preempt
R3(config-if)# standby 1 timers 3 10
R3(config-if)# standby 1 authentication md5 key-string 123456
R3(config-if)# standby 1 track f0/0 20
R3(config-if)# end
R3# wri
```

4 台主机的 IP 地址分别为 192.168.4.3 至 192.168.4.6，子网掩码为 255.2555.255.0，默认网关都配置 HSRP 路由器的虚拟 IP 地址 192.168.4.254。

这里在路由器 R2 和 R3 的以太网接口 e1/0 上配置了一个"热备份组"，group number 为 1。由于 R2 上配置的优先级为 110，高于 R3 的默认优先级 100，所以 R2 是活动路由器，R3 是备份路由器，可以通过 tracert 主机到路由器 R4 的路由来验证一下是否如此。

```
PC-1> trace 192.168.1.1
trace to 192.168.1.1, 8 hops max, press Ctrl + C to stop
1    192.168.4.1    10.974 ms    9.997 ms    41.867 ms
2    192.168.2.1    64.826 ms    30.003 ms    29.839 ms
3   *192.168.1.1    85.771 ms (ICMP type:3, code:3, Destination port unreachable)
```

```
PC-4 > trace 192.168.1.1
trace to 192.168.1.1, 8 hops max, press Ctrl + C to stop
1    192.168.4.1    7.065 ms    3.994 ms    8.971 ms
2    192.168.2.1    63.366 ms   30.961 ms   30.973 ms
3    *192.168.1.1   52.832 ms (ICMP type:3, code:3, Destination port unreachable)
```

可以看出,从 PC-1、PC-4 到达路由器 R4 的路由都是经过路由器 R2。也可以在路由器 R2 上查看一下 HSRP 的运行情况:

```
R2#sh standby
Ethernet1/0 - Group 1
  State is Active
    2 state changes, last state change 00:38:42
  Virtual IP address is 192.168.4.254
  Active virtual MAC address is 0000.0c07.ac01
    Local virtual MAC address is 0000.0c07.ac01 (v1 default)
  Hello time 3 sec, hold time 10 sec
    Next hello sent in 2.624 secs
  Authentication MD5, key-string "123456"
  Preemption enabled
  Active router is local
  Standby router is 192.168.4.2, priority 100 (expires in 6.892 sec)
  Priority 110 (configured 110)
    Track interface FastEthernet0/0 state Up decrement 20
  IP redundancy name is "hsrp-Et1/0-1" (default)
R2#sh standby brief
                     P indicates configured to preempt.
                     |
Interface   Grp Prio P State    Active          Standby         Virtual IP
Et1/0       1   110  P Active   local           192.168.4.2     192.168.4.254
R2#
```

可以看出,R2 处于活动状态,备份路由器是 192.168.4.2,代表的是路由器 R3。虚拟 IP 地址是 192.168.4.254,虚拟 MAC 地址是 0000.0c07.ac01。

现在关闭路由器 R2 的 e1/0 接口,并在路由器 R3 运行命令 debug standby,观察路由器 R2 和 R3 之间的切换过程,并检测 R3 是否成为活动路由器。

关闭 R2 上 e1/0 接口时,路由器 R3 显示的信息如下:

```
R3#debug standby
HSRP debugging is on
R3#
*Mar  1 03:20:17.371: HSRP: Et1/0 Grp 1 Hello   in  192.168.4.1 Active   pri 110
```

vIP 192.168.4.254

　　　*Mar　1 03:20:18.187: HSRP: Et1/0 Grp 1 Hello　　out 192.168.4.2 Standby pri 100
vIP 192.168.4.254

　　　*Mar　1 03:20:18.259: HSRP: Et1/0 Grp 1 Resign in　192.168.4.1 Active　 pri 110
vIP 192.168.4.254

　　　*Mar　1 03:20:18.263: HSRP: Et1/0 Grp 1 Standby: i/Resign rcvd (110/192.168.4.1)

　　　*Mar　1 03:20:18.263: HSRP: Et1/0 Grp 1 Active router is local, was 192.168.4.1

　　　*Mar　1 03:20:18.263: HSRP: Et1/0 Grp 1 Standby router is unknown, was local

　　　*Mar　1 03:20:18.263: HSRP: Et1/0 Grp 1 Standby -> Active

　　　*Mar　1 03:20:18.267: %HSRP-5-STATECHANGE: Ethernet1/0 Grp 1 state Standby -> Active

　　　*Mar　1 03:20:18.267: HSRP: Et1/0 Grp 1 Redundancy "hsrp-Et1/0-1" state Standby -> Active

　　　*Mar　1 03:20:18.267: HSRP: Et1/0 Redirect adv out, Active, active 1 passive 1

　　　*Mar　1 03:20:18.267: HSRP: Et1/0 Grp 1 Hello　　out 192.168.4.2 Active　 pri 100
vIP 192.168.4.254

　　　*Mar　1 03:20:18.267: HSRP: Et1/0 REDIRECT adv in, Passive, active 0, passive 1,
from 192.168.4.1

　　　*Mar　1 03:20:18.267: HSRP: Et1/0 Grp 1 Resign in　192.168.4.1 Init　　 pri 110
vIP 192.168.4.254

　　　*Mar　1 03:20:18.267: HSRP: Et1/0 Grp 1 Active: i/Resign rcvd (110/192.168.4.1)

　　　*Mar　1 03:20:18.267: HSRP: Et1/0 Grp 1 Coup　　out 192.168.4.2 Active　 pri 100
vIP 192.168.4.254

　　　*Mar　1 03:20:18.267: HSRP: Et1/0 Grp 1 Hello　　out 192.168.4.2 Active　 pri 100
vIP 192.168.4.254

　　　[cut]

　　从 R3 开始收到来自活动路由器 R2 的 Resign 消息，切换过程就开始了。接下来 R3 就由备份路由器变成了活动路由器，并发出了 Coup 消息。现在再来看一下 PC-1 到路由器 R4 的路由：

　　　PC-1 > trace 192.168.1.1

　　　trace to 192.168.1.1, 8 hops max, press Ctrl+C to stop

　　　1　192.168.4.2　　10.037 ms　 8.893 ms　 9.948 ms

　　　2　192.168.3.1　　31.961 ms　 30.888 ms　29.997 ms

　　　3　*192.168.1.1　　51.783 ms (ICMP type:3, code:3, Destination port unreachable)

　　结果显示 PC-1 是经过路由器 R3 到达路由器 R4，说明 R3 是活动路由器。

　　下面在路由器 R2 和 R3 再增加一个"热备份组"，这次将 R3 的优先级设置高于 R2，让 R3 首先成为活动路由器。虚拟 IP 地址设为 192.168.2.253。

　　路由器 R2 的配置如下：

　　　R2(config)#int e1/0

　　　R2(config-if)#standby 2 ip 192.168.4.253

　　　R2(config-if)#standby 2 preempt

```
R2(config-if)# standby 2 track f0/0 20
R2(config-if)# end
R2# wri
```

路由器 R3 的配置如下：

```
R3(config)# int e1/0
R3(config-if)# standby 2 ip 192.168.4.253
R3(config-if)# standby 2 preempt
R3(config-if)# standby 2 priority 110
R3(config-if)# standby 2 track f0/0 20
R3(config-if)# end
R3# wri
```

现在路由器 R2 和 R3 上已有两个"热备份组"，在路由器 R3 看一下 HSRP 的情况：

```
R3# sh standby brief
               P indicates configured to preempt.
               |
Interface   Grp Prio P State   Active        Standby        Virtual IP
Et1/0       1   100  P Standby 192.168.4.1   local          192.168.4.254
Et1/0       2   110  P Active  local         192.168.4.1    192.168.4.253
R3#
```

输出显示，在路由器 R3 的 e1/0 接口上，R3 在组 1 中的优先级是 100，状态是备份路由器，虚拟 IP 地址是 192.168.4.254。R3 在组 2 中的优先级是 110，状态是活动路由器，虚拟 IP 地址是 192.168.4.253。

为了达到负载均衡，现在将 4 台主机分配的不同的"热备份组"中，PC-1 和 PC-2 分配到组 1，它们的默认网关配置为 192.168.4.254。PC-3 和 PC-4 分配到组 2，它们的默认网关配置为 192.168.4.253。现在来 trace 一下 PC-1、PC-3 到达路由器 R4 的路由：

```
PC-1 > trace 192.168.1.1
trace to 192.168.1.1, 8 hops max, press Ctrl + C to stop
 1   192.168.4.1   8.045 ms   41.890 ms   30.992 ms
 2   192.168.2.1   61.757 ms  30.922 ms   29.913 ms
 3   *192.168.1.1  52.057 ms (ICMP type:3, code:3, Destination port unreachable)


PC-3 > trace 192.168.1.1
trace to 192.168.1.1, 8 hops max, press Ctrl + C to stop
 1   192.168.4.2   8.956 ms   41.888 ms   20.868 ms
 2   192.168.3.1   30.880 ms  30.922 ms   30.917 ms
 3   *192.168.1.1  53.851 ms (ICMP type:3, code:3, Destination port unreachable)
```

结果显示，PC-1 到达 R4 经过的是 R2，PC-3 到达 R4 经过的是 R3，说明负载已由 R2 和 R3 分担。如果路由器 R2 和 R3 中有一个路由器出现故障，则两个"热备份组"的负载将只能由一个路由器来承担。

如果在三层交换机上配置 HSRP，需要在三层交换机上划分虚拟局域网（VLAN）。VLAN 是三层交换机的逻辑接口，HSRP 将配置在 VLAN 上。如果"热备份组"中，既有三层交换机，又有路由器，则需要在路由器接口上划分子接口，HSRP 将配置在所划分的子接口上。下面将图 4-5 中的路由器 R2 更换成三层交换机 L3-SW 并进行 HSRP 配置，如图 4-6 所示。

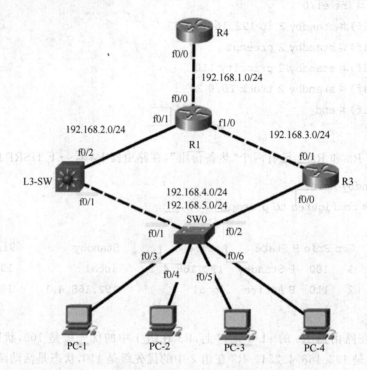

图 4-6 三层交换机配置 HSRP

计划在三层交换机 L3-SW 和路由器 R3 之间建立两个"热备份组"，需要在交换机 SW0 和三层交换机 L3-SW 上创建两个 VLAN，设为 VLAN 10 和 VLAN 20，VLAN 10 使用的 IP 地址是 192.168.4.0/24，VLAN 20 使用的 IP 地址是 192.168.5.0/24。对于路由器 R3，其接口 f0/0 需要划分出两个子接口，设为 f0/0.10 和 f0/0.20，分别属于 VLAN 10 和 VLAN 20。4 台主机中，PC-1 和 PC-2 属于 VLAN 10，PC-3 和 PC-4 属于 VLAN 20。

路由器 R4 的配置如下：

R4(config)#int f0/0
R4(config-if)#ip address 192.168.1.1 255.255.255.0
R4(config-if)#no shutdown
R4(config-if)#exit
R4(config)#ip route 0.0.0.0 0.0.0.0 192.168.1.2
R4(config)#end
R4#wri

路由器 R1 的配置如下：

R1(config)#int f0/0

```
R1(config-if)#ip address 192.168.1.2 255.255.255.0
R1(config-if)#no shutdown
R1(config)#int f0/1
R1(config-if)#ip address 192.168.2.1 255.255.255.0
R1(config-if)#no shutdown
R1(config)#int f1/0
R1(config-if)#ip address 192.168.3.1 255.255.255.0
R1(config-if)#no shutdown
R1(config-if)#router rip
R1(config-router)#network 192.168.1.0
R1(config-router)#network 192.168.2.0
R1(config-router)#network 192.168.3.0
R1(config-router)#end
R1#wri
```

三层交换机 LS-SW 的配置如下：

```
L3-SW(config)#vlan 10
L3-SW(config-vlan)#vlan 20
L3-SW(config-vlan)#int vlan 10
L3-SW(config-if)#ip address 192.168.4.1 255.255.255.0
L3-SW(config-if)#no shu
L3-SW(config-if)#int vlan 20
L3-SW(config-if)#ip address 192.168.5.1 255.255.255.0
L3-SW(config-if)#no shu
L3-SW(config-if)#int f0/2
L3-SW(config-if)#switchport access vlan 1
L3-SW(config-if)#int vlan 1
L3-SW(config-if)#ip address 192.168.2.2 255.255.255.0
L3-SW(config-if)#no shu
L3-SW(config-if)#int f0/1
L3-SW(config-if)#switchport mode trunk
L3-SW(config)#ip routing
L3-SW(config)#router rip
L3-SW(config-router)#network 192.168.2.0
L3-SW(config-router)#network 192.168.4.0
L3-SW(config-router)#network 192.168.5.0
L3-SW(config-router)#passive-interface f0/1
L3-SW(config-router)#exit
L3-SW(config)#int vlan 10
L3-SW(config-if)#standby 1 version 1
```

L3-SW(config-if)#standby 1 ip 192.168.4.254
L3-SW(config-if)#standby 1 preempt
L3-SW(config-if)#standby 1 priority 110
L3-SW(config-if)#standby 1 track f0/2
L3-SW(config-if)#int vlan 20
L3-SW(config-if)#standby 2 version 1
L3-SW(config-if)#standby 2 ip 192.168.5.254
L3-SW(config-if)#standby 2 preempt
L3-SW(config-if)#standby 2 track f0/2
L3-SW(config-if)#end
L3-SW#wri

在 L3-SW 上的 VLAN 下配置 HSRP 时，由于路由器 R3 的子接口只能支持 version 1 的 HSRP，所以在这里需要配置 version 1，必须保持二者的版本一致。如果不进行配置，则默认会选择 version 2。version 最好在最前面指定，否则有可能指定无效，因为系统已经选择了较高的 version。

交换机 SW0 的配置如下：

SW0(config)#int f0/1
SW0(config-if)#switchport mode trunk
SW0(config-if)#int f0/2
SW0(config-if)#switchport mode trunk
SW0(config-if)#exit
SW0(config)#vlan 10
SW0(config-vlan)#vlan 20
SW0(config-vlan)#int f0/3
SW0(config-if)#switchport access vlan 10
SW0(config-if)#int f0/4
SW0(config-if)#switchport access vlan 10
SW0(config-if)#int range f0/5-6
SW0(config-if-range)#switchport access vlan 20
SW0(config-if-range)#end
SW0#wri

这里用到了 int range 命令，可以一次指定多个接口。

路由器 R3 的配置如下：

R3(config)#int f0/1
R3(config-if)#ip address 192.168.3.2 255.255.255.0
R3(config-if)#no shut
R3(config-if)#int f0/0.10
R3(config-subif)#encapsulation dot1q 10
R3(config-subif)#ip addr 192.168.4.2 255.255.255.0

```
R3(config-subif)#no shut
R3(config-subif)#int f0/0.20
R3(config-subif)#encapsulation dot1q 20
R3(config-subif)#ip addr 192.168.5.2 255.255.255.0
R3(config-subif)#no shut
R3(config-subif)#router rip
R3(config-router)#network 192.168.3.0
R3(config-router)#network 192.168.4.0
R3(config-router)#network 192.168.5.0
R3(config-router)#passive-interface f0/0
R3(config-router)#exit
R3(config)#int f0/0.10
R3(config-subif)#standby 1 ip 192.168.4.254
R3(config-subif)#standby 1 preempt
R3(config-subif)#standby 1 track f1/0
R3(config-subif)#int f0/0.20
R3(config-subif)#standby 2 ip 192.168.5.254
R3(config-subif)#standby 2 preempt
R3(config-subif)#standby 2 priority 110
R3(config-subif)#standby 2 track f1/0
R3(config-subif)#end
R3#wri
```

4台主机的IP地址和网关配置如下：

PC-1：192.168.4.3/24 192.168.4.254

PC-2：192.168.4.4/24 192.168.4.254

PC-3：192.168.5.3/24 192.168.5.254

PC-4：192.168.5.4/24 192.168.5.254

配置完成后，可以在L3-SW和R3查看HSRP的运行情况：

```
L3-SW#sh standby brief
                 P indicates configured to preempt.
                 |
Interface  Grp  PriP  State    Active       Standby      Virtual IP
Vl10       1    110P  Active   local        192.168.4.2  192.168.4.254
Vl20       2    100P  Standby  192.168.5.2  local        192.168.5.254
L3-SW#

R3#sh standby brief
                 P indicates configured to preempt.
```

```
Interface Grp Pri P State    Active        Standby       Virtual IP
   Fa     1  100 P Standby   192.168.4.1   local         192.168.4.254
   Fa     2  110 P Active    local         192.168.5.1   192.168.5.254
R3#
```

对组1,L3-SW是active,R3是standby。对组2,L3-SW是standby,R3是active。
接下来,可以检测一下4台主机到达路由器R4的路由:

PC-1 > tracert 192.168.1.1
Tracing route to 192.168.1.1 over a maximum of 30 hops:
1 1 ms 0 ms 0 ms 192.168.4.1
2 0 ms 0 ms 0 ms 192.168.2.1
3 0 ms 0 ms 0 ms 192.168.1.1
Trace complete.

PC-2 > tracert 192.168.1.1
Tracing route to 192.168.1.1 over a maximum of 30 hops:
1 0 ms 1 ms 1 ms 192.168.4.1
2 0 ms 1 ms 1 ms 192.168.2.1
3 0 ms 0 ms 0 ms 192.168.1.1
Trace complete.

PC-3 > tracert 192.168.1.1
Tracing route to 192.168.1.1 over a maximum of 30 hops:
1 1 ms 0 ms 0 ms 192.168.5.2
2 0 ms 1 ms 0 ms 192.168.3.1
3 0 ms 1 ms 0 ms 192.168.1.1
Trace complete.

PC-4 > tracert 192.168.1.1
Tracing route to 192.168.1.1 over a maximum of 30 hops:
1 0 ms 0 ms 0 ms 192.168.5.2
2 0 ms 0 ms 0 ms 192.168.3.1
3 0 ms 0 ms 0 ms 192.168.1.1
Trace complete.

可以看出,PC-1和PC-2是经过L3-SW、R1到达R4,PC-3和PC-4是经过R3、R1到达R4。因为PC-1、PC-2属于VLAN 10,对应组1,active设备是L3-SW。PC-3、PC-4属于VLAN 20,对应组2,active设备是R3。主机这样分布也有利于设备之间的负载均衡。

在上述配置中,一个 VLAN 对应一个"热备份组",其实也可以在一个 VLAN 中配置多个"热备份组"。例如,可以在三层交换机 L3-SW 的 VLAN 1 中配置两个"热备份组",这里 L3-SW 与路由器 R1 相连的接口是 f2/0,与以太网交换机 SW0 相连的接口是 f2/1。

三层交换机 L3-SW 的配置如下:

```
L3-SW#vlan database
L3-SW(vlan)#vlan 2
L3-SW(vlan)#exit
L3-SW#conf t
L3-SW(config)#int f2/0
L3-SW(config-if)#switchport access vlan 2
L3-SW(config-if)#int vlan 2
L3-SW(config-if)#ip addr 192.168.2.2 255.255.255.0
L3-SW(config-if)#no shut
L3-SW(config-if)#int f2/1
L3-SW(config-if)#switchport mode trunk
L3-SW(config-if)#int vlan 1
L3-SW(config-if)#ip addr 192.168.4.1 255.255.255.0
L3-SW(config-if)#no shut
L3-SW(config-if)#standby version 2
L3-SW(config-if)#standby 1 ip 192.168.4.254
L3-SW(config-if)#standby 1 preempt
L3-SW(config-if)#standby 1 priority 110
L3-SW(config-if)#standby 1 track vlan 2 20
L3-SW(config-if)#standby 2 ip 192.168.4.253
L3-SW(config-if)#standby 2 preempt
L3-SW(config-if)#standby 2 priority 100
L3-SW(config-if)#standby 2 track vlan 2 20
L3-SW(config-if)#end
L3-SW#wri
```

在路由器 R3 也不需要划分子接口,其 HSRP 配置如下:

```
R3(config)#int f0/0
R3(config-if)#standby version 2
R3(config-if)#standby 1 ip 192.168.4.254
R3(config-if)#standby 1 preempt
R3(config-if)#standby 1 track f0/1 20
R3(config-if)#standby 2 ip 192.168.4.253
R3(config-if)#standby 2 pri 110
```

```
R3(config-if)#standby 2 track f0/1 20
R3(config-if)#end
```

HSRP 运行情况如下：

```
L3-SW#sh standby brief
                     P indicates configured to preempt.
                     |
Interface   Grp Pri P State    Active          Standby         Virtual IP
Vl1         1   110 P Active   local           192.168.4.2     192.168.4.254
Vl1         2   100 P Standby  192.168.4.2     local           192.168.4.253
L3-SW#
R3#sh standby brief
                     P indicates configured to preempt.
                     |
Interface   Grp Pri P State    Active          Standby         Virtual IP
Fa0/0       1   100 P Standby  192.168.4.1     local           192.168.4.254
Fa0/0       2   110 P Active   local           192.168.4.1     192.168.4.253
R3#
```

4 台主机的 IP 地址和网关配置如下：

PC-1：192.168.4.3/24 192.168.4.254

PC-2：192.168.4.4/24 192.168.4.254

PC-3：192.168.4.5/24 192.168.4.253

PC-4：192.168.4.6/24 192.168.4.253

测试一下主机到达路由器 R4 的路由：

```
PC-1 > trace 192.168.1.1
trace to 192.168.1.1, 8 hops max, press Ctrl + C to stop
1   192.168.4.1    578.337 ms   598.039 ms   134.739 ms
2   192.168.2.1    61.289 ms    30.280 ms    30.428 ms
3   *192.168.1.1   71.833 ms (ICMP type:3, code:3, Destination port unreachable)


PC-3 > trace 192.168.1.1
trace to 192.168.1.1, 8 hops max, press Ctrl + C to stop
1   192.168.4.2    10.100 ms    9.980 ms     9.420 ms
2   192.168.3.1    25.667 ms    20.196 ms    20.665 ms
3   *192.168.1.1   33.587 ms (ICMP type:3, code:3, Destination port unreachable)
```

PC-1 经过 L3-SW、R1 到达 R4，PC-3 经过 R3、R1 到达 R4。

HSRP 是思科的私有协议，IETF 也制定了一个类似的协议，称为虚拟路由器冗余协议

(virtual router redundancy protocol，VRRP)，是互联网标准 RFC2338。两种协议虽然在具体实现上有所不同，如 VRRP 没有虚拟 IP 地址等，但功能是一致的。

习　　题

1. 链路状态路由协议如何获取全网的拓扑结构？
2. 划分区域有什么优势？
3. 体系化编址有利于进行什么操作？
4. 在 OSPF 的运行过程中有哪 3 个表？每个表的内容是什么？
5. OSPF 中的区域是怎样划分的？
6. OSPF 具有哪些方面的特点使其能高效地支持大型网络？
7. 邻居关系和邻接关系有什么区别？
8. 链路的开销如何计算？
9. 哪些网络类型适合使用 OSPF？
10. OSPF 为什么需要选举 DR 和 BDR？在什么类型的网络需要选举？什么类型的网络不需要选举？
11. DR 采用多播方式分发路由信息，采用的是什么多播地址？
12. 在 OSPF 运行过程中，有哪些状态？每个状态执行哪些操作？
13. 如何清除路由表中的路由条目使路由表进行更新？
14. EIGRP 在哪些方面具有距离矢量路由协议和链路状态路由协议的特征？
15. EIGRP 的跳计数有何作用？是否跟度量值的计算有关？
16. EIGRP 为什么可以支持同时运行多种网络层协议？
17. EIGRP 的 3 个表与 OSPF 的 3 个表的内容有什么异同？
18. EIGRP 可靠的多播是如何实现的？
19. EIGRP 有哪 5 种类型的数据包？
20. EIGRP 在哪些方面体现了其"扩散"的特性？
21. EIGRP 的度量值是如何定义的？
22. 哪种类型的 EIGRP 接口既发送不了也接收不了 Hello 数据包？
23. EIGRP 的 3 个表中有哪两个表保存在 RAM 中，并使用 Hello 和更新数据包进行维护？
24. 在 RIPv1、RIPv2、IGRP、EIGRP、OSPF、IS-IS、BGP 等协议中，有哪些协议可以支持 VLSM、汇总和不连续网络？
25. OSPF 和 EIGRP 的管理距离各为多少？
26. 策略路由中有哪几种转发分组的策略？
27. 动手实验：

(1) 搭建有 A、B、C、D 4 个路由器的网络，A 与 B、B 与 C、C 与 D 互连，每个路由器至少连接 1 台主机，分配好 IP 地址，完成基本配置。

(2) 配置单区域 OSPF，主机之间两两能够 ping 通。

(3) 4 个路由器各有 1 个以太网接口连接到同一台交换机，使用 debug ip ospf adj 观察 DR 和 BDR 选举过程。

（4）配置 EIGRP，查看每个路由器的邻居表、拓扑表，路由表中不能出现 OSPF 路由，主机之间两两能够 ping 通。

（5）在原有网络的基础上增加一个路由器 E，连接路由器 B 和 C，在路由器 B 上配置策略路由，使路由器 A 所连主机发送到路由器 D 所连主机的数据流必须经过路由器 E。

（6）在图 4-6 中用三层交换机替换路由器 R3，然后配置 HSRP。

第 5 章　局域网和生成树协议

5.1　局域网的发展

　　网络的结构是逐步完善，一步一步发展到了今天这个样子。在大型机时代，连接到控制器上的终端都是哑终端，没有处理能力。个人计算机出现以后，在 20 世纪 70 年代末局域网(local area network，LAN)开始发展，许多局域网标准闪亮登场，如令牌环网、总线网等。总线网以传统以太网(Ethernet)最为著名，各站直接连接在同轴电缆这样的总线上。局域网具有广播功能，主机可共享连接在局域网上的各种硬件和软件资源，而且从一个站点出发可以很方便地访问全网，实现了一对一、一对多的通信，局域网技术在计算机网络的发展中占有非常重要的地位。

　　经过激烈的市场竞争，到 20 世纪 90 年代，以太网已经取得了在局域网市场中的垄断地位，几乎成了局域网的代名词。总线型以太网开始使用的是粗同轴电缆，后来使用较为便宜的细同轴电缆，最后是使用双绞线一直到现在。双绞线不仅比同轴电缆更加便宜，而且具有更好的灵活性，因为这时网络的拓扑结构已不再是总线型，而是采用了星形拓扑，中心设备使用了可靠性非常高的集线器(hub)。由于双绞线电缆的以太网价格便宜、使用方便，星型以太网以及多级星型结构的以太网获得了非常广泛的应用，也使得双绞线以太网成为局域网发展史上一个非常重要的里程碑。而且，随着 PC 的性能不断增强，高效的应用越来越多，不仅降低了网络连接的成本，也极大地促进了商业应用的高速增长，以太网的应用得到了全面普及。

　　虽然使用集线器构建了星型的以太网，但由于集线器是使用电子器件来模拟实际电缆线的工作，所以当时星型的以太网在逻辑上仍然是一个总线网，通过集线器连成的每个网络都是一个冲突域，或者称为一个碰撞域(collision domain)。网络中各站必须竞争对传输媒体的控制，在任一时刻，只能有一个站允许发送数据。随着业务量的爆炸性增长，LAN 服务需求成倍增长，越来越多的主机接入局域网，冲突域随之增大，网络很快变得完全饱和，直接的后果是网络服务变得更加缓慢。尽管以太网的速度也在不断提高，但作用有限，无法有效地解决问题。要从根本上改变网络速度变慢的现状，最有效的方法是对网络进行分段，控制冲突域的大小，不能仅用集线器这种物理层设备扩展以太网的覆盖范围。

　　最先用到的设备是网桥(bridge)，网桥是数据链路层设备，因为它收到以太网帧以后，可以根据帧的目的 MAC(media access control)地址对帧进行转发和过滤，这就达到了对局域网冲突域进行分隔的目的。但网桥的端口数量非常有限，加上网桥是基于软件的，其处理能力以及它所能提供的网络服务也很有限。1990 年问世的交换式集线器(switching hub)很快就淘汰了网桥，交换式集线器就是我们今天常用的以太网交换机(switch)或者称为第 2 层交换机(L2 switch)。它与网桥一样，工作在数据链路层，但服务能力远远超过网桥。

　　交换机可以提供几十甚至上百个端口，而且在每个端口上都是分隔的冲突域，使网络分段的问题从根本上得到了解决。不过,交换机刚刚上市的时候,价格非常昂贵,并没有得到大规模应用,主机的接入还是使用集线器,只是每台集线器都是连接到交换机的一个端口上,相比集线器的级联来说,网络性能已经得到了大幅度的提升。随着技术的进步,交换机不再昂贵,工作在物理层的集线器因此逐渐退出了局域网市场,如今几乎每台主机都通过交换机端口接入网络,并通过交换机的级联实现以太网的扩展,由此每个局域网都是一个交换式网络。

交换式网络也有局限性,虽然网桥和交换机能分隔冲突域,但这样的网络仍然是一个大的广播域,如果网络规模过大,就存在广播风暴的威胁,会导致网络整体性能的下降。路由器的每一个端口都是一个分开的广播域,路由器可以将一个大的交换式网络分成若干个广播域,即使出现广播风暴,也会被限制在一个较小的范围内,不会扩散到整个网络。可见,交换机、网桥不可能完全取代路由器。另外,局域网要对外连接到互联网,虚拟局域网(virtual LAN,VLAN)之间的路由也都离不开路由器。

5.2 LAN 交换服务

集线器到网桥、再到交换机,实现了对网络进行分段,使局域网的服务能力不断提高。本节讲述基本的 LAN 交换知识。

5.2.1 网桥与交换机的比较

网桥和交换机都属于数据链路层设备,都是基于第 2 层目的地址对数据帧进行转发和过滤。另外,每接收到一个数据帧,网桥和交换机还会检查帧的源地址,完成对 MAC 地址的学习并映射该地址和收到数据帧的端口。对于广播帧,网桥和交换机都是采取洪泛的方式进行转发。

交换机与网桥相比,具有以下优势:
> 交换机是基于硬件的,网桥是基于软件的。交换机使用 ASIC 芯片来完成网桥的工作程序,以实现硬件桥的功能,所以可以认为交换机就是硬件桥,时延比网桥要小很多。
> 交换机的端口数量比网桥的数量多很多,一般来说,网桥的端口只有几个,最多也不会超过 16 个。交换机有固化的和模块化的产品结构之分,固化结构的交换机一般有 24~48 个不等的端口,模块化交换机的端口数与插入的接口模块有关,端口数量一般都在 24 至数百个端口之间。
> 每台交换机可以有多个生成树实例,而每个网桥却只能有一个生成树实例。由此交换机可以支持 VLAN 的划分,而网桥则无法支持,因为每个 VLAN 都需要有一个单独的生成树协议才能工作。

5.2.2 第 2 层交换与第 3 层交换

第 2 层交换是基于 MAC 地址的,MAC 地址是转发数据帧的依据。交换机读取数据帧的目的 MAC 地址,并与 MAC 地址表中的条目作对比,如果比对成功,则从该条目对应的接口将帧转发出去。因此,交换(switching)就是在一个接口上接收数据帧并从另一个接口将该数据帧发送出去的过程。如果 MAC 地址表中没有对应的条目,则向除收到该数据帧接口外的交换机所有接口发送该数据帧,即所谓的广播或洪泛(flooding)。

第 2 层交换对数据帧没有进行任何修改,只是读取了数据帧的 MAC 地址,交换过程相当迅捷。第 2 层交换具有以下特征：
- 基于硬件的交换；
- 线速转发；
- 低时延；
- 低开销；
- 良好的扩展性。

第 3 层交换是基于网络层地址的（如 IP 地址），是在第 2 层交换的基础上整合了第 3 层的路由功能。具备第 3 层交换能力的交换机具有了路由模块，不仅可以基于 MAC 地址转发数据帧，还能根据数据包的 IP 地址对数据包进行路由。具体来说，路由模块读取数据包的目的 IP 地址，与路由表中的条目进行对比，如果匹配成功，则从相应的接口将数据包转发出去。事实上，这个过程跟交换非常类似，都是从一个接口接收数据，从另一个接口将数据发送出去。如果在路由表中找不到对应的条目，则丢弃该数据包。

第 3 层交换机不仅能够分割冲突域，还能将第 2 层交换网络分隔为多个广播域，使得交换网络具有更好的性能和更强的扩展性。第 3 层交换具有的特征包括：
- 基于硬件的路由能力，路由操作系统固化在硬件上，相比基于软件的路由器，操作时延大大缩短；
- 可扩展性好；
- 包交换能力强；
- 时延低；
- 开销低；
- 可进行流量统计；
- 提供网络安全性。

5.2.3 三种交换功能

第 2 层交换具有三种重要功能：MAC 地址学习、数据帧转发/过滤决策和交换环路避免。

1. MAC 地址学习

交换机被认为属于第 2 层设备，原因是它可以基于 MAC 地址对数据帧进行转发或过滤。Hub 没有这种能力，它只能向所有接口广播数据帧，不能根据 MAC 地址对数据帧进行过滤，所以 Hub 是物理层设备。通过 Hub 互连的主机都在一个冲突域中，实际操作与总线型以太网没有什么差别。

交换机能够对数据帧进行过滤，关键之处在于交换机自动维护着一个 MAC 地址表（或称为 MAC 转发/过滤表），用于保存 MAC 地址与交换机端口之间的映射关系。当交换机首次启动时，交换机的 MAC 地址表是空的，因为还没有主机向交换机发送过数据帧。当交换机的某个端口接收到一个数据帧时，交换机就会读取数据帧的源 MAC 地址，并将它存入 MAC 地址表中，同时也会记录下接收到该数据帧的端口号，这样 MAC 地址与交换机端口之间的映射关系就在 MAC 地址表中建立起来了。例如，有一个映射关系是 MAC 地址 A 与端口 E0 相对应，意义就是从端口 E0 可以到达 MAC 地址为 A 的主机。这样，交换机通过不断学习 MAC 地址，并在 MAC 地址表中建立起 MAC 地址和交换机端口的映射关系，就相当于知道了主机在局域网中的物理位置，自然就可以将发送给某个主机的数据帧从对应的端口转发出去，而不需要像 Hub 一样洪泛数据帧。

2. 数据帧转发/过滤决策

建立 MAC 地址表的目的是实现数据帧的转发和过滤。当交换机收到一个数据帧,会读取其目的 MAC 地址,并在 MAC 地址表中查找是否有与目的 MAC 地址相对应的映射。如果有,但映射所指定的端口与接收数据帧的端口相同,说明该帧是一个本地帧,则不再转发该帧。当映射所指定的端口与接收数据帧的端口不相同时,则从映射所指定的端口转发该帧,此数据帧将不会出现在其他任何端口上。所以,简单来说,在某些端口上不发送某个帧,就是帧过滤;在某个端口上发送某个帧,就是转发。这一系列的操作就称为交换机的数据帧转发/过滤决策。

如果数据帧的目的 MAC 地址,在 MAC 地址表中没有对应的映射存在,交换机会将该数据帧从除接收此帧接口外的所有其他活动接口洪泛出去。如果某台主机发送了一个广播帧,一般情况下,交换机也会将此广播帧从除接收此帧接口外的所有其他活动接口洪泛出去。因为交换机只能分隔冲突域,而无法分隔广播域。

在交换机上,可以使用命令 show mac address-table 查看 MAC 地址表,如:

```
Switch# show mac address-table
          Mac Address Table
-------------------------------------------

Vlan    Mac Address        Type        Ports
----    ---------------    --------    -----
 1      0001.c99e.d705     DYNAMIC     Fa0/1
 1      0001.c99e.d706     DYNAMIC     Fa0/2
```

交换机有三种数据帧转发模式:存储转发(store-and-forward)模式、快速转发(fast-forward)模式和无碎片(fragment-free)模式。

> **存储转发模式**:在转发数据帧前必须完整地接收整个数据帧,读取数据帧的源 MAC 地址和目的 MAC 地址,对数据帧进行循环冗余校验,并丢弃错误的帧。这种模式可以保证数据帧的正确性,但处理时延大于另外两种模式。

> **快速转发模式**:接收到数据帧的首部就开始读取其中的 MAC 地址,并转发数据帧,不对数据帧进行循环冗余校验,有错误的帧也会被转发,此模式是三种模式中出错率最高的,也是交换速度最快的。

> **无碎片模式**:以太网规定最短帧长为 64 B,凡长度小于 64 B 的帧都是由于冲突而异常中止的无效帧,这样的无效帧就是冲突碎片。无碎片模式的目的是避免转发冲突碎片帧,交换机在接收到数据帧长达到 64 B 时才读取帧的目的 MAC 地址,并转发该数据帧。不对数据帧进行循环冗余校验,所以不能完全防止错误帧的转发。无碎片模式是前两种模式的折中,转发速度和出错率都介于两者之间。

3. 交换环路避免

冗余是网络可靠性的重要保障。冗余可以避免单点故障,有利于网络故障的快速恢复。在交换网络中,交换机之间常配置冗余链路来防止某条链路的中断引起整个网络的崩溃。

但是,冗余的存在也意味着环路的出现,在交换网络、路由网络中都是如此。交换网络中的环路会带来如下一些非常严重的问题和危害:

> **广播风暴产生**:由于环路的存在,交换机会通过交换网络无限制地洪泛广播数据帧,使

得网络资源被消耗在不断处理大量广播帧的操作上,严重影响正常网络流量的处理,这就是广播风暴。一旦广播风暴出现,用户终端上的网络传输速度会变得极为缓慢或者根本无法连通。因此,只要有环路存在,交换机对广播帧的处理就会导致广播风暴的产生。

- 多次收到相同的帧:相同的数据帧可能会通过不同的网段到达同一个设备,这样该设备就要花费额外的开销来处理这个重复的帧。网络中的设备都要处理不断被重复的帧,导致整个网络性能的急剧下降。
- MAC 地址表不稳定:由于交换机可以从不止一条链路上收到相同的帧,使得源 MAC 地址与交换机端口的对应关系不断发生改变,由此交换机的 MAC 地址表也处在不断更新中,根本无法达到稳定的状态。带来的后果是交换机数据帧的转发能力、交换速度都会受到影响。

冗余是网络可靠性所需要的,但冗余带来的问题也是非常严重的。为了既实现网络的冗余性设计,又避免交换环路的产生,特引入"生成树协议"来解决冗余/环路的问题。

5.3 生成树协议

交换机工作在数据链路层,数据帧的首部没有像 IP 首部一样具有类似生存时间 TTL(time-to-live)的字段,一旦网络中有环路形成,广播帧就会在环路中无休止地旋转,不断地消耗交换机资源和链路的带宽资源,导致网络瘫痪而失去提供正常服务的能力。

生成树协议(spanning tree protocol,STP)可以很好地解决冗余与环路的问题,通过逻辑地阻塞某些交换机端口而消除环路的存在,同时还能保证链路的冗余性。最先开发出生成树协议的是 DEC 公司,后来 IEEE 研发了自己的 STP,命名为 802.1D。改进以后又有了另一种新的标准 802.1W,称为快速生成树协议(rapid STP,RSTP)。

5.3.1 STP 相关术语

- 桥 ID:桥 ID 是网络中所有交换机的身份标识,STP 使用桥 ID 识别每台交换机。桥 ID 由交换机的优先级和 MAC 地址共同决定,所有思科交换机的默认优先级均为 32768。
- 根桥:在网络中具有最小桥 ID 的交换机将成为根桥。根桥是生成树的根,是网络中最重要的点,因为网络中的其他操作与决策都需要基于与根桥的关系进行选择。根桥确定以后,其他交换机都需要确定一条通往根桥的最佳路径。根桥的端口都不能被阻塞。
- 非根桥:除根桥外的所有交换机。
- BPDU:BPDU(bridge protocol data unit,桥协议数据单元)是交换机之间用于根桥选举、生成树协议操作而需要相互交换的信息。
- 端口开销:一条链路的开销取决于链路的带宽,端口开销用于确定最佳路径。
- 根端口:根端口是与根桥直接相连的链路所在的端口,或者是通往根桥路径开销最小的端口。每台非根交换机都有一个端口成为根端口,不能被阻塞。如果有多条开销均相同的路径,则选择经过桥 ID 最小的那台交换机。当多条链路连接到同一台交换机时,就选择上行交换机上连接到最低端口号的端口。
- 指定端口(designated port):在每个网络分段上,离根桥最近的端口,即到达根桥开销最低的端口。指定端口是转发端口,不能被阻塞。
- 非指定端口:确定根桥、根端口和指定端口后剩下的端口就是非指定端口。非指定端口将会被阻塞,不能转发数据帧。
- 转发端口:转发端口是能够进行数据帧转发的端口,根端口、指定端口都属于转发端口。
- 阻塞端口:为了避免环路,被逻辑地阻塞、不能转发数据帧的端口。这些端口物理上并没有关闭,当有需要时,随时可以切换到正常状态,实现在保证冗余的同时,消除交换环路。另外,阻塞端口可以接收 BPDU 帧,但其他的帧都会被丢弃。

5.3.2 生成树协议的操作过程

生成树作为树形结构,一定有一个根,所以生成树协议的第一步是确定哪台交换机是根桥,作为生成树结构的参考点。根桥确定以后,要为每个非根网桥找出一个且是唯一的根端口。每个网络分段,即任意两个交换机之间的链路,必须有一个且只能有一个指定端口。显然根桥上的每个端口都是指定端口。剩下的端口,即非根桥上的非根端口和非指定端口,都将被设置为阻塞状态而成为阻塞端口,由此消除已形成的交换环路。

下面以图 5-1 为例说明生成树协议的操作过程。

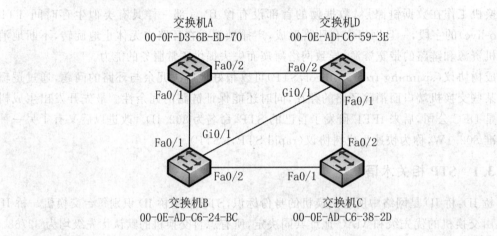

图 5-1 生成树协议举例

(1) 确定根桥

桥 ID 是交换机的优先级加 MAC 地址,这里交换机的优先级都为默认值 32 768,所以通过比较交换机的 MAC 地址来确定根桥,MAC 地址最小的交换机 B 就成为交换网络的根桥。若要让某台交换机成为根桥,可以通过修改交换机的优先级实现。如果把交换机 A 的优先级改成 1,则交换机 A 将成为根桥。

(2) 确定根端口

交换机 B 已成为根桥,其他三台非根交换机都必须有一个根端口,根端口是交换机上到达根桥路径开销最小的端口。交换机上的每个端口都有端口开销,其大小是由所连接的介质决定的,所以端口开销其实就是链路的开销。表 5-1 给出了基于带宽的 IEEE 开销。

表 5-1　链路开销

链路速度	开销(改进的 IEEE 规范)	开销(原 IEEE 规范)
10 Gbit/s	2	1
1 Gbit/s	4	1
100 Mbit/s	19	10
10 Mbit/s	100	100

对交换机 A，端口 Fa0/1 到根桥 B 的开销是 19，而端口 Fa0/2 到根桥的开销是 19+4=23，所以交换机 A 的根端口是 Fa0/1。交换机 C 的 Fa0/1 到根桥的开销是 19，Fa0/2 到根桥的开销是 19+4=23，所以交换机 C 的根端口是 Fa0/1。交换机 D 的端口 Gi0/1 到根桥的开销是 4，另外两个端口到根桥的开销都为 19+19=38，所以交换机 D 的根端口是 Gi0/1。

(3) 确定指定端口

首先根桥 B 与其他三个交换机连接的三个端口都是指定端口，剩下的就是要确定交换机 A 与交换机 D 之间、交换机 D 与交换机 C 之间链路的指定端口。交换机 A 端口 Fa0/2 到根桥的开销是 19，交换机 D 端口 Fa0/2 到根桥的开销是 4，所以交换机 A 与交换机 D 之间链路的指定端口是交换机 D 的 Fa0/2。交换机 D 端口 Fa0/1 到根桥的开销是 4，交换机 C 端口 Fa0/2 到根桥的开销是 19，所以交换机 D 与交换机 C 之间链路的指定端口是交换机 D 的 Fa0/1。

(4) 阻塞剩下的端口

在三台非根桥上，既不是根端口，也不是指定端口的端口有交换机 A 的 Fa0/2、交换机 C 的 Fa0/2，这两个端口将会被逻辑地阻塞，不能转发数据帧。可以看出，交换环路已被断开。

5.3.3　生成树的端口状态

生成树协议的端口有 4 种不同的状态：

> 阻塞(blocking)：端口被逻辑地阻塞以后，不能对数据帧进行转发，用以避免使用有环路的路径。阻塞状态下的端口仍然可以让 BPDU 帧通过，不影响交换机之间的信息交互。交换机刚刚启动时，所有端口都处于阻塞状态，而且要维持 20 秒的时间，防止在交换机启动过程中产生交换环路。

> 监听(listening)：端口由阻塞状态变为监听状态后，交换机侦听 BPDU，交换机之间开始互相学习 BPDU 中的信息。在这个状态下，交换机不能转发数据帧，也不能进行 MAC 地址与端口的映射。这个状态要维持 15 秒，以便交换机可以学习到其他交换机的信息。

> 学习(learning)：交换机开始对学习到的信息进行处理，并计算生成树协议。端口开始形成 MAC 地址表，但仍不能转发数据帧。这个状态要维持 15 秒，以便所有交换机都可以计算完毕。

> 转发(forwarding)：当学习状态结束时，交换机都已经完成生成树协议的计算，根桥的端口、根端口、指定端口就会进入转发状态，接收并发送数据帧。其他端口将会被阻塞，进入阻塞状态。交换机进入正常工作状态。

在多数情况下，交换机端口都处于阻塞状态或转发状态，监听状态和学习状态只是生成树协议的过渡状态。当网络发生故障或网络拓扑发生改变时，发现改变的交换机将向根桥发送

BPDU，根桥收到后，就向其他交换机发出 BPDU 通告变化情况。所有收到通告 BPDU 的交换机就将自己的端口全部置为阻塞状态，并重复上述状态变化过程，直到会聚或收敛。

会聚或收敛就是经过生成树协议操作过程后，交换机上的所有端口都转换到了转发或阻塞状态，所以生成树协议的操作过程就是交换机的会聚或收敛过程。在设计较为复杂的交换网络时，要特别注意根桥的位置，最好让核心交换机成为根桥，这样有利于 STP 的高效会聚。

交换机的端口状态从阻塞转换到转发一般需要 50 秒，这是默认的 STP 定时器时间，可以人为地调整这些时间以达到尽快会聚的目的，但不建议这样做。轻易修改 STP 的默认时间值，有可能 STP 不能学习到所有交换机的信息或者来不及完成所有信息的计算，导致交换环路的出现。但 50 秒的会聚时间对某些应用来说会引发超时问题，如交换机出现故障重新启动，要等待 50 秒网络才能会聚，对时延比较敏感的业务来说是不能允许的。

5.4 快速生成树协议

快速生成树协议（rapid spanning tree protocol，RSTP）是生成树协议的改进版，具有更快的会聚时间，其标准是 IEEE802.1w。RSTP 简化了交换机端口的状态，定义了一组可以快速切换为转发状态的端口状态，同时在交换网络会聚时允许交换机发出自己的 BPDU，而不必转发根桥的 BPDU。

RSTP 重新定义的端口状态如下：

阻塞＝丢弃（Discarding）

监听＝丢弃（Discarding）

学习＝学习（Learning）

转发＝转发（Forwarding）

丢弃状态的端口可以在网络发生故障时转换为标志端口，以替代出现故障的标志端口。在操作上，阻塞状态和监听状态没有区别，都是丢弃数据帧，而且不学习 MAC 地址。

端口类型被定义为点到点（point-to-point）类型、边缘（edge-type）类型和共享（shared）类型。在网络发生故障时，点到点类型和边缘类型的端口可以立即切换为转发状态的端口，不产生会聚时延，使 RSTP 能在 15 秒内会聚。

RSTP 可以向后兼容，可以与传统的 STP 实现互操作，但不具有快速会聚能力。如果要发挥 RSTP 的快速会聚能力，则网络中所有交换机都必须正确地运行 RSTP。

5.5 思科快速生成树技术

为了达到快速会聚的目的，思科开发了自己的一些快速生成树技术，但这些技术是思科私有的，只能应用在思科自己的交换机上，不能与标准的 RSTP 兼容。

（1）PortFast

有些端口不运行 STP 也不会产生环路，如连接主机、服务器、打印机等网络终端的端口，思科交换机可以将这样的端口设置成 PortFast 端口，它们将不再参加生成树的计算，无须经过 50 秒时间即可进入转发状态，由此提高生成树协议的会聚速度。

如果一个端口是中继端口，连接的是交换机，则不能被设置为 PortFast。如果将其设置为 PortFast，也只有在非中继模式下才起作用。当给一个端口配置 PortFast 时，有如下提示：

```
Switch(config)# int f0/1
Switch(config-if)# spanning-tree portfast
% Warning: portfast should only be enabled on ports connected to a single
host. Connecting hubs, concentrators, switches, bridges, etc... to this
interface  when portfast is enabled, can cause temporary bridging loops.
Use with CAUTION
% Portfast has been configured on FastEthernet0/1 but will only
have effect when the interface is in a non-trunking mode.
Switch(config-if)#
```

可以使用 range 命令,在交换机上同时配置多个端口,如:

```
Switch(config)# int range fastEthernet 0/1-5
Switch(config-if-range)# spanning-tree portfast
```

同时将 Fa0/1 到 Fa0/5 等 5 个端口设置为 PortFast。

(2) UplinkFast

当链路失效时,使用 UplinkFast 可以缩短 STP 的会聚时间。UplinkFast 将交换机上阻塞端口所连接的线路指定为根端口所连接线路的备份线路,当根端口所连接线路出现故障时,备份线路上的阻塞端口可以不经过生成树协议的计算,直接转换为转发状态。当交换机至少有一个可替换/备份的端口(一个处于阻塞状态的端口)时,使用 UplinkFast 才有效,所以一般当接入层的交换机端口被阻塞时,才启用 UplinkFast。这样,交换机在主链路失效之前就已找到到根桥的备份路径,主链路失效时,对应的端口就不需要等待 STP 会聚所需经过的 50 秒时间。在不清楚是否具有备份链路时,请不要轻易启用 UplinkFast。

(3) BackboneFast

在不与交换机直接相连的链路失效或有新的交换机加入时,使用 BackboneFast 可以加速 STP 会聚。BackboneFast 与 UplinkFast 的不同之处在于,UplinkFast 只配置在接入层交换机或有冗余链路的交换机(至少有一条处于阻塞状态),而 BackboneFast 可以在所有的交换机上运行,由此可检测到非直连链路的失效。在 STP 会聚需要的 50 秒时间中,BackboneFast 可以节省 20 秒。

(4) EtherChannel

此方法可实现与 STP 类似的功能:将多条链路捆绑成一条逻辑链路,既可以避免环路,也能提供链路的冗余性。在思科交换机上实现链路捆绑,既可以使用思科的私有协议[端口聚合协议(PAgP)],也可以使用 IEEE 的标准 802.3ad[链路聚合控制协议(link aggregated control protocol,LACP)]。两种协议都可以创建逻辑上的链路聚合,但配置各不相同。

5.6 配置思科交换机

使用得较为普遍的思科交换机是思科的 Catalyst 交换机系列产品,有许多种型号,如局域网中经常使用的接入交换机 2950、更加智能的 2960/3560 以及交换能力很强的 9000 系列等,可以访问思科的官方网站(www.cisco.com)查阅 Catalyst 系列交换机的相关信息。

5.6.1 交换机的基本配置

与路由器需要进行配置后才能使用不同,新的交换机具有默认配置,不进行任何配置就可以在网络中使用。如图 5-2 所示的网络,只修改了四台交换机的 Hostname,没有进行其他任何配置,交换机之间互连使用的是交叉线(虚线表示),交换机与 Router、PC、IP Phone 之间使用的是直通线(实线表示),启用路由器的两个 FastEthernet 端口后,就得到了图 5-2 所示的网络情形。在交换机端口互连时,链路灯先是黄色,随后变绿,说明连接正常。最后 Switch1 和 Switch2 各有一个端口被阻塞,这就是 STP 的作用,消除了交换环路。

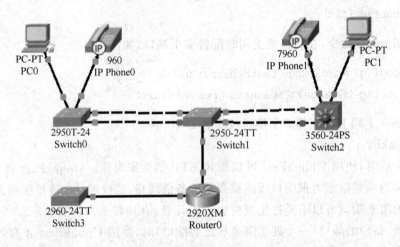

图 5-2 交换网络举例

在交换机的默认配置中,所有端口都被设定为自动模式,自动与对端接口协商,且都属于 VLAN1,VLAN1 是交换机的管理 VLAN。但交换机的 Console 线和 vty 线上都没有配置口令,如果我们需要对交换机进行远程管理并具有一定的安全性,Console 线和 vty 线的口令、enable 密码都需要配置,而且还要给交换机配上 IP 地址,以便我们通过 telnet 登录。这个 IP 地址不是配置在交换机的端口上,而是要配置在交换机的虚拟接口 VLAN1 上。

使用 show running-config 命令可以查看交换机的默认配置,使用命令 show interface 可以查看交换机接口上的默认配置,命令 show vlan 可以查看交换机上的默认 VLAN,而且可以看到所有接口都属于 VLAN1。

下面为网络中的 4 台交换机配置 enable 密码、接口说明(description)、console 密码、telnet 登录密码和 IP 地址。请注意,4 台交换机并不在一个局域网中,这里有两个局域网,Switch0、Switch1 和 Switch2 属于一个网络,而 Switch3 属于另一个网络。所以需要两个网段的 IP 地址,这里使用 192.168.11.0/24 和 192.168.12.0/24。

Switch0 的配置如下:

```
Switch0 > en
Switch0 # conf t
Enter configuration commands, one per line.  End with CNTL/Z.
Switch0(config) # enable secret 123456
Switch0(config) # int f0/1
Switch0(config-if) # description connection-1 to Switch1
```

```
Switch0(config-if)#int f0/2
Switch0(config-if)#description connection-2 to Switch1
Switch0(config-if)#int f0/3
Switch0(config-if)#description connection to PC0
Switch0(config-if)#int f0/4
Switch0(config-if)#description connection to IP Phone0
Switch0(config-if)#line console 0
Switch0(config-line)#password console
Switch0(config-line)#login
Switch0(config-line)#line vty 0 4
Switch0(config-line)#password telnet
Switch0(config-line)#login
Switch0(config-line)#int vlan 1
Switch0(config-if)#ip address 192.168.11.10 255.255.255.0
Switch0(config-if)#no shut
Switch0(config-if)#exit
Switch0(config)#banner motd #This is Switch0 #
Switch0(config)#exit
Switch0#wri
Building configuration...
[OK]
Switch0#
```

Switch1 的配置如下：

```
Switch1>en
Switch1#config t
Enter configuration commands, one per line.  End with CNTL/Z.
Switch1(config)#enable secret 123456
Switch1(config)#int f0/1
Switch1(config-if)#description connection-1 to Switch0
Switch1(config-if)#int f0/2
Switch1(config-if)#description connection-2 to Switch0
Switch1(config-if)#int f0/3
Switch1(config-if)#description connection-1 to Switch2
Switch1(config-if)#int f0/4
Switch1(config-if)#description connection-2 to Switch2
Switch1(config-if)#int f0/5
Switch1(config-if)#description connection to Router0
Switch1(config-if)#line console 0
Switch1(config-line)#password console
```

```
Switch1(config-line)#login
Switch1(config-line)#line vty 0 4
Switch1(config-line)#password telnet
Switch1(config-line)#login
Switch1(config-line)#int vlan 1
Switch1(config-if)#ip address 192.168.11.11 255.255.255.0
Switch1(config-if)#no shut
Switch1(config-if)#
Switch1(config-if)#exit
Switch1(config)#banner motd # This is Switch1 #
Switch1(config)#exit
Switch1#copy running-config startup-config
Destination filename [startup-config]? [enter]
Building configuration...
[OK]
Switch1#
```

现在交换机 Switch0 和 Switch1 可以相互 ping 通,如从 Switch0 ping Switch1:

```
Switch0#ping 192.168.11.11
Type escape sequence to abort.
Sending 5, 100-byte ICMP Echos to 192.168.11.11, timeout is 2 seconds:
..!!!
Success rate is 100 percent (5/5), round-trip min/avg/max = 0/0/1 ms
Switch0#
```

这里总共 ping 了 5 次,但只 ping 通了 3 次,前面两次都没有 ping 成功,原因是 ARP 在解析 IP 地址对应的 MAC 地址时超时了。

Switch2 的配置如下:

```
Switch2>en
Switch2#conf t
Enter configuration commands, one per line.  End with CNTL/Z.
Switch2(config)#enable secret 123456
Switch2(config)#int f0/1
Switch2(config-if)#description connection-1 to Switch1
Switch2(config-if)#int f0/2
Switch2(config-if)#description connection-2 to Switch1
Switch2(config-if)#int f0/3
Switch2(config-if)#description connection to PC1
Switch2(config-if)#int f0/4
Switch2(config-if)#description connection to IP Phone1
Switch2(config-if)#line console 0
```

```
Switch2(config-line)#password console
Switch2(config-line)#login
Switch2(config-line)#line vty 0 4
Switch2(config-line)#password telnet
Switch2(config-line)#login
Switch2(config-line)#int vlan 1
Switch2(config-if)#ip address 192.168.11.12 255.255.255.0
Switch2(config-if)#no shut
Switch2(config-if)#exit
Switch2(config)#banner motd # This is Switch2 #
Switch2(config)#exit
Switch2#wri
Building configuration...
[OK]
Switch2#
```

从 Switch2 分别 ping 一下 Switch0 和 Switch1：

```
Switch2#ping 192.168.11.10
Type escape sequence to abort.
Sending 5, 100-byte ICMP Echos to 192.168.11.10, timeout is 2 seconds:
..!!!
Success rate is 60 percent (3/5), round-trip min/avg/max = 0/0/1 ms
Switch2#ping 192.168.11.11
Type escape sequence to abort.
Sending 5, 100-byte ICMP Echos to 192.168.11.11, timeout is 2 seconds:
..!!!
Success rate is 60 percent (3/5), round-trip min/avg/max = 0/0/0 ms
```

可以查看一下 Switch2 上 ARP 地址解析的 ARP 表：

```
Switch2#ship arp
Protocol   Address          Age (min)   Hardware Addr     Type    Interface
Internet   192.168.11.10         7      000A.F3E0.C161    ARPA    Vlan1
Internet   192.168.11.11         7      000C.8570.3562    ARPA    Vlan1
Internet   192.168.11.12         -      00D0.D3CB.7219    ARPA    Vlan1
Switch2#
```

Switch3 的配置如下：

```
Switch3>en
Switch3#conf t
Enter configuration commands, one per line.  End with CNTL/Z.
Switch3(config)#enable secret 123456
```

```
Switch3(config)#int f0/1
Switch3(config-if)#description connection to Router0
Switch3(config-if)#line console 0
Switch3(config-line)#password console
Switch3(config-line)#login
Switch3(config-line)#line vty 0 4
Switch3(config-line)#password telnet
Switch3(config-line)#login
Switch3(config-line)#int vlan 1
Switch3(config-if)#ip address 192.168.12.13 255.255.255.0
Switch3(config-if)#no shut
Switch3(config-if)#exit
Switch3(config)#banner motd # This is Switch3 #
Switch3(config)#end
Switch3#wri
Building configuration...
[OK]
Switch3#
```

从 Switch3 还无法 ping 通 Swith0、Switch1 和 Switch2，因为 Switch3 与它们不在同一个局域网中，需要通过路由器才能将二者之间的局域网互连。现将子网的第一个 IP 地址分配给路由器的接口。

路由器 Router0 的配置如下：

```
Router0#
Router0#conf t
Enter configuration commands, one per line.   End with CNTL/Z.
Router0(config)#int f0/0
Router0(config-if)#ip address 192.168.11.1 255.255.255.0
Router0(config-if)#int f1/0
Router0(config-if)#ip address 192.168.12.1 255.255.255.0
Router0(config-if)#end
Router0#wri
Building configuration...
[OK]
Router0#
```

这里只需给 Router0 的 Fa0/0 和 Fa1/0 配置 IP 地址即可。另外，需要从局域网外部访问交换机，所以必须给每个交换机配置默认网关，此配置过程类似于在主机上配置默认网关。配置方法是在全局模式下，使用命令 ip default-gateway。Switch0、Switch1 和 Switch2 的网关是路由器 Router0 接口 Fa0/0 的 IP 地址 192.168.11.1，Switch3 的网关是路由器 Router0 接口 Fa1/0 的 IP 地址 192.168.12.1。不过，由于 Switch2/Catalyst3560 是三层交换机，具有路由功能,所以在Switch2上不是直接配置默认网关,而是需要启用它的路由功能,并配置一条下一跳地址为192.168.11.1的默认路由。

分别配置如下:

Switch0#conf t
Enter configuration commands, one per line. End with CNTL/Z.
Switch0(config)#ip default-gateway 192.168.11.1
Switch0(config)#end
Switch0#wri
Building configuration...
[OK]
Switch0#

Switch1#conf t
Enter configuration commands, one per line. End with CNTL/Z.
Switch1(config)#ip default-gateway 192.168.11.1
Switch1(config)#end
Switch1#wri
Building configuration...
[OK]
Switch1#

Switch2#conf t
Enter configuration commands, one per line. End with CNTL/Z.
Switch2(config)#ip routing
Switch2(config)#ip route 0.0.0.0 0.0.0.0 192.168.11.1
Switch2(config)#end
Switch2#wri
Building configuration...
[OK]
Switch2#

Switch3#conf t
Enter configuration commands, one per line. End with CNTL/Z.
Switch3(config)#ip default-gateway 192.168.12.1
Switch3(config)#end
Switch3#wri
Building configuration...
[OK]
Switch3#

现在可以从 Switch3 分别 ping 一下 Switch0、Switch1 和 Switch2,都可以 ping 通。

Switch3#ping 192.168.11.10

Type escape sequence to abort.

Sending 5, 100-byte ICMP Echos to 192.168.11.10, timeout is 2 seconds:

!!!!!

Success rate is 100 percent (5/5), round-trip min/avg/max = 0/0/0 ms

Switch3#ping 192.168.11.11

Type escape sequence to abort.

Sending 5, 100-byte ICMP Echos to 192.168.11.11, timeout is 2 seconds:

!!!!!

Success rate is 100 percent (5/5), round-trip min/avg/max = 0/0/2 ms

Switch3#ping 192.168.11.12

Type escape sequence to abort.

Sending 5, 100-byte ICMP Echos to 192.168.11.12, timeout is 2 seconds:

!!!!!

Success rate is 100 percent (5/5), round-trip min/avg/max = 0/0/1 ms

Switch3#

5.6.2 端口安全

主机都是通过交换机的端口接入到网络中,如果任何一个主机都可以接入,就有可能给网络或重要数据带来安全威胁,通过使用端口安全技术限制主机的接入,提高网络的安全性。

端口安全就是限制能够动态连接到交换机端口的 MAC 地址数,或者设置静态 MAC 地址,并对违反安全策略的用户进行处罚,如关闭交换机端口。

下面以 Switch0 的接口 Fa0/3 为例说明端口安全的配置:

Switch0#conf t

Enter configuration commands, one per line. End with CNTL/Z.

Switch0(config)#int f0/3

Switch0(config-if)#switchport mode ?

  access   Set trunking mode to ACCESS unconditionally

  dynamic   Set trunking mode to dynamically negotiate access or trunk mode

  trunk   Set trunking mode to TRUNK unconditionally

Switch0(config-if)#switchport mode access

Switch0(config-if)#switchport port-security(激活端口安全)

Switch0(config-if)#switchport port-security ?

  mac-address   Secure mac address

  maximum   Max secure addresses

  violation   Security violation mode

  <cr>

Switch0(config-if)#switchport port-security maximum ?

```
<1-132>  Maximum addresses
Switch0(config-if)#switchport port-security maximum 1
Switch0(config-if)#switchport port-security mac-address ?
  H.H.H    48 bit mac address
  sticky   Configure dynamic secure addresses as sticky
Switch0(config-if)#switchport port-security mac-address sticky
Switch0(config-if)#switchport port-security violation ?
  protect   Security violation protect mode
  restrict  Security violation restrict mode
  shutdown  Security violation shutdown mode
Switch0(config-if)#switchport port-security violation shutdown
Switch0(config-if)#end
Switch0#wri
Building configuration...
[OK]
Switch0#
```

要使用端口安全，首先要将端口模式设置为"access"，然后激活端口安全。这里设置允许关联的 MAC 地址最多为 1 个，可选的范围是 1～132，不同交换机可能有不同的可选范围。设置 MAC 地址时，可以是具体的 MAC 地址，也可以选择 sticky 参数，即第一个接入的 MAC 地址将被允许接入，以后接入的其他 MAC 地址将被拒绝，并执行 violation 处罚关闭端口。另外两种处罚方式是：protect 是丢包、不发警告信息；restrict 是丢包并发送 console 警告信息。如果需要同时设置多个端口的安全，可以使用前面提到的 interface range 命令。

使用命令 show port-security interface 可以查看端口的安全设置：

```
Switch0#sh port-security interface fa0/3
Port Security              : Enabled
Port Status                : Secure-up
Violation Mode             : Shutdown
Aging Time                 : 0 mins
Aging Type                 : Absolute
SecureStatic Address Aging : Disabled
Maximum MAC Addresses      : 1
Total MAC Addresses        : 0
Configured MAC Addresses   : 0
Sticky MAC Addresses       : 0
Last Source Address:Vlan   : 0000.0000.0000:0
Security Violation Count   : 0
Switch0#
Switch0#show port-security
```

Secure Port	MaxSecureAddr (Count)	CurrentAddr (Count)	SecurityViolation (Count)	Security Action
Fa0/3	1	0	0	Shutdown

5.6.3 PortFast

在一个接入端口上使用 PortFast 可以节省 STP 的会聚时间,因此,在确认不会产生环路的前提下,给思科交换机的端口启用 PortFast 有利于解决由于会聚时间过长而产生的请求超时问题。

在端口上启用 PortFast 的命令前面提到过,如果需要同时对多个端口进行操作,还可以使用 Interface range 命令,如果要在 Switch2 的端口 Fa0/3 和 Fa0/4 上启用 PortFast,使用如下命令即可:

```
Switch2#conf t
Enter configuration commands, one per line.  End with CNTL/Z.
Switch2(config)#int range f0/3-4
Switch2(config-if-range)#spanning-tree portfast
%Warning: portfast should only be enabled on ports connected to a single
 host. Connecting hubs, concentrators, switches, bridges, etc... to this
 interface  when portfast is enabled, can cause temporary bridging loops.
 Use with CAUTION
%Portfast will be configured in 2 interfaces due to the range command
 but will only have effect when the interfaces are in a non-trunking mode.
Switch2(config-if-range)#end
Switch2#
Switch2#wri
Building configuration...
[OK]
Switch2#
```

请注意,这里虽然给 Switch2 的端口 Fa0/3 和 Fa0/4 都启用了 PortFast,但只有在 non-trunking 模式下才起作用。在这两个端口中,Fa0/3 连接的是 PC,是 non-trunking 模式,但 Fa0/4 却不是,因为 Fa0/4 连接的 IP Phone1 是一个交换机,所以 Fa0/4 上的 PortFast 其实是不起作用的。

5.6.4 BPDUGuard

为了防止在交换机端口上错误地配置了 PortFast,BPDUGuard 可以为此提供保护。当在一个端口上启用了 BPDUGuard 后,如果这个端口接收到一个 BPDU,就会将该端口禁用,避免产生交换环路。所以请注意,只有接入层交换机才能配置 BPDUGuard 命令,核心交换机是不能配置该命令的,否则会影响正常的数据传输。

5.6.5 BPDUFilter

这是另一个保护命令,可以在一个端口上同时启用 PortFast 和 BPDUFilter。当 BPDUFilter 接收到一个 BPDU,它将立即关闭端口上的 PortFast,并使该端口重新成为 STP 操作的一部分。与 BPDUGuard 的不同在于,BPDUFilter 不会禁用该端口,而是禁止 PortFast 的运行,端口仍然是可用的。原则上,BPDUGuard 和 BPDUFilter 这两个命令可以同时配置在一个端口上,但两个命令有一定的冲突,BPDUGuard 要禁用端口,而 BPDUFilter 是让端口转换为非 PortFast 状态。一般来说,使用其中一个就可以达到避免环路的目的了。

下面在交换机 Switch0 的 Fa0/3 和 Fa0/4 两个端口上同时配置 PortFast 和 BPDUGuard 命令:

```
Switch0#conf t
Enter configuration commands, one per line.  End with CNTL/Z.
Switch0(config)#int range f0/3-4
Switch0(config-if-range)#spanning-tree portfast
%Warning: portfast should only be enabled on ports connected to a single
 host. Connecting hubs, concentrators, switches, bridges, etc... to this
 interface  when portfast is enabled, can cause temporary bridging loops.
 Use with CAUTION
%Portfast will be configured in 2 interfaces due to the range command
 but will only have effect when the interfaces are in a non-trunking mode.
Switch0(config-if-range)#end
Switch0#wri
Building configuration...
[OK]
Switch0#conf t
Enter configuration commands, one per line.  End with CNTL/Z.
Switch0(config)#int range f0/3-4
Switch0(config-if-range)#spanning-tree bpduguard ?
   disable   Disable BPDU guard for this interface
   enable    Enable BPDU guard for this interface
Switch0(config-if-range)#spanning-tree bpduguard enable
%SPANTREE-2-BLOCK_BPDUGUARD: Received BPDU on port FastEthernet0/4 with BPDU Guard enabled. Disabling port.
%PM-4-ERR_DISABLE: bpduguard error detected on 0/4, putting 0/4 in err-disable state
%LINK-5-CHANGED: Interface FastEthernet0/4, changed state to administratively down
%LINEPROTO-5-UPDOWN: Line protocol on Interface FastEthernet0/4, changed state to down
Switch0(config-if-range)#end
Switch0#wri
```

```
Building configuration...
[OK]
Switch0#
```

信息提示,端口 Fa0/4 被 BPDUGuard 禁用了,因为 Fa0/4 连接的 IP Phone 是交换机,该端口上接收到了 BPDU。

5.6.6 EtherChannel

这是通过链路捆绑实现链路冗余并避免交换环路,下面使用思科协议 PAgP 将 Switch0 和 Switch1 之间的链路捆绑在一起。

Switch0 上的配置:

```
Switch0#
Switch0#conf t
Enter configuration commands, one per line.  End with CNTL/Z.
Switch0(config)#int port-channel ?
  <1-6>   Port-channel interface number
Switch0(config)#int port-channel 1
Switch0(config-if)#int range f0/1-2
Switch0(config-if-range)#switchport mode trunk
Switch0(config-if-range)#switchport nonegotiate
Switch0(config-if-range)#channel-group 1 mode ?
  active     Enable LACP unconditionally
  auto       Enable PAgP only if a PAgP device is detected
  desirable  Enable PAgP unconditionally
  on         Enable Etherchannel only
  passive    Enable LACP only if a LACP device is detected
Switch0(config-if-range)#channel-group 1 mode desirable
Switch0(config-if-range)#end
Switch0#wri
Building configuration...
[OK]
Switch0#
```

Switch1 上的配置:

```
Switch1#conf t
Enter configuration commands, one per line.  End with CNTL/Z.
Switch1(config)#int port-channel 1
Switch1(config-if)#int range f0/1-2
Switch1(config-if-range)#switchport mode trunk
Switch1(config-if-range)#switchport nonegotiate
```

Switch1(config-if-range)#channel-group 1 mode desirable
Switch1(config-if-range)#end
Switch1#wri
Building configuration...
[OK]
Switch1#

在 Switch1 上可以使用命令 show interface etherchannel 查看链路绑定的信息：

Switch1#sh int etherchannel

FastEthernet0/1:
Port state   = 1
Channel group = 1   Mode = Desirable-S1   Gcchange = 0
Port-channel   = Po1   GC   = 0x00000000   Pseudo port-channel = Po1
Port index   = 0   Load = 0x00   Protocol =   PAgP
--More--

5.6.7 RSTP

在交换机上启用 RSTP 的命令很简单，在全局模式下运行 spanning-tree mode rapid-pvst 即可。例如，在 Switch2 上启用 RSTP：

Switch2#conf t
Enter configuration commands, one per line. End with CNTL/Z.
Switch2(config)#spanning-tree mode ?
  pvst   Per-Vlan spanning tree mode
  rapid-pvst   Per-Vlan rapid spanning tree mode
Switch2(config)#spanning-tree mode rapid-pvst
Switch2(config)#end
Switch2#wri
Building configuration...
[OK]
Switch2#

使用命令 show spanning-tree 可以查看生成树情况：

Switch2#sh spanning-tree
VLAN0001
  Spanning tree enabled protocol rstp
  Root ID   Priority   32769
             Address   0002.4A97.AD48
             Cost   19
             Port   4(FastEthernet0/4)

```
            Hello Time   2 sec    Max Age 20 sec    Forward Delay 15 sec
Bridge ID   Priority     32769   (priority 32768 sys-id-ext 1)
            Address      00D0.D3CB.7219
            Hello Time   2 sec    Max Age 20 sec    Forward Delay 15 sec
            Aging Time   20

Interface        Role Sts Cost      Prio.Nbr Type
---------------- ---- --- --------- -------- --------
Fa0/1            Desg FWD 19        128.1    P2p
Fa0/2            Desg FWD 19        128.2    P2p
Fa0/3            Desg FWD 19        128.3    P2p
Fa0/4            Root FWD 19        128.4    P2p
Switch2#
```

可以看到 Switch2 已经在运行 RSTP，但实际上 Switch2 发送的仍然是 802.1D 的 BPDU，因为它的邻居并没有运行 RSTP，不能理解 Switch2 发送的 RSTP 的 BPDU，只是简单地将其丢弃。因此，只有所有的交换机都运行了 RSTP 时，RSTP 才能真正发挥作用。

5.7 检查交换机的配置

➤ show running-config

查看交换机的配置文件。

➤ show interface vlan 1

查看配置在逻辑接口 vlan 1 下的 IP 地址信息。例如，Switch0 上的输出：

```
Switch0#sh int vlan 1
Vlan1 is up, line protocol is up
  Hardware is CPU Interface, address is 000a.f3e0.c161 (bia 000a.f3e0.c161)
  Internet address is 192.168.11.10/24
  MTU 1500 bytes, BW 100000 Kbit, DLY 1000000 usec,
     reliability 255/255, txload 1/255, rxload 1/255
  Encapsulation ARPA, loopback not set
  ARP type: ARPA, ARP Timeout 04:00:00
--More--
```

➤ show mac address-table

查看执行转发/过滤策略的 MAC 地址表，相关数据保存在内容寻址内存（content addressing memory，CAM）中。

Switch0 的 MAC 地址表：

```
Switch0#show mac address-table
           Mac Address Table
-------------------------------------------

Vlan    Mac Address       Type         Ports
```

```
    1    00d0.58a1.145a    DYNAMIC    Po1
    1    00e0.b099.e901    DYNAMIC    Fa0/1
    1    00e0.b099.e902    DYNAMIC    Fa0/2
Switch0#
```

Switch1 的 MAC 地址表：

```
Switch1#sh mac address-table
          Mac Address Table
-------------------------------------------

Vlan    Mac Address       Type       Ports
----    -----------       --------   -----
    1    0001.c702.bb9b    DYNAMIC    Fa0/5
    1    0005.5e75.8e01    DYNAMIC    Fa0/3
    1    0006.2ae0.2b37    DYNAMIC    Po1
    1    00e0.8f34.8201    DYNAMIC    Fa0/1
    1    00e0.8f34.8202    DYNAMIC    Fa0/2
Switch1#
```

Switch2 的 MAC 地址表：

```
Switch2#sh mac address-table
          Mac Address Table
-------------------------------------------

Vlan    Mac Address       Type       Ports
----    -----------       --------   -----
    1    000c.8554.0101    DYNAMIC    Fa0/4
Switch2#
```

3 个交换机上所有的 MAC 地址与端口的映射关系都是动态的，在 Switch0 和 Switch1 上各有一个 EtherChannel 端口 1，Switch1 的 Fa0/4 被阻塞，没有出现在 Switch1 的 MAC 地址表中。Switch2 只有一个端口 Fa0/4 出现在 MAC 地址表中，只有 Fa0/2 连接的是 Switch1 被阻塞的 Fa0/4，说明 Fa0/1 和 Fa0/3 都还没有收到过 MAC 帧。

上述 MAC 地址表中都是动态的映射关系，也可以手动设置静态的 MAC 地址，即人为地规定一个端口只能接入特定 MAC 地址的主机。设置方法是在全局模式下输入如下命令：

Switch(config)#mac-address-table static H.H.H vlan 1 int fa0/10

(H.H.H 为静态设置的 MAC 地址，int 后是对应的端口)

例如，在 Switch0 为端口 Fa0/10 绑定一个静态的 MAC 地址 0001.2345.abcd：

```
Switch0#conf t
Enter configuration commands, one per line.  End with CNTL/Z.
Switch0(config)#mac-address-table static 0001.2345.abcd vlan 1 int fa0/10
Switch0(config)#do sh mac address-table
```

```
            Mac Address Table
-------------------------------------------

Vlan    Mac Address       Type        Ports
------  ----------------  ----------  -----
   1    0001.2345.abcd    STATIC      Fa0/10
   1    00d0.58a1.145a    DYNAMIC     Po1
   1    00e0.b099.e901    DYNAMIC     Fa0/1
   1    00e0.b099.e902    DYNAMIC     Fa0/2
Switch0(config)#
```

由于这种配置方式比较耗费时间,因此使用得较少。另外,mac-address-table static 绑定的端口不能启用 switchport port-security,因为已经限定了 MAC 地址。

> show spanning-tree

查看生成树相关信息,包括根桥 ID、桥 ID、端口状态等。每个 VLAN 都是一个逻辑的局域网,所以每个 VLAN 都要运行一个生成树实例,这也就是 PVST(per-VLAN spanning tree)的含义。在默认情况下,交换机只有一个 VLAN 1,所以通过 show spanning-tree 查看的就是 VLAN 1 的信息。如果有多个 VLAN,该命令就会显示出每个 VLAN 的信息,也可以只查看某个 VLAN 的信息,如查看 VLAN 10 的命令是 show spanning-tree vlan 10。

下面查看一下 Switch0 的生成树信息:

```
Switch0# sh spanning-tree
VLAN0001
  Spanning tree enabled protocol ieee
  Root ID    Priority     32769
             Address      0002.4A97.AD48
             Cost         47
             Port         27(Port-channel 1)
             Hello Time   2 sec   Max Age 20 sec   Forward Delay 15 sec

  Bridge ID  Priority     32769   (priority 32768 sys-id-ext 1)
             Address      000A.F3E0.C161
             Hello Time   2 sec   Max Age 20 sec   Forward Delay 15 sec
             Aging Time   20
Interface        Role Sts Cost      Prio.Nbr Type
---------------- ---- --- --------- -------- --------------------------------
Fa0/3            Desg FWD 19        128.3    P2p
Po1              Root FWD 9         128.27   Shr
Switch0#
```

默认的优先级是 32768,加上 VLAN 1 的标识符 1,就成了 32769。VLAN 标识符在这里也称为系统 ID 扩展(sys-id-ext),当有多个 VLAN 时,桥 ID 的优先级会随 VLAN 号逐渐增加。

可以看出,根桥的 MAC 地址是 0002.4A97.AD48,Switch0 的 MAC 地址是 000A.F3E0.

C161，显然 Switch0 不是根桥。Fa0/3 是指定端口，EtherChannel 端口 1 是 Switch0 的根端口。

接下来查看 Switch1 的生成树信息：

```
Switch1#sh spanning-tree
VLAN0001
  Spanning tree enabled protocol ieee
  Root ID    Priority    32769
             Address     0002.4A97.AD48
             Cost        38
             Port        3(FastEthernet0/3)
             Hello Time  2 sec  Max Age 20 sec  Forward Delay 15 sec
  Bridge ID  Priority    32769   (priority 32768 sys-id-ext 1)
             Address     000C.8570.3562
             Hello Time  2 sec  Max Age 20 sec  Forward Delay 15 sec
             Aging Time  20

Interface       Role Sts Cost      Prio.Nbr Type
--------------- ---- --- --------- -------- --------------------------------
Fa0/3           Root FWD 19        128.3    P2p
Fa0/4           Altn BLK 19        128.4    P2p
Fa0/5           Desg FWD 19        128.5    P2p
Po1             Desg FWD 9         128.27   Shr
Switch1#
```

Switch1 的 MAC 地址是 000C.8570.3562，与根桥的 MAC 地址不同，另外，Switch1 的 Fa0/4 是被阻塞的端口（altn BLK-alternative block），根桥的端口都是不能被阻塞的，显然 Switch1 不能是根桥。

再来查看 Switch2 的生成树信息：

```
Switch2#sh spanning-tree
VLAN0001
  Spanning tree enabled protocol rstp
  Root ID    Priority    32769
             Address     0002.4A97.AD48
             Cost        19
             Port        4(FastEthernet0/4)
             Hello Time  2 sec  Max Age 20 sec  Forward Delay 15 sec
  Bridge ID  Priority    32769   (priority 32768 sys-id-ext 1)
             Address     00D0.D3CB.7219
             Hello Time  2 sec  Max Age 20 sec  Forward Delay 15 sec
             Aging Time  20

Interface       Role Sts Cost      Prio.Nbr Type
```

```
Fa0/1          Desg FWD 19      128.1    P2p
Fa0/2          Desg FWD 19      128.2    P2p
Fa0/3          Desg FWD 19      128.3    P2p
Fa0/4          Root FWD 19      128.4    P2p
Switch2#
```

Switch2 虽然没有被阻塞的端口，但其 MAC 地址也与根桥的 MAC 地址不同，Switch2 也不是根桥。不过显示 Fa0/4 是根端口，而且经由 Fa0/4 可以到达根桥。于是，与 Switch2 通过 Fa0/4 相连的唯一设备 IP Phone1 就是根桥，而且 IP Phone1 的 MAC 地址正好是 0002.4A97.AD48。通过比较也可以看出，IP Phone1 的 MAC 地址是最小的，自然就被选成了根桥。

如果要让 Switch1 成为根桥，则可以通过修改 Switch1 的优先级实现：

```
Switch1#conf t
Enter configuration commands, one per line.   End with CNTL/Z.
Switch1(config)#spanning-tree vlan 1 priority ?
<0-61440>   bridge priority in increments of 4096
Switch1(config)#spanning-tree vlan 1 priority 12288
Switch1(config)#end
Switch1#wri
Building configuration...
[OK]
Switch1#sh spanning-tree
VLAN0001
  Spanning tree enabled protocol ieee
  Root ID    Priority    12289
             Address     000C.8570.3562
             This bridge is the root
             Hello Time  2 sec  Max Age 20 sec  Forward Delay 15 sec

  Bridge ID  Priority    12289   (priority 12288 sys-id-ext 1)
             Address     000C.8570.3562
             Hello Time  2 sec  Max Age 20 sec  Forward Delay 15 sec
             Aging Time  20

Interface        Role Sts Cost      Prio.Nbr Type
---------------- ---- --- --------- -------- --------------------
Fa0/3            Desg FWD 19        128.3    P2p
Fa0/4            Desg FWD 19        128.4    P2p
Fa0/5            Desg FWD 19        128.5    P2p
Po1              Desg FWD 9         128.27   Shr
Switch1#
```

可以看出，Switch1 马上成为根桥，有提示：This bridge is the root。优先级可以设置为 0~61440，但必须设置为 4096 的倍数。

还可以直接将某台交换机设置为根桥，不需修改交换机的优先级。如将 Switch0 设置为根桥：

Switch0#conf t
Enter configuration commands, one per line.   End with CNTL/Z.
Switch0(config)#spanning-tree ?
  mode   Spanning tree operating mode
  portfast   Spanning tree portfast options
  vlan   VLAN Switch Spanning Tree
Switch0(config)#spanning-tree vlan 1 ?
  priority   Set the bridge priority for the spanning tree
  root   Configure switch as root
  <cr>
Switch0(config)#spanning-tree vlan 1 root ?
  primary   Configure this switch as primary root for this spanning tree
  secondary   Configure switch as secondary root
Switch0(config)#spanning-tree vlan 1 root primary
Switch0(config)#end
Switch0#wri
Building configuration...
[OK]
Switch0#sh spanning-tree
VLAN0001
  Spanning tree enabled protocol ieee
  Root ID   Priority   8193
             Address   000A.F3E0.C161
             This bridge is the root
             Hello Time 2 sec   Max Age 20 sec   Forward Delay 15 sec

  Bridge ID Priority   8193   (priority 8192 sys-id-ext 1)
             Address   000A.F3E0.C161
             Hello Time 2 sec   Max Age 20 sec   Forward Delay 15 sec
             Aging Time 20

Interface   Role Sts Cost   Prio.Nbr Type
---------------- ---- --- --------- -------- -------------------------------
Fa0/3   Desg FWD 19   128.3   P2p
Po1   Desg FWD 9   128.27   Shr

Switch0#

有显示 This bridge is the root，Switch0 已经成为根桥。

习 题

1. 什么是哑终端?
2. 同轴电缆有哪两种类型?各有什么特点?
3. 集线器属于哪一个层次的设备?如何区分物理层和数据链路层设备?
4. 交换机、网桥为什么不能取代路由器?
5. 网桥和交换机有哪些共同点和不同点?
6. 为什么交换机可以支持 VLAN,而网桥却不能?
7. 什么是第 3 层交换?3 层交换机可以完全取代路由器吗?
8. 第 2 层交换具有哪三种交换功能?
9. 简述交换机自动学习 MAC 地址的过程。如果帧的目的 MAC 地址不在转发/过滤表中,交换机将如何处理此帧?
10. 为什么交换机可以隔离冲突域,而无法隔离广播域?
11. 交换机具有哪三种数据帧转发模式?
12. 交换环路会带来哪些严重的问题?
13. 生成树协议 STP 除了解决环路问题,还解决了什么问题?
14. 简述生成树协议的操作过程。
15. 生成树协议的端口有哪四种状态?
16. 快速生成树协议 RSTP 对生成树协议 STP 进行了哪些改进?
17. 思科有哪些快速生成树技术?能达到什么效果?
18. 怎样给交换机配置 IP 地址和默认网关?
19. 什么是交换机的端口安全?
20. 在什么情况下生成树协议 STP 被认为是收敛的?
21. 显示 MAC 地址表使用哪个命令?
22. 交换机的某个端口的指示灯在黄色和绿色之间交替闪烁,这个端口处于什么状态?
23. 使用什么命令,可以在一个连接到主机的端口上禁用 STP?
24. 动手实验:完成本章示例网络的配置。

第 6 章　虚拟局域网

6.1　VLAN 基础

在通常情况下，交换机仅可以分割冲突域，却不能分隔广播域，需要依靠路由器来分隔广播域。然而，路由器端口有限，无法支持数量较多的广播域划分。虚拟局域网（virtual local area network，VLAN）的出现使这种状况得到了改善，在没有路由器参与的情况下，只要创建虚拟局域网，就可以实现对纯交换型网络进行广播域划分的功能。

6.1.1　VLAN 与 LAN 的关系

虚拟局域网是在一个物理局域网的基础上，划分出不同的逻辑网络。VLAN 虽然是一种逻辑上的局域网，但其操作却与物理的局域网完全一样，是一个独立的子网，也是一个独立的广播域。通过创建不同的 VLAN，就可以指派交换机端口属于不同的子网，现实意义是能够根据职能对用户进行逻辑分组，适合现代企业组成团队实施某个项目的需求，实现部门资源的有效管理。

由于一个 VLAN 逻辑上就是一个局域网，具有传统局域网能够提供的全部特性，如安全性、网络管理、可扩展性等。一个 VLAN 中的主机通过交换机只能和本 VLAN 的主机通信，而 VLAN 之间的通信需要通过路由器或具有路由功能的三层交换机才能完成，并提供广播过滤、安全性和数据流量管理等方面的功能。另外，还需要给一个 VLAN 中的主机分配同属于一个子网的 IP 地址。

6.1.2　控制广播域

如果要将一个局域网划分成更小的广播域，原来只能使用路由器，但这样做效率很低，因为要把一个 IP 网段分成多个子网，路由器的两个接口是不能同时在一个 IP 网段中出现的。于是，原本是一个局域网，现在却要通过增加路由设备来对这个局域网进行分割。有了 VLAN 就方便多了，可以很容易地控制交换机的每个端口以及通过该端口可以访问的网络资源，通过创建 VLAN 就可建立起所需的广播域，并不需要另外增加设备。因此，使用 VLAN 增加了广播域的数量，同时缩小了广播域的规模。另外，使任何人都可随意访问局域网中资源的状况得到了控制，由此 VLAN 极大地提高了网络的安全性。

一个单位在进行网络规划时，经常是把一个部门组建成一个局域网，这有利于网络的规划及资源管理，部门成员只要将计算机连接到部门的 LAN，将自然成为部门冲突域和广播域中的一员。然而，现代企业人员经常变动，这样的网络结构并不适用，如果一个员工的主机要从一个部门 LAN 加入另一个部门的 LAN，需要将主机移动到新的 LAN 中，并重新设置 IP 地址、子网掩码、默认网关等信息，显得非常不方便。有了 VLAN 以后，一个部门的人员在物理位置上可以位于网络中的不同位置,但逻辑上就像一个 LAN 一样。相比传统 LAN 技术,VLAN 具有更好的灵活性和可扩展性。

6.1.3 VLAN 的优点

LAN 是物理的,VLAN 是逻辑的,VLAN 具有 LAN 的全部特征。VLAN 具有以下一些优点:

- 可以在 VLAN 中随意加入、移走主机,简化 LAN 的配置和网络管理。
- 可以根据职能对用户进行逻辑分组,如按照功能、项目、团队等将网络分段而不管用户的物理位置,只要处于同一个 VLAN,就可以共享资源。
- 增加了广播域的数量,同时缩小了广播域的规模,灵活控制网络中的数据流量,提高网络的性能。
- 增强了网络的安全性,如可以缩小 ARP 攻击的范围,限制其只能在同一个 VLAN 中传播,不会影响到局域网中的其他用户。

6.1.4 划分 VLAN 的方法

有以下一些方法可实现 VLAN 的划分:

(1) 基于端口划分 VLAN:由系统管理员创建并将交换机端口分配给 VLAN,这是最常用的一种 VLAN 划分方法,操作起来最为简单有效,应用也最为广泛。不过,主机较多时,重复的工作量较大;如果主机离开了原来的端口,并连接到一个新的端口,必须重新配置主机所属的 VLAN。

(2) 基于 MAC 地址划分 VLAN:根据主机的 MAC 地址进行划分,首先要建立 MAC 地址数据库,并设置好每个 MAC 地址属于哪一个 VLAN。当一台主机连接到交换机端口时,通过查询主机的硬件地址,根据 MAC 数据库的设置将端口分配给正确的 VLAN。这种划分方法最大的优点是当主机的物理位置改变时,交换机会自动将主机分配给正确的 VLAN,不用通过手动方式重新配置 VLAN。思科通过 VLAN 管理策略服务器 VMPS(VLAN management policy server)建立 MAC 数据库及 MAC 地址与 VLAN 之间的映射关系,实现主机到 VLAN 的动态分配。

(3) 基于网络协议划分 VLAN:根据所用的网络层协议来划分 VLAN,通过检查每一个数据包的网络层地址,可以将主机划分为 IP/IPX/DECnet/AppleTalk/Banyan 等不同网络层协议的 VLAN。这种方式适用于需要针对不同应用和服务来组织用户的场景,主机物理位置改变时,不需重新配置其所属的 VLAN。也有根据子网的不同划分 VLAN 的方式,类似于基于 MAC 地址的划分方法,只不过这里是基于逻辑地址,如 IP 地址。

(4) 基于 IP 地址划分 VLAN:这种方式将 VLAN 扩展到了广域网的 IP 多播,属于同一 IP 多播组的主机即属于同一 VLAN,意味着一个 IP 多播组就是一个 VLAN。注意,这种方式并不适合于局域网,而适合不在同一地理范围的局域网用户组成一个 VLAN。

(5) 基于策略划分 VLAN:将上面提到的多种划分 VLAN 的方法,包括基于端口、MAC 地址、IP 地址、网络层协议等,按照一定的安全策略进行综合运用的 VLAN 划分方法。这种方式对设备要求较高,需要设备具有自动配置的能力。

下面主要介绍基于端口的 VLAN,也称为静态 VLAN 或者称为以端口为中心的 VLAN。

6.1.5 静态 VLAN

由于静态 VLAN 最安全,所以静态 VLAN 是最常用的 VLAN 创建方法。将交换机端口分配给某个 VLAN 以后,如果不进行手工修改,这个端口就会一直属于所分配的 VLAN,对于需要控制主机移动的网络环境特别有用。另外,静态 VLAN 配置管理起来比较容易。

如图 6-1 所示,两台 Catalyst2960 交换机互连,每台交换机各连接有三台主机,现要让这三台主机分别属于 VLAN1、VLAN2、VLAN3。VLAN1 是交换机的管理 VLAN,默认就有,而且在默认情况下所有接口都属于 VLAN1,所以 PC0 和 Laptop0 已经属于 VLAN1。现在需要做的是分别在两台交换机上创建 VLAN2 和 VLAN3,然后分别将 PC1 和 Laptop1 所连接的接口分配给 VLAN2,将 PC2 和 Laptop2 所连接的接口分配给 VLAN3。如果使用网络管理软件来配置端口,也可以实现将端口分配给所属的 VLAN。

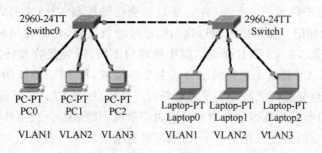

图 6-1 VLAN 接入链路和中继链路

VLAN 创建以后,需要给 VLAN 中的主机分配 IP 地址,属于同一个 VLAN 的主机要分配同一网段的 IP 地址。假设上述网络中分配给 VLAN1 的网段是 192.168.1.0/24,分配给 VLAN2 的网段是 192.168.2.0/24,分配给 VLAN3 的网段是 192.168.3.0/24。给各主机配置的地址如下:

PC0:192.168.1.1/24   Laptop0:192.168.1.2/24
PC1:192.168.2.1/24   Laptop1:192.168.2.2/24
PC2:192.168.3.1/24   Laptop2:192.168.3.2/24

现在的问题是,这样配置完成后,哪些主机能够相互 ping 通?

答案是只有 PC0 和 Laptop0 能够相互 ping 通,因为二者都属于 VLAN1,正如一台交换机没有进行任何配置就可以放在网络中使用一样。主要原因是连接两台交换机的中继链路在默认情况下是传递 VLAN1 的数据的,但不能传递其他 VLAN 的数据,因为许多 VLAN 的数据经过同一条链路传输时必须进行区分。在没有进行区分的情况下,VLAN2 和 VLAN3 的数据是无法经过中继链路传递的,所以 PC1 和 Laptop1 之间、PC2 和 Laptop2 之间都是 ping 不通的。

6.2 VLAN 标识

如果一个端口已经分配给一个 VLAN,那么该端口就只能属于这个 VLAN,这种端口称为接入端口。如果一个端口是中继端口,则它可以属于所有 VLAN。接入端口和中继端口并非两种不同的端口,而只是接入的模式不相同,可通过手工的方式将一个端口设置为接入端口或中继端口,也可以在每个端口上运行动态中继协议(dynamic trunk protocol,DTP),通过与链路另一端的端口进行协商来设置端口模式。一个端口不能既是接入端口,又是中继端口,只可能是二者之一。

6.2.1 端口类型

交换机根据帧的硬件地址对帧进行处理,但如果帧经过的链路类型不同,则交换机将以不同的方式对其进行处理。下面对几种类型端口进行说明。

- 中继端口:互连两个交换机的端口就是中继端口,可以同时传输多个VLAN的数据流。中继端口之间的链路称为中继链路,一般位于交换机之间、交换机和路由器之间,如果交换机之间的链路不是中继链路,则只能传输对应接入VLAN的数据流。通过中继链路,可以让一个VLAN的主机跨越交换机进行通信。
- 接入端口:由于只属于一个VLAN,所以只会传输所属VLAN的数据流,也不需要对VLAN进行标记。如果接入端口收到标记过的数据帧,将丢弃该帧,因为接入端口只接收属于所属VLAN的数据流。但中继端口不同,需要接收和转发标记过的VLAN数据流。VLAN将整个交换网络分成多个广播域,每个VLAN的创建相当于在一台交换机或多台交换机之间建立了一个新的广播域,每个VLAN成员就是该广播域的一员,接入端口收到的数据也只可能是所属广播域中的数据。交换机针对每个VLAN进行的相对独立的桥接工作使一个VLAN看起来类似于一台独立的网桥在工作。事实上也是如此,因为每个VLAN都维护着一个独立的桥接地址表(bridging table),其作用与局域网中的MAC地址表相同,用于转发/过滤本VLAN的数据帧,只是在将帧转发给与接入链路相连的主机之前,交换机会删除所有的VLAN信息。
- 语音接入端口:这是一种较为特殊的端口,因为它不是只能属于一个VLAN,许多的交换机都允许将此种端口分配给另一个VLAN,以便传输语音的数据,这样的VLAN称为语音VLAN,过去也称为辅助VLAN。这样,一个端口既属于数据VLAN,又属于语音VLAN,可以同时传输数据和语音。在实际应用中,就是能够将PC和电话机连接到交换机的同一个端口,同时PC和电话机又属于不同的VLAN。这是一个接入端口只能属于一个VLAN这种规定的一个例外。

6.2.2 VLAN ID

能够跨越多台交换机创建VLAN,充分体现了VLAN强大且灵活的功能。前面提到,这种功能是通过中继链路实现的,但一条中继链路要支持多个VLAN数据的传输,那么交换机是如何区分不同VLAN的数据流的?采用的方法是对VLAN的帧进行标记,在每个帧中添加VLAN ID。有了VLAN标识以后,交换机就可以对所有帧进行跟踪,并确定帧所属的VLAN。交换机收到一个帧后,首先提取其VLAN ID,然后再根据过滤表进行处理。如果该VLAN还有另外的中继链路,则从对应的中继端口将帧转发出去。如果有接入链路属于该VLAN,则删除VLAN ID后从对应的接入端口转发出去,目标主机将会接收到该帧。

中继链路也可以传输没有标记的VLAN数据流,但只能有一个VLAN的数据流不用标记,因为如果多个VLAN的数据没有标记,那结果还是交换机无法区分。这个VLAN称为本机VLAN,它的ID在交换机中继端口那里被称为默认端口VLAN ID(PVID:Port-base VLAN ID)。在默认情况下,这个本机VLAN是VLAN 1,只要是VLAN 1的数据就不用进行标记,这也是默认情况下所有端口都属于VLAN 1,中继链路对所有端口的数据流都能传输的原因。不过,本机VLAN是可以修改的,其ID可以修改为任何VLAN的编号。例如,可以将本机VLAN修改为VLAN 2,那PVID就由1变成了2,这样VLAN 2的帧就不用标记,但VLAN 1的帧就必须进行标记了。

如果一个数据帧的VLAN ID为NULL(未指定),则该帧被认为是本机VLAN的数据帧,就不会再对其进行标记,并在本机VLAN内进行转发。

6.2.3 标识方法

下面介绍两种VLAN数据帧的具体标识方法。

(1)交换机间链路

交换机间链路(inter-switch link,ISL)是思科公司开发的私有技术,在以太网帧的前面和后面分别添加了新的首部和循环冗余校验(CRC)来对帧进行封装,其中包含了VLAN ID。这种标识方法只能用于快速以太网和吉比特以太网链路,所以如果是10Mbit/s的以太网就不能使用ISL来进行VLAN数据帧标识。

(2) IEEE 802.1Q

这是IEEE制定的VLAN标识标准,在以太网帧中插入了一个字段,用于标识VLAN。默认的本机VLAN为VLAN 1,IEEE 802.1Q不会对本机VLAN的数据帧进行标识。几乎所有设备制造商的交换机都支持这种标准,当在思科交换机与其他品牌的交换机之间进行中继时,必须使用IEEE 802.1Q标准。

在实际的VLAN配置中,并非所有的思科交换机都能同时支持上述的两种VLAN标识方法,具体情况需要查询交换机的帮助予以确认。

6.3 VLAN中继协议

为了保持整个交换网络VLAN配置数据的一致性,思科开发了VLAN中继协议(VLAN trunk protocol,VTP),让用户在一台交换机上进行的VLAN创建、添加、删除和VLAN重命名等操作信息,能够传播到网络中的其他交换机,由此实施对所有VLAN配置的管理。除确保网络中所有交换机有一致的VLAN配置外,VTP还能准确地跟踪和监视VLAN,随时将VLAN配置信息的变化报告给域中的其他交换机,如新增VLAN、VLAN删除等。此外,VTP还能让VLAN可以跨越不同类型的网络,如ATM LANE和以太网。

6.3.1 VTP域

VLAN配置信息的传播范围由VTP域来界定,交换机之间要能共享VLAN信息,则交换机必须使用相同的域名,而且一台交换机不能同时属于多个不同的域。所以,同一个VTP域中的交换机才能共享所属VTP域的信息。在特殊情况下,若所有交换机都属于同一个VLAN,则不需要使用VTP域,如交换机所有端口都默认属于VLAN 1就是如此。对于两种类型的端口,接入端口是不发送VTP信息的,只有中继端口才会在交换机之间发送VTP信息。

在VTP域中,交换机有三种运行模式:服务器模式、客户端模式和透明模式,要使用VTP来管理网络中的VLAN,则至少要有一台交换机是服务器模式。不过,在默认情况下,所有交换机都处于VTP服务器模式,只是不能将VTP域中的所有交换机都设置成其他两种模式。

VTP域中还可以设置密码,也可以不设置。但如果准备设置密码,则每台交换机都必须设置相同的密码,否则,交换机之间无法交换VTP信息。

VLAN信息的新旧通过修订号来标识,交换机发送的更新信息中包含修订号,当交换机查看到更高的修订号,就知道接收到了最新的VTP信息,随后使用所获取的信息对自己的VLAN数据库进行更新。

综合来看,两台交换机之间要能交换VLAN信息,必须满足以下三个条件:
- 具有相同的VTP域名;
- 至少有一台交换机被设置为VTP服务器模式;
- 如果设置了VTP密码,则两台交换机具有相同的密码。

6.3.2 VTP运行模式

VTP具有三种运行模式,说明如下:
- 服务器模式:如果需要交换机有创建、修改、删除VLAN的功能,则交换机必须处于服务器模式。在默认情况下,交换机都是处于服务器模式,具备创建、修改、删除VLAN的功能,除非对其VTP模式进行了改变。服务器模式交换机对VLAN配置进行修改以后,所做的修改将会在整个VTP域中予以通告,该VTP域中的其他交换机都会收到这些信息,并对自己的VLAN数据库进行更新。在服务器模式交换机上,VLAN配置存储在NVRAM中。
- 客户端模式:这种模式的交换机不能创建、修改、删除VLAN,只能接收来自其他VTP服务器模式交换机所做的配置信息,需要完成的操作是将本机端口加入某个已有的VLAN中。客户端模式交换机接收到VLAN信息,会对其进行转发,转发给其他交换机,但不会将VLAN信息保存到NVRAM中。如果交换机重启,VLAN信息将会丢失,需要重新学习VLAN信息。
- 透明模式:处于透明模式的交换机并不是VTP域中的一员,即它没有加入VTP域中,而只扮演一个转发VTP信息的角色,因为VTP域中的交换机之间需要经过它才能互连,才能互相学习VLAN信息。因此,透明模式的交换机相对来说是独立的,它并不与VTP域中的交换机共享VLAN信息,它所具有的VLAN信息都是它自己的,与其他交换机无关。透明模式交换机可以创建、修改、删除VLAN,并将它们保持在自己的VLAN数据库中,也即保存在NVRAM中。透明模式交换机的VLAN数据库只具有本地意义,既不会把自己VLAN信息发给其他交换机,也不会从其他交换机学习VLAN信息。

关于交换机上的VLAN信息,可以使用命令show vlan查看,下面是一个实例:

```
Switch# show vlan
VLAN Name                     Status    Ports
---- ------------------------ --------- -------------------------------
1    default                  active    Fa0/1, Fa0/4, Fa0/5, Fa0/6
                                        Fa0/7, Fa0/8, Fa0/9, Fa0/10
                                        Fa0/11, Fa0/12, Fa0/13, Fa0/14
                                        Fa0/15, Fa0/16, Fa0/17, Fa0/18
```

```
                                         Fa0/19, Fa0/20, Fa0/21, Fa0/22
                                         Fa0/23, Fa0/24, Gig1/1, Gig1/2
2    VLAN0002                   active   Fa0/2
3    VLAN0003                   active   Fa0/3
1002 fddi-default                act/unsup
1003 token-ring-default          act/unsup
1004 fddinet-default             act/unsup
1005 trnet-default               act/unsup
--More--
```

在默认情况下,交换机会自动创建 VLAN 1 和 VLAN 1002-1005,所有的端口都属于 VLAN 1。VLAN ID 为 1~1005 的 VLAN 称为常规 VLAN,VLAN ID 大于 1005 的 VLAN 称为扩展 VLAN,它们不会存储在 VLAN 数据库中。在 VTP 域中创建的 VLAN 都是常规 VLAN,如果要建立扩展 VLAN,即 VLAN ID 为 1006~4094 的 VLAN,则交换机必须处于 VTP 透明模式才能创建,通常情况很少创建这样的 VLAN。在上述实例中,除交换机自动创建的 5 个 VLAN 外,还创建了 VLAN 2 和 VLAN 3,并分别将端口 Fa0/2、Fa0/3 加入这两个 VLAN 中。

6.3.3 VTP 修剪

如果一个交换机上没有属于某个 VLAN 的端口,则关于这个 VLAN 的信息就不需要发送给这个交换机。因为这样可以减少信息的传播、节省带宽,实现这种功能就称为 VTP 修剪。

在默认情况下,所有交换机都禁用了 VTP 修剪,如果启用修剪,将可以作用于 VLAN 2-1001,管理 VLAN 1 不会在修剪的范围之内,因为 VLAN 1 的信息每台交换机都是需要的,不能被修剪。另外,扩展的 VLAN(ID:1006~4094)也不能被修剪,因为它们需要接收大量的数据流。修剪启用以后,交换机就可以避免在中继链路上广播不必要的流量。

具体实施就是在某个中继端口上对指定的 VLAN 进行修剪:

```
Switch#conf t
Switch(config)#int fa0/4
Switch(config-if)#switchport trunk pruning vlan 2-3
```

这是在中继端口 Fa0/4 上对 VLAN 2 和 VLAN 3 进行了修剪,与这两个 VLAN 相关的信息就不会在 Fa0/4 连接的中继链路上发送了。

6.4 VLAN 间路由

每一个 VLAN 就是一个广播域,同一个 VLAN 中的主机可以自由通信,但不同 VLAN 中的主机是不能通过交换机直接通信的,需要采用能提供路由功能的第三层设备将不同的 VLAN 互连起来,才能实现不同 VLAN 之间的通信。

第一种方式是在路由器上为每个 VLAN 提供一个接口,这与连接物理局域网类似。如图 6-2 所示,通过路由器互连 VLAN 1、VLAN 2 和 VLAN 3,路由器至少需要三个以太网接口,否则无法实现完全互连。这样连接以后，路由器三个接口的 IP 地址必须分别配置三个 VLAN 中的地址，而且此地址将是 VLAN 中主机的默认网关地址。

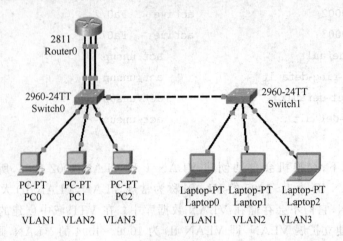

图 6-2 路由器互连 VLAN

像这样为每个 VLAN 都分配一个路由器接口的情形，只能是在 VLAN 数量较少的情况下才可行。因为路由器的接口不会像交换机那样多，一般都比较少，所以，当 VLAN 数量多于路由器接口时，就需采用如下方式。

第二种方式是路由器只需使用一个物理接口，然后将这个物理接口划分出很多的子接口，通过每个子接口连接一个 VLAN 来实现 VLAN 之间的互连，这种方式称为单臂路由器（router-on-a-stick）方式，如图 6-3 所示。

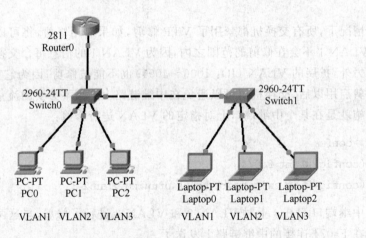

图 6-3 单臂路由器互连 VLAN

每个子接口都需要配置 IP 地址，因为该地址就是 VLAN 中主机的默认网关。由于通过一个接口就可以将所有的 VLAN 都连接起来，因此不需要增加额外的费用，但有潜在的单点故障问题存在。使用三层交换机也可以实现 VLAN 之间的互连，直接在其背板上提供 VLAN 间的路由功能。

6.5 VLAN 配置

在进行 VLAN 配置之前,需要对 VLAN 进行规划设计。例如,建立多少个 VLAN,哪些用户应该属于哪个 VLAN,每个 VLAN 分配哪一个网段的 IP 地址等。这样有利于 VLAN 的配置有条不紊地进行。这里就以上述交换网络图 6-3 为例来说明 VLAN 的配置。

6.5.1 创建 VLAN

VLAN 1 是默认的管理 VLAN,不需要创建,所以需要创建的是 VLAN 2 和 VLAN 3。创建 VLAN 很简单,在全局配置模式下即可创建。

Switch0 的配置如下:

```
Switch0#conf t
Switch0(config)#vlan ?
    <1-1005>    ISL VLAN IDs 1-1005
Switch0(config)#vlan 2
Switch0(config-vlan)#?
VLAN configuration commands:
    exit    Apply changes, bump revision number, and exit mode
    name    Ascii name of the VLAN
    no      Negate a command or set its defaults
Switch0(config-vlan)#vlan 3
Switch0(config-vlan)#end
Switch0#
```

这样就在交换机 Switch0 上创建了 VLAN 2 和 VLAN 3,帮助提示可以创建 ID 为 1～1005 的 VLAN,其中 VLAN 1 和 VLAN 1002～1005 是保留的,不能被修改、重命名和删除。进入 VLAN 配置模式后,还可以使用 name 命令给 VLAN 命名,这里省略了这一步,使用交换机给定的默认名字 VLAN0002 和 VLAN0003。

在交换机 Switch1 上采用同样的配置创建 VLAN 2 和 VLAN 3。

6.5.2 将端口添加到 VLAN

在两台交换机上,假设都是将端口 Fa0/2 分配给 VLAN 2,将端口 Fa0/3 分配给 VLAN 3,剩下的端口仍然都属于 VLAN 1。属于一个 VLAN 的端口是接入端口,所以需将其端口模式设置为 access。关于端口模式的配置,有如下一些可选项:

➢ switchport mode access:将端口设置为接入端口,不能成为中继端口,即使连接的对端是中继端口,该端口也不可能协商成为中继端口,即为永久非中继端口,所连接的链路为非中继链路。

➢ switchport mode trunk:将端口设置为中继端口,所连接的链路为中继链路。

➢ switchport mode dynamic auto:如果相邻端口的模式为 trunk 或 desirable,则该端口将成为中继端口,链路成为中继链路。

- switchport mode dynamic desirable：如果相邻端口为 trunk、auto 或 desirable，该端口将成为中继端口。在新的思科交换机中，以太网接口的默认模式就是这种模式。
- switchport nonegotiate：在端口处于 access 或 trunk 模式时，使用该命令可以禁止端口产生 DTP 帧进行端口模式协商。如果要建立中继链路，只能通过手工方式将对端端口配置为中继端口。

要将交换机端口加入特定的 VLAN 中，使用的是接口命令 switchport access vlan，如果要多个端口同时加入一个 VLAN，可以使用 interface range 命令。

Switch0 的配置如下：

```
Switch0#conf t
Enter configuration commands, one per line.  End with CNTL/Z.
Switch0(config)#int fa0/2
Switch0(config-if)#switchport ?
  access         Set access mode characteristics of the interface
  mode           Set trunking mode of the interface
  native         Set trunking native characteristics when interface is in
                 trunking mode
  nonegotiate    Device will not engage in negotiation protocol on this
                 interface
  port-security  Security related command
  priority       Set appliance 802.1p priority
  trunk          Set trunking characteristics of the interface
  voice          Voice appliance attributes
Switch0(config-if)#switchport mode ?
  access   Set trunking mode to ACCESS unconditionally
  dynamic  Set trunking mode to dynamically negotiate access or trunk mode
  trunk    Set trunking mode to TRUNK unconditionally
Switch0(config-if)#switchport mode access
Switch0(config-if)#switchport access vlan 2
Switch0(config-if)#int fa0/3
Switch0(config-if)#switchport mode access
Switch0(config-if)#switchport access vlan 3
Switch0(config-if)#end
Switch0#wri
Building configuration...
[OK]
Switch0#
```

在交换机 Switch1 上进行相同的配置。

在 Switch1 上用 show vlan 查看一下 VLAN 的情况，如下：

```
Switch1#sh vlan
```

```
VLAN Name                          Status     Ports
---- ------------------------------ --------- -------------------------------
1    default                        active    Fa0/1, Fa0/4, Fa0/5, Fa0/6
                                              Fa0/7, Fa0/8, Fa0/9, Fa0/10
                                              Fa0/11, Fa0/12, Fa0/13, Fa0/14
                                              Fa0/15, Fa0/16, Fa0/17, Fa0/18
                                              Fa0/19, Fa0/20, Fa0/21, Fa0/22
                                              Fa0/23, Fa0/24, Gig1/1, Gig1/2
2    VLAN0002                       active    Fa0/2
3    VLAN0003                       active    Fa0/3
1002 fddi-default                   act/unsup
1003 token-ring-default             act/unsup
1004 fddinet-default                act/unsup
1005 trnet-default                  act/unsup
```

前面提到过,两台交换机配置到这里,只有 PC0 和 Laptop0 能够相互 ping 通,因为二者都属于 VLAN1。由于中继链路还没有配置,VLAN2 和 VLAN3 的数据是无法经过交换机的互连链路传递的,所以 PC1 和 Laptop1 之间、PC2 和 Laptop2 之间都是 ping 不通的。所以,接下来就要对中继端口进行配置,使 VLAN 数据能够穿越多个交换机。

6.5.3 中继端口配置

在此网络中,交换机 Switch0 和 Switch1 通过各自的 Fa0/4 端口互连,都是快速以太网接口,现将它们配置为中继端口,使用的命令是 switchport mode trunk。由于 2960 交换机只支持 IEEE 802.1Q 标识 VLAN,所以不需要对 VLAN 标识方法进行配置。如果有的交换机支持 ISL 和 IEEE 802.1Q 两种 VLAN 标识,则需要配置中继封装,从两种方法中选择一种。

Switch0 的配置如下:

```
Switch0#conf t
Enter configuration commands, one per line.  End with CNTL/Z.
Switch0(config)#int fa0/4
Switch0(config-if)#switchport mode trunk
Switch0(config-if)#switchport trunk ?
  allowed  Set allowed VLAN characteristics when interface is in trunking mode
  native   Set trunking native characteristics when interface is in trunking
           mode
Switch0(config-if)#switchport trunk allowed vlan ?
  WORD    VLAN IDs of the allowed VLANs when this port is in trunking mode
  add     add VLANs to the current list
  all     all VLANs
  except  all VLANs except the following
  none    no VLANs
```

```
   remove    remove VLANs from the current list
Switch0(config-if)#switchport trunk allowed vlan all
Switch0(config-if)#end
Switch0#wri
Building configuration...
[OK]
Switch0#
```

这里配置的是让中继链路支持所有 VLAN 数据,有需要的话,还有其他一些参数可以使用,如 remove 10-12 可以丢弃来自 VLAN 10-12 三个 VLAN 的数据。如果使用了其他参数后,要恢复到支持所有 VLAN 的默认设置,则使用命令 switchport trunk allowed vlan all 即可。

在交换机 Switch1 的端口 Fa0/4 进行相同的配置后,同一个 VLAN 中的主机就可以相互 ping 通了。例如,在 PC1 上 ping 同属 VLAN 2 的 Laptop1:

```
PC>ping 192.168.2.2

Pinging 192.168.2.2 with 32 bytes of data:
Reply from 192.168.2.2: bytes=32 time=9ms TTL=128
Reply from 192.168.2.2: bytes=32 time=0ms TTL=128
Reply from 192.168.2.2: bytes=32 time=0ms TTL=128
Reply from 192.168.2.2: bytes=32 time=0ms TTL=128
Ping statistics for 192.168.2.2:
    Packets: Sent = 4, Received = 4, Lost = 0 (0% loss),
Approximate round trip times in milli-seconds:
    Minimum = 0ms, Maximum = 9ms, Average = 2ms
```

但属于不同 VLAN 的主机还无法相互通信。

在中继端口上默认的本机 VLAN 是 VLAN 1,但前面已提到过本机 VLAN 是可以修改的。例如,要将 Switch0 端口 Fa0/4 支持的本机 VLAN 修改为 VLAN 2,可以进行如下配置:

```
Switch0#conf t
Enter configuration commands, one per line.  End with CNTL/Z.
Switch0(config)#int fa0/4
Switch0(config-if)#switchport trunk ?
  allowed  Set allowed VLAN characteristics when interface is in trunking mode
  native   Set trunking native characteristics when interface is in trunking
           mode
Switch0(config-if)#switchport trunk native ?
  vlan  Set native VLAN when interface is in trunking mode
Switch0(config-if)#switchport trunk native vlan ?
  <1-1005>  VLAN ID of the native VLAN when this port is in trunking mode
Switch0(config-if)#switchport trunk native vlan 2
Switch0(config-if)#end
```

通过 show running-config 可以看到交换机 Switch0 的 Fa0/4 端口支持的本机 VLAN 已成为 VLAN 2：

!
interface FastEthernet0/4
switchport trunk native vlan 2
switchport mode trunk
!

但是，两个交换机都在连续显示本机 VLAN 不匹配的信息，括号中的 1 和 2 分别表示 VLAN 1 和 VLAN 2：

Switch0#
% CDP-4-NATIVE_VLAN_MISMATCH：Native VLAN mismatch discovered on FastEthernet0/4 (2), with Switch1 FastEthernet0/4 (1).
Switch1#
% CDP-4-NATIVE_VLAN_MISMATCH：Native VLAN mismatch discovered on FastEthernet0/4 (1), with Switch0 FastEthernet0/4 (2).

说明中继链路两端的本机 VLAN 必须一致，否则就会产生错误。所以，要修改本机 VLAN，就必须将中继链路的两端都修改为相同的 VLAN。一般情况下，本机 VLAN 不需修改。这里，将 Switch0 Fa0/4 端口支持的本机 VLAN 改回 VLAN 1，不过有可能需要重启交换机中继链路才能恢复正常工作。

6.5.4 VLAN 间路由配置

为了节省路由器的接口，采用"单臂路由器"方式实现 VLAN 之间的通信，所以需要根据 VLAN 数量将路由器的接口分成多个逻辑子接口。然后给每个 VLAN 分配一个子接口，并给子接口配置相应的 IP 地址。

路由器通过接口 Fa0/0 与交换机 Switch0 的 Fa0/5 相连接，所以只需对交换机 Switch0 和路由器 Router0 进行配置，而不用对交换机 Switch1 进行配置。

Switch0 上配置如下：

Switch0# conf t
Enter configuration commands, one per line.　End with CNTL/Z.
Switch0(config)# int fa0/5
Switch0(config-if)# switchport mode trunk
Switch0(config-if)# end
Switch0#
Switch0# wri
Building configuration...
[OK]
Switch0#

因为 Switch0 只能支持 802.1Q 的封装方法，所以不需配置，只需将 Fa0/5 的模式配置为 trunk 即可。

Router0 的配置如下：

```
Router#configure terminal
Enter configuration commands, one per line.  End with CNTL/Z.
Router(config)#hostname Router0
Router0(config)#int fa0/0
Router0(config-if)#no ip address
Router0(config-if)#int fa0/0.1
Router0(config-subif)#encapsulation ?
  dot1Q   IEEE 802.1Q Virtual LAN
Router0(config-subif)#encapsulation dot1Q ?
<1-1005>  IEEE 802.1Q VLAN ID
Router0(config-subif)#encapsulation dot1Q 1
Router0(config-subif)#ip address 192.168.1.254 255.255.255.0
Router0(config-subif)#int fa0/0.2
Router0(config-subif)#encapsulation dot1Q 2
Router0(config-subif)#ip address 192.168.2.254 255.255.255.0
Router0(config-subif)#int fa0/0.3
Router0(config-subif)#encapsulation dot1Q 3
Router0(config-subif)#ip address 192.168.3.254 255.255.255.0
Router0(config-subif)#end
Router0#wri
Building configuration...
[OK]
Router0#
```

路由器 Fa0/0 物理接口上不配置 IP 地址，IP 地址要配置在每个子接口上。子接口标识选择与 VLAN ID 相同，这样有利于查询。每个子接口都采用 dot1Q（即 IEEE 802.1Q）封装，与互连交换机 Switch0 一致，并分配给一个 VLAN，通过在 dot1Q 后面输入 VLAN ID 实现。每个子接口的 IP 地址均使用所属 VLAN 网段中的最后一个可用 IP 地址。子接口所配 IP 地址也是 VLAN 中主机的默认网关地址，所以还需要给每个主机配置好网关地址。

以上配置完成以后，任意两个主机就可以通信了。如在属于 VLAN1 的主机 PC0 上 ping 属于 VLAN 3 的主机 Laptop2，可以 ping 通：

```
PC>ping 192.168.3.2
Pinging 192.168.3.2 with 32 bytes of data：
Reply from 192.168.3.2：bytes=32 time=0ms TTL=127
Reply from 192.168.3.2：bytes=32 time=0ms TTL=127
Reply from 192.168.3.2：bytes=32 time=0ms TTL=127
Reply from 192.168.3.2：bytes=32 time=0ms TTL=127
```

Ping statistics for 192.168.3.2:
    Packets: Sent = 4, Received = 4, Lost = 0 (0% loss),
Approximate round trip times in milli-seconds:
    Minimum = 0ms, Maximum = 0ms, Average = 0ms

使用三层交换机也可以实现 VLAN 之间的通信,但配置与使用路由器时不相同。因为交换机的路由模块和交换模块直接通过交换机的背板总线连接,所以不需要使用中继链路(trunk),只需在三层交换机的路由模块上定义与 VLAN 数量相同的逻辑接口,然后将这些接口和需路由的 VLAN 一一对应,并为每个逻辑接口配置好 IP 地址,即实现了 VLAN 之间的路由。

例如,假设使用三层交换机实现上述三个 VLAN 之间的通信,配置如下:

```
Switch(config)# ip routing
Switch(config)# interface vlan 1
Switch(config-if)# ip address 192.168.1.254 255.255.255.0
Switch(config-if)# interface vlan 2
Switch(config-if)# ip address 192.168.2.254 255.255.255.0
Switch(config-if)# interface vlan 3
Switch(config-if)# ip address 192.168.3.254 255.255.255.0
```

首先是打开三层交换机的路由功能,然后配置三个逻辑接口分别对应 VLAN 1、VLAN 2 和 VLAN 3,并配置上对应的 IP 地址就实现了 VLAN 之间的路由。相比使用路由器,配置更为简单。

6.5.5 VTP 配置

VTP 是为了保证交换网络 VLAN 配置的一致性,使用 VTP 域名来识别一个交换机是否在某个 VTP 域的范围内,其他一些设置还包括密码、运行模式、修剪等方面。下面通过将交换机 Switch0 和 Switch1 加入同一个 VTP 域来保证二者 VLAN 配置信息的一致性。将 Switch0 设置为 VTP 服务器、Switch1 设置为 VTP 客户端。假设 VTP 域名为 VLANConfig,注意区分大小写,密码设置为 123456。

Switch0 的配置如下:

```
Switch0#conf t
Enter configuration commands, one per line.   End with CNTL/Z.
Switch0(config)#vtp mode server
Device mode already VTP SERVER.
Switch0(config)#vtp domain VLANConfig
Changing VTP domain name from NULL to VLANConfig
Switch0(config)#vtp password 123456
Setting device VLAN database password to 123456
Switch0(config)#end
```

配置以后,用命令 show vtp status 查看 VTP 的状态信息:

```
Switch0#show vtp status
VTP Version                     : 2
Configuration Revision          : 14
Maximum VLANs supported locally : 255
Number of existing VLANs        : 7
VTP Operating Mode              : Server
VTP Domain Name                 : VLANConfig
VTP Pruning Mode                : Disabled
VTP V2 Mode                     : Disabled
VTP Traps Generation            : Disabled
MD5 digest                      : 0x58 0x02 0x90 0x88 0xCC 0x43 0x7B 0x97
Configuration last modified by 0.0.0.0 at 3-1-93 00:00:00
Local updater ID is 0.0.0.0 (no valid interface found)
Switch0#
```

上述信息显示 VTP 最多能够支持 255 个本地 VLAN,而可以创建的 VLAN 超过了 1000个,所以在 VLAN 数量较多时要特别注意,不要忽视了这一限制。

下面来配置交换机 Switch1:

Switch1 的配置如下:

```
Switch1#conf t
Enter configuration commands, one per line.   End with CNTL/Z.
Switch1(config)#vtp mode client
Setting device to VTP CLIENT mode.
Switch1(config)#vtp domain VLANConfig
Domain name already set to VLANConfig.
Switch1(config)#vtp pass
Switch1(config)#vtp password 123456
Setting device VLAN database password to 123456
Switch1(config)#end
Switch1#
```

查看 Switch1 上 VTP 的状态信息:

```
Switch1#show vtp status
VTP Version                     : 2
Configuration Revision          : 14
Maximum VLANs supported locally : 255
Number of existing VLANs        : 7
VTP Operating Mode              : Client
VTP Domain Name                 : VLANConfig
VTP Pruning Mode                : Disabled
VTP V2 Mode                     : Disabled
```

```
VTP Traps Generation             : Disabled
MD5 digest                       : 0x58 0x02 0x90 0x88 0xCC 0x43 0x7B 0x97
Configuration last modified by 0.0.0.0 at 3-1-93 00:00:00
Switch1#
```

现在交换机 Switch0 和 Switch1 已经属于同一个 VTP 域,下面在 Switch0 上创建一个新的 VLAN 4,检验一下 VLAN 信息是否可以传递给交换机 Switch1。

Switch0 的配置如下:

```
Switch0#conf t
Enter configuration commands, one per line.  End with CNTL/Z.
Switch0(config)#vlan 4
Switch0(config-vlan)#end
Switch0#wri
Building configuration...
[OK]
```

查看 Switch0 上 VLAN 信息:

```
Switch0#sh vlan

VLAN Name                             Status    Ports
---- -------------------------------- --------- -------------------------------
1    default                          active    Fa0/1, Fa0/6, Fa0/7, Fa0/8
                                                Fa0/9, Fa0/10, Fa0/11, Fa0/12
                                                Fa0/13, Fa0/14, Fa0/15, Fa0/16
                                                Fa0/17, Fa0/18, Fa0/19, Fa0/20
                                                Fa0/21, Fa0/22, Fa0/23, Fa0/24
                                                Gig1/1, Gig1/2
2    VLAN0002                         active    Fa0/2
3    VLAN0003                         active    Fa0/3
4    VLAN0004                         active
1002 fddi-default                     act/unsup
1003 token-ring-default               act/unsup
1004 fddinet-default                  act/unsup
1005 trnet-default                    act/unsup
 --More--
```

再来查看 Switch1 上的 VLAN 信息,可以看到与 Switch0 的 VLAN 信息是一致的:

```
Switch1#sh vlan
VLAN Name                             Status    Ports
---- -------------------------------- --------- -------------------------------
1    default                          active    Fa0/1, Fa0/5, Fa0/6, Fa0/7
                                                Fa0/8, Fa0/9, Fa0/10, Fa0/11
                                                Fa0/12, Fa0/13, Fa0/14, Fa0/15
```

```
                                          Fa0/16, Fa0/17, Fa0/18, Fa0/19
                                          Fa0/20, Fa0/21, Fa0/22, Fa0/23
                                          Fa0/24, Gig1/1, Gig1/2
2    VLAN0002                   active    Fa0/2
3    VLAN0003                   active    Fa0/3
4    VLAN0004                   active
1002 fddi-default               act/unsup
1003 token-ring-default         act/unsup
1004 fddinet-default            act/unsup
1005 trnet-default              act/unsup
--More--
```

交换机 Switch1 已经学到了新建立的 VLAN 4 的信息,但是哪些端口应该添加到 VLAN 4,则必须在两台交换机上分别添加,在两台交换机上是可以不相同的。如在 Switch0 上可以将端口 Fa0/6 添加到 VLAN 4,而在 Switch1 则将端口 Fa0/5 添加到 VLAN 4。

6.6 排查 VLAN 故障

排查交换网络 VLAN 故障:首先是物理层的线路要正常,接口的速度和双工方式要匹配;然后要确保路由器或交换机的基本配置正常;最后才是检查有关 VLAN 的配置是否正常。

要保证全网 VLAN 配置的一致性,VTP 非常重要,如果 VTP 配置不正确,VTP 是无法工作的,必须排除 VTP 故障使其工作正常。首先要注意域名是区分大小写的,要保证每个交换机配置了相同的域名。如果使用了 VTP 密码,VTP 域中的所有交换机都必须配置相同的密码。交换机的 VTP 模式也很重要,只有模式为服务器的交换机才能创建、修改或删除 VLAN。可以使用命令 show vtp status 检查交换机的 VTP 状态,确保其运行良好。

如果发现中继链路有问题,首先要检查链路两端的端口模式是否都为 Trunk。接下来,两端的封装协议是否相同,不能一端使用 ISL,另一端使用的却是 802.1Q。然后还要检查中继链路两端允许通过的 VLAN 是否配置一致,例如一端允许 VLAN 10 通过,但另一端却不允许。另外,如果相同的 VLAN 名字分配给了不同交换机上的不同 VLAN,也会导致中继链路出现故障。如果在路由器的接口上配置了逻辑子接口,需要检查是否配置了正确的封装方式、VLAN ID、IP 地址和子网掩码等参数。

命令 show vlan 可以检查 VLAN 的配置情况,如果在该命令后面指定了 VLAN ID,则可以只显示某个 VLAN 的信息。

习　题

1. 虚拟局域网 VLAN 与物理局域网之间是什么关系?
2. VLAN 之间的通信需要通过设备才能完成?
3. 相比 VLAN,通过路由器将一个局域网隔离成更多更小的广播域存在哪些不足?
4. 使用 VLAN 有哪些好处?
5. 有哪些划分 VLAN 的方法?说明这些方法。

6. 什么样的接入端口可以同时属于两个 VLAN？
7. 哪种类型的 VLAN 不用进行标记？
8. 思科交换机可以支持的 VLAN 标记方法有哪两种？
9. VLAN 中继协议（VTP）有什么作用？
10. 在 VTP 域，交换机有哪三种运行模式？它们之间的区别是什么？
11. 两台交换机之间能够交换 VLAN 信息，需要满足什么条件？
12. 在默认情况下，交换机所有的端口都属于哪个 VLAN？
13. 在"单臂路由器"方式中，为什么路由器一个接口可以连接多个 VLAN？
14. 实现 VLAN 之间的路由，使用三层交换机与使用路由器有什么不同？
15. 简述 VLAN 配置的步骤。
16. 与主机或 Hub 相连的交换机端口为哪种类型的端口？
17. 与交换机或路由器相连的交换机端口为哪种类型的端口？
18. VTP 域名是否区分大小写？
19. 如果将一个接入端口分配给两个 VLAN，对这两个 VLAN 有什么要求？
20. 在哪种 VTP 模式下，交换机只能接收 VLAN 信息，而不能修改它？
21. 在默认情况下，交换机能分隔什么域？VLAN 能分隔什么域？
22. 在 VLAN 配置中，中继链路提供了什么功能？
23. 要使用思科专用协议 ISL，交换机间链路速率至少为多少？
24. 在默认情况下，所有交换机都处于哪种 VTP 模式？
25. 动手实验：实现本章示例 VLAN 的配置。

第 7 章　访问控制列表

在计算机网络中,要确保重要的敏感数据和网络资源免受侵袭是网络安全的首要任务,对数据流进行控制可以在一定程度上保障网络的安全性。在路由网络中,普遍采用的访问控制列表(access control list,ACL)是一种既简单有效又非常灵活的数据流控制方法。ACL可以允许或者拒绝数据包通过路由器,对数据包进行过滤,过滤掉有害的数据包,防止未经授权的访问。对网络管理员来说,ACL是一种非常实用的网络工具,网络管理员只要在路由器中正确使用和配置好访问控制列表,就可以有效地控制数据流在网络中的传输,还能收集分组传输的统计数据,更精确地保护敏感数据和重要设备,执行高效的安全策略。

7.1　网络安全术语

在企业网的各种安全策略中,需要采用外围路由器、内部路由器和防火墙等设备,外围路由器连接互联网和防火墙,内部路由器连接防火墙和内部网络,对前往企业网内部的数据流进行过滤,进一步提高安全性。网络结构如图 7-1 所示。

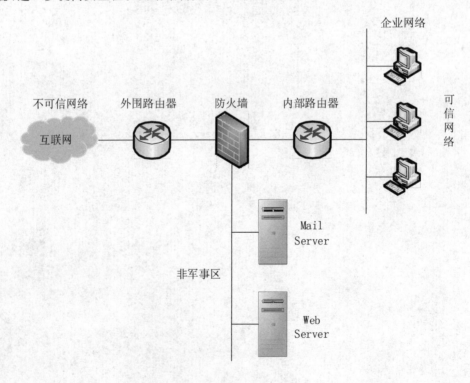

图 7-1　网络安全策略

互联网是公用网络,称为不可信网络(untrusted network),企业内部网络称为可信网络(trusted network)。为了配置管理方便,内部网络中需要向外提供服务的服务器,如电子邮件服务器、DNS服务器、HTTP服务器等,往往放在一个单独的网段,这个网段称为非军事区(demilitarized zone,DMZ),是一个利用防火墙与其他系统隔绝开来的部分。防火墙一般配备三块网卡,在配置时一般分别连接互联网、DMZ和企业内部网络。

在网络中,防火墙是一种获取安全性方法的形象说法,其实就是内部网络和互联网之间的隔离技术,进出内部网络的数据流都要经过防火墙的检测和过滤,以保护内部网络免受非法用户的侵入。其中,访问控制列表就是实现防火墙功能的重要方法之一。

7.2 访问控制列表基础

访问控制列表的主要任务是对经过路由器的数据包进行过滤,根据定义的条件判定是让数据包通过(permit),还是阻止(deny)数据包并将其丢弃。实现访问控制列表包括两个方面:一是建立访问控制列表,实际上就是一系列对分组进行分类比较的条件;二是访问控制列表创建完成后,就可将其应用到路由器接口的入站(in)或出站(out)方向上,对进入接口或离开接口的数据流进行控制。访问控制列表应用在哪个方向上,就对那个方向的数据包进行控制。

创建访问控制列表相当于建立起一系列的条件语句(if-then语句),当应用访问控制列表时,如果分组满足给定的条件,就采取对应的措施,不再比较后面的语句;如果不满足条件,则继续比较下一条语句。如果整个访问控制列表中没有满足条件的语句,则每个访问控制列表的末尾都有一条隐含的 deny 语句,分组将会被丢弃。

7.2.1 访问控制列表的分类

根据所使用的判定条件,访问控制列表可以分为标准的访问控制列表和扩展的访问控制列表两大类。还有一种访问控制列表称为命名的访问控制列表,但它不是一种新的访问控制列表类型,只是前两类访问控制列表不同的创建方式,在功能上是完全一样的。

- 标准的访问控制列表:所依据的判断条件只有数据包的源IP地址,根据数据包的源IP地址采取 permit 或 deny 的措施。显然,它功能相对有限,只能过滤来自某个网络或主机的数据包。
- 扩展的访问控制列表:能够检测数据包第3层和第4层报头中的许多字段,依据的判断条件可以是数据包的源IP地址、目的IP地址、网络层报头中的协议字段以及数据要访问的传输层报头中的端口号。扩展的访问控制列表比标准的访问控制列表控制更精细、更灵活,可以做出更加精确的数据流控制。
- 命名的访问控制列表:给标准的访问控制列表或扩展的访问控制列表定义一个名字,由名字来标识一个访问控制列表,而不是一个编号,好处在于可以单独添加或删除列表中的一条语句。如果使用编号来标识一个访问控制列表,则只能进行删除整个列表的操作,无法进行单条语句的删除。

7.2.2 访问控制列表的应用

仅仅创建了访问控制列表,访问控制列表还不能发挥作用,还必须把访问控制列表应用到路由器的某个接口上,而且还要指明方向,这时访问控制列表才能真正发挥作用,对所示方向上的数据包进行过滤。为什么要指明接口的方向呢？因为不同方向可能有不同的控制策略，通过指定方向，就可以在同一个接口上将不同的访问控制列表分别作用于入站和出站的数据流。对于入站方向的数据流，是先进行过滤，然后再进行路由，没有被过滤掉的数据包才会被路由到路由器的接口发往下一跳。对于出站方向的数据流，数据包已经路由到了路由器的出站接口，在数据包排队之前对其进行过滤，被过滤掉的数据包就会被丢弃。

7.2.3 访问控制列表应遵循的规则

在路由器上建立和应用访问控制列表时，需要遵循下列一些通用的规则：

➤ 访问控制列表的编号表明了访问控制列表所属协议及类型

不仅 IP 有访问控制列表，其他协议（如 IPX）也有自己的访问控制列表。而访问控制列表又分为标准的访问控制列表和扩展的访问控制列表，都是通过不同范围的编号来区分的。所用的编号如果与创建的访问控制列表不一致，就会出现错误。

➤ 一个访问控制列表的配置是每协议、每接口、每方向的

在接口的特定方向上，每种协议只能配置一个访问控制列表，因为有入站和出站两个方向，所以，在一个接口上，每种协议最多可以配置两个访问控制列表。

➤ 访问控制列表语句的顺序决定了对数据包的控制顺序

一个访问控制列表是由一条一条语句组成的，当对数据包进行过滤操作时，总是从第一条语句开始比较，按照从上到下的顺序进行。当某一条语句的条件得到满足，就会执行该条语句所规定的操作，后面的语句就不再进行比较。

➤ 创建访问控制列表时，新增的语句只能放在访问控制列表的末尾

无法实现在前后语句之间插入一条新的语句，建立访问控制列表要特别注意不要有顺序错误问题或者拼写方面的问题。如果需要插入新的语句或修改某条语句，只能删除已经建立的访问控制列表，重新建立。这时可以考虑使用文本编辑器来编辑访问控制列表，编辑完成直接复制到路由器进行配置，这样操作比较方便。

➤ 在访问控制列表中，将限制性较强的语句放在前面

将限制性较强的语句放在较前的位置，是为了使语句能发挥作用，如果将其放在较后的位置，它将会被之前的语句所覆盖，根本不会起到作用。例如，不能将"全部允许"或"全部拒绝"这样的语句放在最前面或较前的位置。条件越具体限制性越强，其作用范围就越小。

➤ 访问控制列表至少包含一条 permit 语句

因为每个访问控制列表的最后都有一条隐含的 deny 语句，如果一条 permit 语句都没有，则所有的数据包都将被拒绝，任何数据流都不会被传输。

➤ 访问控制列表只能过滤穿越路由器的数据流，对于路由器本身发出的数据流不能进行过滤。

➤ 将 IP 标准访问控制列表放在离目的地尽可能近的地方

因为标准的访问控制列表只能根据源 IP 地址进行过滤，如果将其放在离源主机很近的地方，将会影响所有的目的地址。例如，使用标准的访问控制列表过滤源主机 S 发送给主机 A 的数据包，但不过滤 S 发往主机 B 的数据包，如果将访问控制列表放在离 S 很近的地方，则 S 发给 B 的数据包也会被过滤掉。如果将访问控制列表放在靠近 A 的地方，就不会影响到 S 发给 B 的数据流。不过，这条规则也不是绝对的，有时要根据实际情况确定放置的位置。

➤ 将扩展的访问控制列表放在离源结点尽可能近的地方

扩展的访问控制列表比标准的访问控制列表具有更具体的控制策略，可以根据地址、协议、端口等多个条件对数据包进行过滤。将被拒绝的数据包在离源结点近的地方过滤掉，可以避免这样的数据包穿越整个网络而消耗额外的网络资源。当然，这条规则也不是绝对的，有时需要根据具体情况来确定。

对于一些具有不正常源地址的数据包，可以使用 ACL 对它们进行过滤，避免给内部私有网络带来安全威胁。例如，源地址为保留的私有地址，源地址为本地主机地址（127.0.0.0/8），源地址为内部网络地址，源地址为多播地址等。

7.3 标准的访问控制列表

标准的 IP 访问控制列表使用的编号范围是 1～99 或 1300～1999（扩展范围），由于路由器是通过编号来区分访问控制列表的类型，所以，在创建标准的 IP 访问控制列表时，必须使用以上范围内的编号，相当于告诉路由器只将源 IP 地址作为过滤数据包的条件。

7.3.1 创建标准的访问控制列表

创建访问控制列表命令的基本格式如下：

Router(config)#access-list access-list-number {permit|deny} {test-condition}

其中，access-list-number 是访问控制列表编号，区分访问控制列表类型；test-condition 是与数据包进行对比的条件。

在路由器上，可以通过命令 access-list ? 来查看访问控制列表的编号范围（显示的结果与 IOS 的版本有关）：

```
Router(config)#access-list ?
  <1-99>      IP standard access list
  <100-199>   IP extended access list
```

下面列出创建标准的访问控制列表的过程：

```
Router(config)#access-list 1 ?
  deny     Specify packets to reject
  permit   Specify packets to forward
  remark   Access list entry comment
Router(config)#access-list 1 permit ?
  A.B.C.D  Address to match
  any      Any source host
  host     A single host address
Router(config)#access-list 1 permit host ?
  A.B.C.D  Host address
Router(config)#access-list 1 permit host 192.168.1.1 ?
  <cr>
Router(config)#access-list 1 permit host 192.168.1.1
```

Router(config)#access-list 1 deny host 192.168.2.1
Router(config)#access-list 1 permit any

这样就创建了编号为 1，包含有三条语句的标准的访问控制列表。编号后有 deny、permit、remark 三个选项。remark 是对访问控制列表进行注释，解释访问控制列表的作用或用途。permit 或 deny 后面也有三个选项，参数 any 允许或拒绝任何源主机或网络，显然每个数据包都与之匹配；参数 host 用于指定一个特定的主机；IP 地址作为参数既可以指定一个主机，也可以指定一个网络，指定网络时一定要用到通配符掩码(wildcard)。

通配符掩码与子网掩码类似，长度都是 32 位，但 1、0 的作用正好相反。在通配符掩码中，数字 0 表示网络位，数字 1 表示主机位。例如，假设要表示一个网段 172.16.10.0，使用子网掩码来表示是 172.16.10.0 255.255.255.0，如果使用通配符掩码，则表示为 172.16.10.0 0.0.0.255。访问控制列表中用通配符掩码表示任何地址是 0.0.0.0 255.255.255.255，与 any 是等价的，即二者都可以用在访问控制列表中，作用相同。如果用通配符掩码指定一台主机，是这样表示：172.16.10.1 0.0.0.0，等价于 host 172.16.10.1。

7.3.2 标准的访问控制列表举例

例 7-1 假设路由器 R 与 S、A、B 三个部门的 LAN 相连，如图 7-2 所示。现不允许 S 中的主机访问 A 部门的 LAN，但可以访问 B 部门的主机，其他服务不受限制。

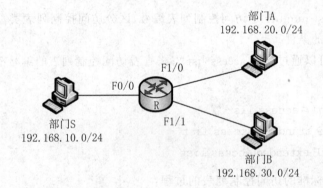

图 7-2 访问控制列表例 1

首先在路由器 R 上配置标准的访问控制列表：

R#config t
R(config)#access-list 1 deny 192.168.10.0 0.0.0.255
R(config)#access-list 1 permit any

然后考虑将建立的标准的访问控制列表应用到路由器的接口上，否则访问控制列表不会发挥任何作用。现在的问题是应该将访问控制列表放置在哪个接口上？如果放置的接口 F0/0 的入站方向上，则从部门 S 出去的数据包全部都会被过滤掉，S 中的主机无法访问其他任何网络。如果放在 F0/0 的出站方向呢？所建立的访问控制列表将不起作用。综合考虑，最合适的位置是放在接口 F1/0 的出站方向，可以成功实现所要求的过滤目标。

R(config)#int f1/0
R(config)#ip access-group 1 out

这里也体现了"将 IP 标准访问控制列表放在离目的地尽可能近的地方"。

例 7-2 下面来看一个有两台路由器的例子,思考标准的访问控制列表应该配置在哪里?如图 7-3 所示,路由器 R1 和 R2 通过广域网链路相连,一个服务器连接在路由器 R1 的 E0/0 接口,部门 A 和部门 B 分别连接在路由器 R2 的 E0/1 和 E0/0 接口。现禁止部门 A 访问连接在 R1 上的服务器,其他部门的访问不受限制。

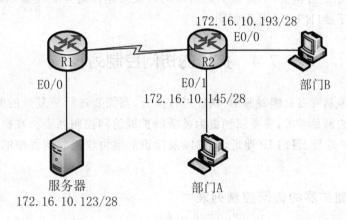

图 7-3 访问控制列表例 2

这个标准的访问控制列表应该建立在哪个路由器上?根据上面提到的规则,易知标准的访问控制列表要设置在离目的地最近的地方,那就是 R1 的 E0/0 接口。配置如下:

R1#config t
R1(config)#access-list 1 deny 172.16.10.144 0.0.0.15
R1(config)#access-list 1 permit any
R1(config)#interface e0/0
R1(config-if)#ip access-group 1 out

关键是要根据接口地址计算出部门 A 所在的网络地址及通配符掩码。如果同时禁止部门 A 和部门 B 访问连接在 R1 上的服务器,则只要再增加一条语句 access-list 1 deny 172.16.10.192 0.0.0.15 即可。

7.3.3 控制 Telnet 远程登录

在默认情况下,路由器可以开启五条"虚拟终端线路"(即 vty 线路接口),通过 Telnet 可以远程登录到路由器,这对路由器的管理非常重要,但也不能允许谁都可以登录到路由器,以避免给网络带来安全威胁。由于路由器的每个活动接口都可以接纳 Telnet 访问,所以要实施远程访问路由器的过滤,就必须在每个接口入站方向应用访问控制列表,显然对于接口较多的大型路由器来说,不仅效率太低,可扩展性也不好。如果对访问路由器的每个分组都进行检查,将导致路由器资源的大量消耗,会给路由器的分组转发速度带来影响。

不是将访问控制列表应用于接口,而是将访问控制列表应用于 vty 线路,就可以解决 Telnet 访问的控制问题。既不需要指定协议,也不需要指定目的地址,只要控制发起 Telnet 的源 IP 地址就可以了。方法是首先创建一个标准的访问控制列表,然后将其应用于 vty 线路。例如,如果只允许 192.168.10.254 这个主机 Telnet 访问路由器 Router,则其配置为:

Router(config)#access-list 2 permit host 192.168.10.254
Router(config)#line vty 0 4
Router(config-line)#access-class 2 in

访问控制列表末尾隐含的 deny any 语句将其他地址的 Telnet 访问都拒绝了，这种方式也只会对 Telnet 分组进行检查，不会影响路由器的转发效率。这里要注意的是，应用于 vty 线路的命令与应用于接口的命令是不相同的。

7.4 扩展的访问控制列表

标准的访问控制列表只能对源 IP 地址进行检查，当需要进行更复杂的判定时，标准的访问控制列表将无法满足需求，需要用到更为灵活的扩展访问控制列表。在扩展的访问控制列表中，可根据源 IP 地址、目的 IP 地址、协议以及标识上层协议或应用程序的端口号来对数据包进行过滤。

7.4.1 创建扩展的访问控制列表

在全局模式下建立扩展的访问控制列表的命令：

Router(config)#access-list access-list-number {permit | deny} protocol source source-wildcard [operator port] destination destination-wildcard [operator port] [established] [log]

其中，access-list-number 是扩展的访问控制列表的编号，可以使用 100~199 和 2000~2699 范围内的编号。protocol 是使用的协议，如果根据应用层协议进行过滤，则必须在 permit 或 deny 后面指定合适的第四层（传输层）协议。如果选择 IP，则不能进一步指定应用层协议，只能根据源地址和目的地址进行过滤。source source-wildcard 是源 IP 地址及其通配符掩码。[operator port]表示端口号，[]表示可选项。destination destination-wildcard 表示目的 IP 地址及其通配符掩码。established 可选项较为特殊，允许在拒绝数据包通过的方向上，让已经建立起会话连接的 TCP 数据流通过，实现单向访问的目的，不过只适用于 TCP 而不适用于 UDP。例如，在防止外部攻击的同时内部网络的用户可以正常地访问 Internet。log 选项在每次到达当前语句时都显示一条消息，对监视非法访问有帮助，但要消耗路由器资源，可能导致控制台消息过载。

下面说明建立扩展的访问控制列表的步骤：

Router(config)#access-list ?
    <1-99>   IP standard access list
    <100-199>   IP extended access list

这里列出了标准的访问控制列表和扩展的访问控制列表的编号范围，但并没有列出扩展的访问控制列表 2000~2699 的编号范围，请注意是否列出扩展范围编号与 IOS 的版本有关，没有列出就说明路由器不支持扩展范围的编号，即不能使用。

Router(config)#access-list 101 ?
    deny   Specify packets to reject

permit	Specify packets to forward
remark	Access list entry comment

Router(config)#access-list 101 deny ?

ahp	Authentication Header Protocol
eigrp	Cisco's EIGRP routing protocol
esp	Encapsulation Security Payload
gre	Cisco's GRE tunneling
icmp	Internet Control Message Protocol
ip	Any Internet Protocol
ospf	OSPF routing protocol
tcp	Transmission Control Protocol
udp	User Datagram Protocol

接下来需要指定协议，如果选择 IP，则只能根据源 IP 地址和目的 IP 地址进行过滤。这里假设需要根据应用层协议进行过滤，则需要选择传输层协议 TCP 或 UDP。假设需要对 Telnet 数据流进行过滤，则需要选择 TCP，因为 Telnet 使用 TCP。

Router(config)#access-list 101 deny tcp ?

A.B.C.D	Source address
any	Any source host
host	A single source host

提示指定源主机或网络的 IP 地址，any 代表任意源地址。host 加 IP 地址指定一个特定的主机。网络地址接通配符掩码则指定一个网络。

Router(config)#access-list 101 deny tcp host 192.168.10.5 ?

A.B.C.D	Destination address
any	Any destination host
eq	Match only packets on a given port number
gt	Match only packets with a greater port number
host	A single destination host
lt	Match only packets with a lower port number
neq	Match only packets not on a given port number
range	Match only packets in the range of port numbers

提示指定目的主机或网络的 IP 地址。

Router(config)#access-list 101 deny tcp host 192.168.10.5 host 172.16.20.7 ?

dscp	Match packets with given dscp value
eq	Match only packets on a given port number
established	established
gt	Match only packets with a greater port number
lt	Match only packets with a lower port number
neq	Match only packets not on a given port number

```
  precedence        Match packets with given precedence value
  range             Match only packets in the range of port numbers
<cr>
```

接下来配置需要拒绝的服务,可以使用命令 eq,意义是 equal to。当然还有其他命令如 gt、lt、neq 等可选择。

```
Router(config)#access-list 101 deny tcp host 192.168.10.5 host 172.16.20.7 eq ?
<0-65535>         Port number
  ftp             File Transfer Protocol (21)
  pop3            Post Office Protocol v3 (110)
  smtp            Simple Mail Transport Protocol (25)
  telnet          Telnet (23)
  www             World Wide Web (HTTP, 80)
```

eq 后面可以接服务名称,也可以接服务所对应的端口号。例如,Telnet 服务可以接 telnet 或 23。

```
Router(config)#access-list 101 deny tcp host 192.168.10.5 host 172.16.20.7 eq 23
```

到此为止,拒绝两个主机之间的 Telnet 数据流的访问控制列表建立完成,但每个访问控制列表末尾都有一条隐式的 deny any 语句,为了不影响其他服务,必须添加一条 permit 语句:

```
Router(config)#access-list 101 permit ip any any
```

扩展的访问控制列表创建完成后,将其应用于路由器的某个接口的入站方向或出站方向,命令与应用标准的访问控制列表相同。

7.4.2 扩展的访问控制列表举例

例 7-3 在例 7-2 所示的图中,如果要禁止部门 A 访问连接在 R1 上的服务器的 FTP 和 HTTP 服务,其他服务及其他部门的访问不受限制,则需要使用扩展的访问控制列表。根据规则"将扩展的访问控制列表放在离源结点尽可能近的地方",所以这里扩展的访问控制列表要配置在路由器 R2,并应用于 R2 接口 E0/1 的入站方向上。配置如下:

```
R2#config t
R2(config)#access-list 101 deny tcp any host 172.16.10.123 eq 21
R2(config)#access-list 101 deny tcp any host 172.16.10.123 eq 80
R2(config)#access-list 101 permit ip any any
R2(config)#int e0/1
R2(config-if)#ip access-group 101 in
```

如果要求使用扩展的访问控制列表实现例 7-2 中标准的访问控制列表所实现的功能,则配置如下:

```
R2#config t
R2(config)#access-list 101 deny ip any host 172.16.10.123
R2(config)#access-list 101 permit ip any any
```

R2(config)#int e0/1

R2(config-if)#ip access-group 101 in

意味着部门 A 到服务器 172.16.10.123 的所有访问都被拒绝。

例 7-4 在有些情况下，不能根据规则将扩展的访问控制列表放在离源结点尽可能近的地方，如图 7-4 所示的网络。

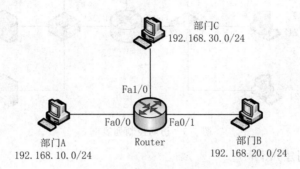

图 7-4 访问控制列表例 4

现禁止部门 A 和部门 B 访问部门 C 中某台主机 192.168.30.25 的 FTP 和 Telnet 服务，但不限制访问该主机的其他服务以及对部门 C 中其他主机的访问。访问控制列表创建如下：

Router#config t

Router(config)#access-list 102 deny tcp any host 192.168.30.25 eq 21

Router(config)#access-list 102 deny tcp any host 192.168.30.25 eq 23

Router(config)#access-list 102 permit ip any any

如果将访问控制列表放在离源近的地方，则应放在接口 Fa0/0 或 Fa0/1 的入站方向，但只能限制一个部门的流量。为了能使访问控制列表对 A、B 两个部门都发挥作用，这里将访问控制列表应用于接口 Fa1/0 的出站方向就可以达到目的。

Router(config)#int fa1/0

Router(config-if)#ip access-group 102 out

当然，如果一定要将访问控制列表放在离源近的地方，也不是不可以，只是要在两个接口的入站方向都应用访问控制列表。

Router(config)#int fa0/0

Router(config-if)#ip access-group 102 in

Router(config-if)#int fa0/1

Router(config-if)#ip access-group 102 in

这个例子说明通用规则并不是绝对的，要根据实际情况灵活运用。

例 7-5 网络结构如图 7-5 所示，现只允许主机 A 以 HTTP 方式访问 e-mail 服务器，只允许主机 B 以 FTP 方式访问 Web 服务器，只允许主机 C 以 Telnet 方式访问 DNS 服务器，其他数据流均不受限制。

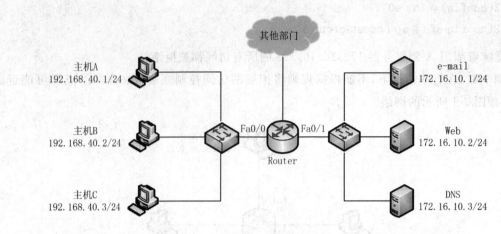

图 7-5　访问控制列表例 5

访问控制列表创建如下：

Router#config t
Router(config)#access-list 103 permit tcp host 192.168.40.1 host 172.16.10.1 eq 80
Router(config)#access-list 103 deny tcp any host 172.16.10.1 eq 80
Router(config)#access-list 103 permit tcp host 192.168.40.2 host 172.16.10.2 eq 21
Router(config)#access-list 103 deny tcp any host 172.16.10.2 eq 21
Router(config)#access-list 103 permit tcp host 192.168.40.3 host 172.16.10.3 eq 23
Router(config)#access-list 103 deny tcp any host 172.16.10.3 eq 23
Router(config)#access-list 103 permit ip any any

在访问控制列表中，除要指出哪个主机可以访问外，还要指出哪些主机不能访问，最后一条命令是允许其他所有数据流都可通过。

如果将访问控制列表应用于靠近源的 Fa0/0 的入站方向，则其他网络的流量不能被过滤，所以访问控制列表只能应用于接口 Fa0/1 的出站方向，这是离目的地较近的地方。

Router(config)#int fa0/1
Router(config-if)#ip access-group 103 out

7.4.3　参数 established 的使用

现在说明一下 established 参数的应用。如图 7-6 所示，由路由器 Router0、Router1 和 Router2 组成的网络，Router0 上 Fa0/0 接口的 IP 地址是 10.1.1.1，Router2 上 Fa0/0 接口的 IP 地址是 172.16.1.2，现要求实现从 Router0 到 Router2 有关 TCP 的单向通信。

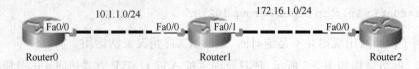

图 7-6　单向通信举例

在 Router1 上的配置如下：

```
Router1(config)#access-list 101 permit tcp any any established
Router1(config)#int fa0/1
Router1(config-if)#ip access-group 101 in
```

这样配置后,Router2 只能响应 Router0 发起的 TCP 连接,而不能发起对 Router0 的连接。原因在于使用了 established 参数后,ACL 会对 TCP 报文段中的 ACK 或 RST 控制位进行检查,如果 ACK 或 RST 被设置,表示报文段是正在进行会话的一部分;反之,ACK 或 RST 未被设置的就是发起的 TCP 连接,将不会被允许。

通过 Telnet 可以验证只能进行单项通信:

```
Router0#telnet 172.16.1.2
Trying 172.16.1.2 ...Open
User Access Verification
Password:
Router2#telnet 10.1.1.1
Trying 10.1.1.1 ...
% Connection timed out; remote host not responding
```

7.5 命名的访问控制列表

为了便于对访问控制列表的管理和理解,可以使用命名(而不是编号)来创建和应用访问控制列表。命名的访问控制列表并不是一种新型的访问控制列表,只是改变了创建标准的和扩展的访问控制列表的方式,其过滤功能没有区别。

在全局模式下声明命名的访问控制列表的命令如下:

```
Router(config)#ip access-list {standard|extended}name
```

参数 name 是定义的访问控制列表名称,区分大小写。执行该命令后,就进入配置命名访问控制列表语句的模式,可以逐条编辑访问控制列表的语句。创建步骤如下:

```
Router#config t
Router(config)#ip access-list ?
  extended   Extended Access List
  standard   Standard Access List
Router(config)#ip access-list extended ?
  <100-199>  Extended IP access-list number
  WORD       name
Router(config)#ip access-list extended StopTelnet
Router(config-ext-nacl)#
```

指定访问控制列表的名称 StopTelnet 后,按回车就进入访问控制列表配置模式,可以开始输入访问控制列表语句:

```
Router(config-ext-nacl)#?
```

```
  <1-2147483647>    Sequence Number
   default          Set a command to its defaults
   deny             Specify packets to reject
   exit             Exit from access-list configuration mode
   no               Negate a command or set its defaults
   permit           Specify packets to forward
   remark           Access list entry comment
```

Router(config-ext-nacl)#deny tcp host 192.168.10.1 host 172.16.10.1 eq 23

Router(config-ext-nacl)#permit ip any any

Router(config-ext-nacl)#end

Router#

退出访问控制列表配置模式后，可以查看一下路由器的运行配置，配置中已有刚才创建的访问控制列表StopTelnet：

Router#show running-config

!

ip access-list extended StopTelnet

deny tcp host 192.168.10.1 host 172.16.10.1 eq telnet

permit ip any any

!

然后将创建的访问控制列表应用于相应的接口方向上：

Router#config t

Router(config)#int fa0/0

Router(config-if)#ip access-group StopTelnet out

Router(config-if)#end

Router#

注意，在应用访问控制列表时，使用的也是名字，而非编号。

7.6 注　　释

对访问控制列表进行注释就是说明访问控制列表的用途，帮助理解ACL的作用，特别是当访问控制列表条目很多，或者间隔了很长时间后，注释就显得非常有用。

添加注释的命令是access-list access-list-number remark remark；如果要删除注释，可在命令前加no。注释可放在permit或deny语句的前面，也可放在它们的后面，不过最好保持位置一致，有利于确定是对哪些语句进行注释。例如：

Router#config t

Router(config)#access-list 102 remark Deny department A and B to access department C's FTP and Telnet

Router(config)#access-list 102 deny tcp any host 192.168.30.25 eq 21

Router(config)#access-list 102 deny tcp any host 192.168.30.25 eq 23

Router(config)#access-list 102 permit ip any any

Router(config)#ip access-list extended StopTelnet

Router(config-ext-nacl)#remark StopTelnet Service

Router(config-ext-nacl)#deny tcp host 192.168.10.1 host 172.16.10.1 eq 23

Router(config-ext-nacl)#permit ip any any

Router(config-if)#end

Router#

上述配置在一个扩展的访问控制列表和一个命名的访问控制列表中添加了注释,可以在路由器的运行配置中看到所做的配置。

7.7 验证访问控制列表

在访问控制列表配置完成后,可以使用下列命令来查看验证所进行的配置是否正确。

➢ show ip access-list

显示路由器上配置的 IP 访问控制列表,如果后接列表编号或名字,可以单独查看某一个列表。

➢ show access-list

显示路由器中配置的所有访问控制列表及其参数,同样,如果后接列表编号或名字,可以单独查看某一个列表。

➢ show ip interface {type/number}

显示在接口上应用的访问控制列表及其方向。

➢ show running-config

显示配置过的所有命令,其中就包括了所创建的访问控制列表以及在接口上应用的访问控制列表及其方向。

下面是一些示例:

Router#show access-lists

Standard IP access list 1

    deny 192.168.10.0 0.0.0.255

    permit any

Extended IP access list 102

    deny tcp any host 192.168.30.25 eq ftp

    deny tcp any host 192.168.30.25 eq telnet

    permit ip any any

Standard IP access list BlockDepart.A

    10 deny 192.168.10.0 0.0.0.255

    20 permit any

Router#

这里显示了三个访问控制列表:一个标准的访问控制列表、一个扩展的访问控制列表和一个命名的访问控制列表。在输出中将102配置中指定的TCP端口号21和23以协议名ftp和telnet来显示,这样可以提高可读性。

```
Router#show ip access-lists 102
Extended IP access list 102
    deny tcp any host 192.168.30.25 eq ftp
    deny tcp any host 192.168.30.25 eq telnet
    permit ip any any
Router#
```

在show ip access-lists后增加了编号,这里是单独查看访问控制列表102。

```
Router#show ip interface fa0/1
FastEthernet0/1 is up, line protocol is up (connected)
    Internet address is 192.168.30.1/24
    Broadcast address is 255.255.255.255
    Address determined by setup command
    MTU is 1500 bytes
    Helper address is not set
    Directed broadcast forwarding is disabled
    Outgoing access list is 102
    Inbound access list is not set
    Proxy ARP is enabled
    Security level is default
    Split horizon is enabled
    ICMP redirects are always sent
    ICMP unreachables are always sent
    ICMP mask replies are never sent
    IP fast switching is disabled
    IP fast switching on the same interface is disabled
    IP Flow switching is disabled
    IP Fast switching turbo vector
    IP multicast fast switching is disabled
    IP multicast distributed fast switching is disabled
    Router Discovery is disabled
    IP output packet accounting is disabled
    IP access violation accounting is disabled
    TCP/IP header compression is disabled
    RTP/IP header compression is disabled
    Probe proxy name replies are disabled
    Policy routing is disabled
    Network address translation is disabled
```

```
BGP Policy Mapping is disabled
Input features: MCI Check
WCCP Redirect outbound is disabled
WCCP Redirect inbound is disabled
WCCP Redirect exclude is disabled
Router#
```

两行粗体字显示，在接口 Fa0/1 的出站方向应用了访问控制列表 102，但入站方向没有应用访问控制列表。

习 题

1. 访问控制列表 ACL 的功能是什么？
2. 什么是不可信网络？什么是可信网络？什么是非军事区 DMZ？
3. 实现访问控制列表包括哪两个方面的操作？
4. 每个访问控制列表的最后隐藏了一条什么语句？
5. 访问控制列表有哪些类型？
6. 建立和应用访问控制列表，需要遵循哪些规则？
7. 为什么每个访问控制列表至少包含一条 permit 语句？
8. 为什么需要将限制性较强的语句放在访问控制列表的前面？
9. 什么是通配符掩码？怎样计算通配符掩码？与 any 等价的是什么通配符掩码？
10. 为什么一般将 IP 标准访问控制列表放在离目的地尽可能近的地方？
11. 如何利用访问控制列表控制 Telnet 远程登录？
12. 在扩展的访问控制列表中，参数 established 是什么意义？有什么作用？
13. 举例说明，有的情况不能将扩展的访问控制列表放在离源结点尽可能近的地方？
14. 相比使用编号，命名的访问控制列表在哪些方面有所改进？
15. 要查看一个访问控制列表应用在哪个接口的什么方向上，使用什么命令？
16. 要使用标准的访问控制列表禁止网络 192.168.120.0/18 中的所有主机，写出相应的命令。
17. 使用什么命令将访问控制列表应用到 VTY 线路？
18. 在每个接口的每个方向上，针对第 3 层协议可以应用几个访问控制列表？
19. 采取什么措施可以检测和防范 DoS 攻击？
20. 使用什么命令可以检查创建的访问控制列表是否正确？
21. 动手实验：

(1) 搭建有 A、B、C 三个路由器的网络，A 与 B、B 与 C 都通过串行接口相连。每个路由器连接一台交换机，每个交换机至少连接两台主机。分配 IP 地址，完成基本配置。

(2) 配置标准的 IP 访问控制列表，只允许路由器 B 所连交换机上的一台主机访问路由器 A 所连交换机所在的网络。

(3) 配置扩展的 IP 访问控制列表，禁止路由器 B 所连交换机上的一台主机 Telnet 访问路由器 C，但该主机可以 ping 通路由器 C。

第 8 章　网络地址转换

8.1　NAT 技术基础

计算机网络中使用的 IP 地址包括私有地址和公有地址两个部分,私有地址只能在机构内部使用,公有地址才能在互联网上使用。IPv4 中定义的私有地址如下:

10.0.0.0～10.255.255.255（1 个 A 类网络）
172.16.0.0～172.31.255.255（16 个 B 类网络）
192.168.0.0～192.168.255.255（256 个 C 类网络）

如果全世界的计算机网络都只使用公有的 IP 地址,那么互联网的爆炸式增长,会使 IPv4 定义的 IP 地址很快被耗尽,大量主机将无 IP 地址可用。为了解决这个问题,机构的内部网络大量使用私有的 IP 地址,由于私有地址可以重复使用,所以对于机构内部网络来说,不存在地址不够用的问题。现在的问题是,机构内部网络中的主机如何访问互联网,因为携带私有地址的分组是不会被公有网络的路由器转发的,最终都是被丢弃。由此,需要使用网络地址转换（network address translation，NAT）技术来解决这个问题,通过将私有地址转换成公有地址实现机构内部网络与互联网之间的通信。可见,是互联网地址资源的耗尽问题导致了 NAT 技术的产生。

NAT 技术的使用,在一定程度上降低了 IPv4 地址耗尽速度,不过,最终还是需要使用 IPv6 来解决地址耗尽的问题。另外,NAT 技术在网络迁移、网络合并、服务器反向负载均衡等方面也能发挥重要作用。

8.1.1　NAT 术语

（1）NAT 表

NAT 表是路由器为地址转换创建的一个表,记录了内部网络主机与所建立连接之间的对应关系,即每一个内部网络的私有地址在访问互联网主机的时候,都会在 NAT 表中保留一个和互联网主机的映射关系。在访问开始时,路由器就会执行 NAT 操作,将私有地址和外部公有地址之间的转换关系记录在 NAT 表中,一直保留到计时器超时。NAT 表中的每个条目都有一个计时器,只要两个主机之间有数据流,计时器就会被不断刷新。当两台主机之间通信结束,再没有数据交互、计时器超时时,对应的条目就会从 NAT 表中被清除。

（2）用于 NAT 的地址

NAT 表中有四种地址,它们是 inside local address（内部本地地址）、inside global address（内部全局地址）、outside local address（外部本地地址）、outside global address（外部全局地址）。

内部本地地址就是分配给机构内部网络中一台主机的 IP 私有地址,主机需要通过这个地址连接到互联网。

内部全局地址就是转换后的源地址,一般设置在路由器等连接互联网的设备上,一个或多个私有 IP 地址可以转换为该公有 IP 地址。

外部本地地址是转换后的目标地址,是互联网上的一个公有地址,可能是互联网上的一台主机。

外部全局地址是转换前的外部目标地址。

一般情况下,外部本地地址和外部全局地址是同一个公有地址,是内部网络主机访问的互联网上的主机;某些特殊情况下,两个地址才不一样。

8.1.2 NAT 的优缺点

NAT 的优点有:
(1) 节省公有地址资源,这是最明显的优点;
(2) 对外隐藏内部网络结构;
(3) 解决地址重叠问题。

NAT 的缺点有:
(1) 增加网络资源的消耗;
(2) 增加网络时延;
(3) 因无法穿越 NAT 建立连接,而影响某些端到端的应用。

8.1.3 NAT 的类型

NAT 有如下三种类型:

(1) 静态 NAT:私有地址和公有地址之间进行一对一的转换,意味着每台主机都要有一个公有的 IP 地址,显然并没有节省公有的 IP 地址,在节省地址资源方面实用性不大。

(2) 动态 NAT:首先设置一个公有地址池,当内网主机需要访问互联网时,就将其私有地址映射到地址池中的一个公有地址。但当地址池中的地址已全部使用,则不能再支持更多的内网主机访问互联网,需要有足够的公有 IP 地址才能满足内网主机的需求。

(3) NAT 重载:利用传输层的端口号来区分内网主机,可以将多个私有 IP 地址映射到一个公有 IP 地址,实现多对一的地址映射。由于使用了传输层端口,这种 NAT 类型也称为端口地址转换(port address translation, PAT)。一般情况下,通过使用 PAT,一个公有 IP 地址就能满足所有内网主机连接到互联网的需求。动态多对一的 NAT 地址映射是最常用的 NAT 类型,在节省公有地址资源方面发挥了十分重要的作用。

8.1.4 NAT 的执行过程

当内网主机访问互联网上的主机时,发送的 IP 分组的源 IP 地址是私有地址,目的地址是公有地址,应用了 NAT 的路由器接收该分组后,将使用设置好的公有 IP 地址替换 IP 分组中的源 IP 地址,并将地址转换记录在 NAT 表中。于是 IP 分组的源 IP 地址和目的 IP 地址已都为公有 IP 地址,经过互联网上路由器的转发,此分组最终到达所要访问的主机。互联网上的主机把内网主机所请求的数据以收到分组的源 IP 地址为目的 IP 地址生成 IP 分组,并发送出去。当 IP 分组到达路由器后,路由器再用内网主机的私有 IP 地址替换 IP 分组的目的 IP 地址,然后将该 IP 分组发送给内网主机,至此内网主机与互联网上主机一次数据交互过程完成。

当两个主机继续进行数据交流,NAT 的执行也会继续进行。两个方向上 IP 地址的转换如图 8-1 所示。

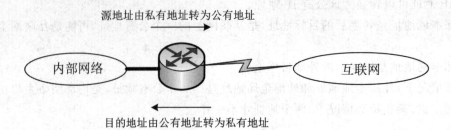

图 8-1　两个方向上的地址转换

例如,在图 8-2 所示实例中,当内网中的主机 10.10.1.1 访问互联网上的一台服务器的时候,它向服务器发送源 IP 地址为 10.10.1.1、目的 IP 地址为 125.23.5.7 的数据包。当数据报到达配置了 NAT 的边界路由器,路由器发现数据包的源 IP 地址为内部本地地址,而且是前往互联网的数据包,于是对源 IP 地址进行转换,替换为公有地址 191.15.2.1,并将转换记录在 NAT 表中,到达服务器的数据包中的源 IP 地址就是 191.15.2.1。

从服务器返回的数据包的目的 IP 地址是 191.15.2.1,源 IP 地址是 125.23.5.7,到达 NAT 路由器后,路由器将根据 NAT 表将数据包的目的 IP 地址转换为 10.10.1.1,并发送给主机 10.10.1.1。

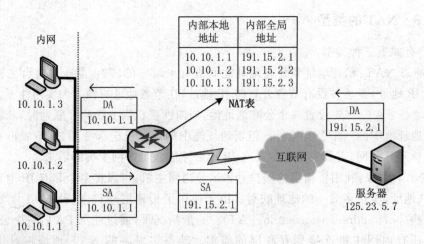

图 8-2　NAT 转换示例

从 NAT 表看出,内网中三个主机分别对应了三个不同的公网 IP 地址,是一种一对一的 NAT 转换,属于静态 NAT 转换类型。如果是动态 NAT 转换,在 NAT 表中看到的也是一对一的关系,但这种对应不是固定的,而是动态变化的。当进行 NAT 重载时,NAT 表中除 IP 地址的转换外,还有传输层的端口号,根据端口号来区分内网中不同的主机,能够将返回的数据发送给对应的主机,所以一个公有 IP 地址就能满足不同内网主机访问互联网的需求,从理论上说,最多可让大约 65 000 台主机共用一个公有 IP 地址。

8.2 配置静态 NAT

以图 8-2 为例,假设路由器的 Fa0/0 接口连接内部网,S0/0 接口连接互联网,静态 NAT 的配置如下:

```
ip nat inside source static 10.10.1.1 191.15.2.1
ip nat inside source static 10.10.1.2 191.15.2.2
ip nat inside source static 10.10.1.3 191.15.2.3
!
interface FastEthernet0/0
ip address 10.10.1.254 255.255.255.0
ip nat inside
!
interface Serial0/0
ip address 193.57.9.1 255.255.255.0
ip nat outside
!
```

命令 ip nat inside source 指明要对哪些内网 IP 地址进行转换,各转换为哪个公有 IP 地址,每个转换一条命令,有多少个内网地址需要转换,就需要多少条命令。本实例中就是将三个内网地址转换为三个公有地址,所以有三条转换命令。

在连接内部网的接口 Fa0/0 配置了命令 ip nat inside,在连接外部网的接口 S0/0 配置了命令 ip nat outside,这是告诉路由器 Fa0/0 接口是内部接口、S0/0 接口是外部接口。命令 ip nat inside source 将内部接口指定为转换的起点,如果命令改为 ip nat outside source,则将外部接口指定为转换的起点。

进行地址转换的三个公有地址与外部接口 S0/0 的 IP 地址并不属于同一网络,但公有网络的路由器上必须要有三个公有地址所在网络的路由,才能将数据包送回到进行 NAT 转换的路由器。

8.3 配置动态 NAT

仍以图 8-2 为例,只是现在需要进行地址转换的内网主机超过三台,而能够使用的公有地址仍然只有三个,动态 NAT 的配置如下:

```
ip nat pool PoolName 191.15.2.1 191.15.2.3 netmask 255.255.255.0
ip nat inside source list 10 pool PoolName
!
interface FastEthernet0/0
ip address 10.10.1.254 255.255.255.0
ip nat inside
!
```

```
interface Serial0/0
ip address 193.57.9.1 255.255.255.0
ip nat outside
!
access-list 10 permit 10.10.1.0 0.0.0.255
!
```

动态 NAT 不是一对一的转换，因此需要先定义一个地址池，当有内网主机地址需要转换时，路由器会从地址池中选取一个公有 IP 地址，并进行转换。这里地址池的名字为 PoolName，区分大小写，地址池中有三个地址，给出第一个和最后一个地址及其子网掩码，有的路由器 netmask 可以用 prefix-length 代替。然后定义哪些内网地址可以进行转换，通过使用标准的访问控制列表来给定，这也是访问控制列表的一个重要用途。接下来，就是将所定义的地址池和内部网络关联起来，即由命令 ip nat inside source list 10 pool PoolName 告诉路由器，将与 access-list 10 匹配的 IP 地址转换为地址池 PoolName 中一个可用地址。同样，使用命令 ip nat inside 和 ip nat outside 分别指定内部接口和外部接口。

8.4　配置 NAT 重载

NAT 重载（overload）与动态 NAT 不同的地方，就是在对地址池和内部网络进行关联时，多了 overload 这个参数，意义是使用传输层端口来区分不同的内网主机。NAT 重载的配置如下：

```
ip nat pool PoolName 191.15.2.1 191.15.2.1 netmask 255.255.255.0
ip nat inside source list 10 pool PoolName overload
!
interface FastEthernet0/0
ip address 10.10.1.254 255.255.255.0
ip nat inside
!
interface Serial0/0
ip address 193.57.9.1 255.255.255.0
ip nat outside
!
access-list 10 permit 10.10.1.0 0.0.0.255
!
```

这里地址池中只包含了一个公有地址 191.15.2.1，它也可以就是外部接口的地址 193.57.9.1。例如，从 ISP 获得一个公有 IP 地址的家庭或小型办公室就可以这样来配置 NAT 重载。如果是大型网络，地址池也可以有多个 IP 地址，以便支持很多的内网用户同时访问互联网。

配置 NAT 转换要特别注意地址池的地址范围和内部网络的地址范围，既要确保应该包含的地址都在给定的范围内，又要避免地址的重复和出现不应该包含的地址。指定内部接口和外部接口时,注意不要指定错了,这是很容易出现的一种错误。

举例,设某公司通过一台 Cisco 路由器连接 Internet,路由器有一个串行接口 S0/0 和一个以太网接口 Fa0/0,其中串行接口连外网,以太网接口连内网。ISP 提供给该公司 14 个连续的公网 IP 地址:125.67.135.113~125.67.135.126,子网掩码为/28。该公司的内网地址为 192.168.10.129~192.168.10.254/25,总共 126 个 IP 地址。要求写出路由器上的 NAT 配置命令,配置完成后,内网的所有主机能够使用 14 个公网 IP 地址访问 Internet。

总结起来,NAT 重载的配置包括五个步骤:

(1) 定义地址池,设其名字为 nat-pool:

ip nat pool nat-pool 125.67.135.113 125.67.135.126 netmask 255.255.255.240

(2) 定义内部网络的地址范围:

access-list 10 permit 192.168.10.128 0.0.0.127

(3) 将地址池与内网地址关联,使用参数 overload:

ip nat inside source list 10 pool nat-pool overload

(4) 将 S0/0 指定为外部接口:

int S0/0

ip nat outside

(5) 将 Fa0/0 指定为内部接口:

int Fa0/0

ip nat inside

当只有外部接口一个公有 IP 地址,没有其他的公有地址可用时,有一种更简单的 NAT 配置方法,用命令 ip nat inside source list 10 int S0/0 overload 替换第(3)步的关联语句,并省略第(1)步的地址池定义,告诉路由器直接将外部接口 S0/0 的地址作为内部全局地址,并进行重载。这样,五个步骤就变成了四个步骤。

8.5 检测 NAT 配置

查看 NAT 表使用命令 show ip nat translations,如下所示:

```
Router_A# show ip nat translations
Pro   Inside global        Inside local         Outside local        Outside global
icmp  171.16.10.52:45      192.168.20.2:45      171.16.10.1:45       171.16.10.1:45
icmp  171.16.10.51:66      192.168.30.2:66      171.16.10.1:66       171.16.10.1:66
……
Router_B# show ip nat translations
Pro   Inside global  Inside local          Outside local        Outside global
icmp  173.16.10.100:15     192.168.20.2:15      173.16.10.1:15       173.16.10.1:15
icmp  173.16.10.100:31     192.168.30.2:31      173.16.10.1:31       173.16.10.1:31
```

......

可以看出,在 Router_A 上进行的是静态 NAT 或动态 NAT,因为内部本地地址和内部全局地址之间是一对一的映射关系。在 Router_B 上,不同内网地址映射到了相同的公有地址,使用的是 NAT 重载(PAT),协议都为 ICMP。

命令 show ip nat statistics 显示 NAT 配置的统计信息,如转换的条目数、命中现有条目的次数、未找到现有条目的次数、过期的转换等,下面是一个示例:

```
Router_A#show ip nat statistics
Total translations:5 (0 static, 5 dynamic, 5 extended)
Outside Interfaces:Serial1/0
Inside Interfaces:Serial1/1
Hits:64   Misses:109
Expired translations:59
Dynamic mappings:
-- Inside Source
access-list 1 pool GlobalNet refCount 5
pool GlobalNet:netmask 255.255.255.0
start 171.16.10.50 end 171.16.10.55
type generic, total addresses 6 , allocated 1 (16%), misses 0
```
......

调试命令 debug 可以输出 NAT 转换的过程:

```
Router_B#debug ip nat
IP NAT debugging is on
Router_B#
NAT:s = 192.168.20.2->171.16.10.100, d = 171.16.10.1 [300]
NAT*:s = 171.16.10.1, d = 171.16.10.100->192.168.20.2 [102]
NAT:s = 192.168.20.2->171.16.10.100, d = 171.16.10.1 [301]
NAT*:s = 171.16.10.1, d = 171.16.10.100->192.168.20.2 [103]
NAT:s = 192.168.20.2->171.16.10.100, d = 171.16.10.1 [302]
NAT*:s = 171.16.10.1, d = 171.16.10.100->192.168.20.2 [104]
```
......

有星号(*)的条目表示分组在转换后被快速交换到目的地,即基于缓存的交换,将相关的信息存储在缓存中,避免每次转发分组时都对路由表进行分析,提高分组转发速度。最后[]中的数字是转换的次数统计。

如果需要清除 NAT 表中的所有转换条目,使用命令 clear ip nat translation * 即可。不过,此命令只清除动态转换条目,静态转换条目不会被清除。

8.6 NAT 负载均衡

给网络中的服务器配置一个公有 IP 地址,用户就可以对它进行访问。但是,当对一台服务器的访问量不断增加时,可以考虑将大量的访问合理地分配给多台服务器,避免由于服务器负载过重而影响用户的访问。反向 NAT 转换就可以实现服务器访问的负载均衡,它是将一个公有 IP 地址映射到多个内部私有 IP 地址,用户针对公有 IP 地址发来的每个连接请求,可以动态地转换为对一个内部服务器地址的请求。一般可以实现采取轮询的方式对多台服务器进行访问,将负载均衡地分配给每一台服务器。

通常正向的 NAT 转换是从内部网络访问 Internet,需要将内部的私有 IP 地址转换为公有 IP 地址,转换的是 IP 分组的源地址。反向 NAT 转换是从外部网络访问内部网络的服务器,是将公有地址转换为私有地址,而且转换的是分组的目的 IP 地址。从内网访问外网,一般的数据流(如 ping)都可以触发 NAT 转换,但从外网访问内网,只有 TCP 流量才能触发反向 NAT 转换。例如,ping 无法触发反向 NAT 转换,要使用 telnet、http 等用到了 TCP 的应用。

下面以图 8-3 所示的网络为例来说明实现服务器负载均衡的配置方法,网络中有五台服务器,其中两台是 WEB 服务器、三台是 FTP 服务器,通过交换机 SW-1 与路由器 R1 相连,现在要求内网的主机都能够访问外网,分别实现两台 WEB 服务器之间、三台 FTP 服务器之间的负载均衡。内网使用的私有 IP 地址网段是 10.1.1.0/24,外网使用的公有 IP 地址网段是 125.202.21.64/29,共有 6 个可用的公有 IP 地址:125.202.21.65、125.202.21.66、125.202.21.67、125.202.21.68、125.202.21.69 和 125.202.21.70。连接内网和外网的路由器是 R1,连接内网的接口是 f0/0,IP 地址是 10.1.1.254/24,连接外网的接口是 s2/0,IP 地址是 125.202.21.65/29。通过串行接口与路由器 R1 相连的是路由器 R2,代表 Internet。路由器 R3 和 R4 代表 Internet 上的用户,都通过接口 e0/0 与路由器 R2 相连,接口上配置的 IP 地址分别为 198.1.1.2/30、198.1.2.2/30,路由器 R2 相对应接口配置的 IP 地址分别是 198.1.1.1/30 和 198.1.2.1/30。访问 WEB 服务器使用公有地址 125.202.21.67,访问 FTP 服务器使用公有地址 125.202.21.68。

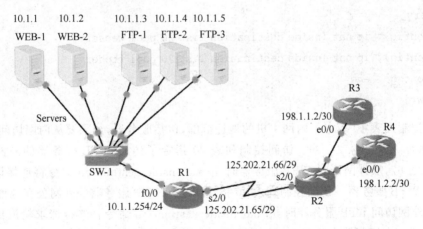

图 8-3 负载均衡网络示意图

五台服务器的私有 IP 地址在图中已经标明,子网掩码配置 255.255.255.0,默认网关都配置路由器 R1 接口 f0/0 的地址 10.1.1.254,Telnet 登录密码均设置为 123456。以太网交换机 SW-1 不用配置,使用默认配置即可。

路由器 R1 的配置如下:

```
R1(config)# int f0/0
```

```
R1(config-if)# ip addr 10.1.1.254 255.255.255.0
R1(config-if)# ip nat inside
R1(config-if)# no shut
R1(config-if)# int s2/0
R1(config-if)# ip addr 125.202.21.65 255.255.255.248
R1(config-if)# ip nat outside
R1(config-if)# no shut
R1(config-if)# exit
R1(config)# router rip
R1(config-router)# version 2
R1(config-router)# no auto-summary
R1(config-router)# network 125.0.0.0
R1(config-router)# exit
R1(config)# access-list 10 permit 10.1.1.0 0.0.0.255
R1(config)# access-list 20 permit 125.202.21.67
R1(config)# access-list 30 permit 125.202.21.68
R1(config)# ip nat pool pubaddr 125.202.21.69 125.202.21.69 netmask 255.255.255.248
R1(config)# ip nat inside source list 10 pool pubaddr overload
R1(config)# ip nat pool webserv 10.1.1.1 10.1.1.2 netmask 255.255.255.248 type rotary
R1(config)# ip nat pool ftpserv 10.1.1.3 10.1.1.5 netmask 255.255.255.248 type rotary
R1(config)# ip nat inside destination list 20 pool webserv
R1(config)# ip nat inside destination list 30 pool ftpserv
R1(config)# end
R1# wri
```

访问控制列表 10 指定了内网主机的地址范围,包括服务器,如果要从内网访问外网,使用公有 IP 地址 125.202.21.69。访问控制列表 20 指定了访问 WEB 服务器的外网公有地址 125.202.21.67,从外网访问 WEB 服务器时,ip nat inside destination 命令将连接请求轮流传递给两台 WEB 服务器。访问控制列表 30 指定了访问 FTP 服务器的外网公有地址 125.202.21.68,从外网访问 FTP 服务器时,ip nat inside destination 命令将连接请求轮流传递给三台 FTP 服务器。启用了路由协议 RIPv2 学习路由,并关闭了自动汇总功能。

路由器 R2 的配置如下:

```
R2(config)# int s2/0
R2(config-if)# ip addr 125.202.21.66 255.255.255.248
R2(config-if)# no shut
R2(config-if)# int f0/0
R2(config-if)# ip addr 198.1.1.1 255.255.255.252
```

```
R2(config-if)#no shut
R2(config)#int f0/1
R2(config-if)#ip addr 198.1.2.1 255.255.255.252
R2(config-if)#no shut
R2(config-if)#exit
R2(config)#router rip
R2(config-router)#version 2
R2(config-router)#no auto-summary
R2(config-router)#network 198.1.1.0
R2(config-router)#network 198.1.2.0
R2(config-router)#network 125.0.0.0
R2(config-router)#end
R2#wri
```

路由器 R3 的配置如下：

```
R3(config)#int e0/0
R3(config-if)#ip addr 198.1.1.2 255.255.255.252
R3(config-if)#no shut
R3(config-if)#exit
R3(config)#ip route 0.0.0.0 0.0.0.0 198.1.1.1
R3(config)#end
R3#wri
```

路由器 R4 的配置如下：

```
R4(config)#int e0/0
R4(config-if)#ip addr 198.1.2.2 255.255.255.252
R4(config-if)#no shut
R4(config-if)#exit
R4(config)#ip route 0.0.0.0 0.0.0.0 198.1.2.1
R4(config)#end
R4#wri
```

在这里，路由器 R3 和 R4 都是末梢路由器(stub router)，所以都没有启用动态路由协议，非常适合使用默认路由。

配置完成后，测试一下，并在路由器 R1 上打开 debug ip nat。

从路由器 R3 telnet WEB 服务器，然后从 WEB 服务器 ping 路由器 R3：

```
R3#telnet 125.202.21.67
Trying 125.202.21.67 ... Open

User Access Verification

Password：
WEB-1>ping 198.1.1.2
```

Type escape sequence to abort.

Sending 5, 100-byte ICMP Echos to 198.1.1.2, timeout is 2 seconds：

!!!!!

Success rate is 100 percent (5/5), round-trip min/avg/max = 36/43/48 ms

WEB-1＞

以下是在路由器 R1 上看到部分 NAT 转换信息：

[cut]

* Dec 31 11:16:54.927: NAT *: s=198.1.1.2, d=125.202.21.67->10.1.1.1 [55690]

* Dec 31 11:16:54.959: NAT *: s=10.1.1.1->125.202.21.67, d=198.1.1.2 [46880]

* Dec 31 11:16:55.183: NAT *: s=198.1.1.2, d=125.202.21.67->10.1.1.1 [55691]

* Dec 31 11:16:55.923: NAT *: s=198.1.1.2, d=125.202.21.67->10.1.1.1 [55692]

* Dec 31 11:16:55.967: NAT *: s=10.1.1.1->125.202.21.67, d=198.1.1.2 [46882]

* Dec 31 11:16:55.967: NAT *: s=10.1.1.1->125.202.21.67, d=198.1.1.2 [46883]

* Dec 31 11:16:55.971: NAT *: s=10.1.1.1->125.202.21.69, d=198.1.1.2 [0]

* Dec 31 11:16:56.007: NAT *: s=198.1.1.2, d=125.202.21.69->10.1.1.1 [0]

* Dec 31 11:16:56.039: NAT *: s=10.1.1.1->125.202.21.67, d=198.1.1.2 [46884]

* Dec 31 11:16:56.039: NAT *: s=10.1.1.1->125.202.21.69, d=198.1.1.2 [1]

* Dec 31 11:16:56.051: NAT *: s=198.1.1.2, d=125.202.21.69->10.1.1.1 [1]

* Dec 31 11:16:56.083: NAT *: s=10.1.1.1->125.202.21.67, d=198.1.1.2 [46885]

[cut]

其中有访问 WEB 服务器 WEB-1 的转换信息：d＝125.202.21.67->10.1.1.1、s＝10.1.1.1->125.202.21.67，也有从 WEB-1 ping 路由器 R3 的转换信息：s＝10.1.1.1->125.202.21.69，d＝198.1.1.2、d＝125.202.21.69->10.1.1.1。

再从路由器 R4 远程登录到 WEB 服务器，并从 WEB 服务器 ping 路由器 R4：

R4♯telnet 125.202.21.67

Trying 125.202.21.67 ... Open

User Access Verification

Password：

WEB-2＞ping 198.1.2.2

Type escape sequence to abort.

Sending 5, 100-byte ICMP Echos to 198.1.2.2, timeout is 2 seconds：

!!!!!

Success rate is 100 percent (5/5), round-trip min/avg/max = 36/41/44 ms

WEB-2＞

按轮询规则，这次登录的是服务器 WEB-2，并从 WEB-2 ping 路由器 R4，在路由器 R1 上可以看到类似的 NAT 转换信息。

同样地，还可以对访问 FTP 服务器的情况进行同样的测试：

R2♯telnet 125.202.21.68

```
Trying 125.202.21.68 ... Open
User Access Verification
Password:
FTP-1>
R3#telnet 125.202.21.68
Trying 125.202.21.68 ... Open
User Access Verification
Password:
FTP-2>
R4#telnet 125.202.21.68
Trying 125.202.21.68 ... Open
User Access Verification
Password:
FTP-3>
```

很显然,从三台路由器 R2、R3、R4 轮流登录到了三台 FTP 服务器。

习 题

1. IPv4 中定义的私有地址有哪些?
2. 为什么私有地址不能在公网上使用?
3. 为什么 NAT 技术在一定程度上降低了 IPv4 地址的耗尽速度?
4. NAT 表中有哪四种地址? 各代表什么意义?
5. NAT 有哪些优点和缺点?
6. NAT 有哪三种类型? 各有什么特点?
7. 源地址为私有地址、目的地址为公有地址的分组能被转发到目的地吗? 回来呢?
8. 查看 NAT 表的命令是什么? 如何区分不同类型的 NAT?
9. 如何清除 NAT 表中的动态转换条目?
10. 如果只使用一个公有地址对数千台主机的地址进行转换,需要使用哪种类型的 NAT?
11. 使用哪个命令可以实时查看路由器所做的 NAT 转换?
12. 内部本地地址、内部全局地址是转换前还是转换后的地址?
13. show ip nat statistics 可以显示哪些信息?
14. ip nat inside 和 ip nat outside 有什么作用?
15. 下列命令配置的是哪种类型的 NAT:

    ip nat inside source list 1 pool Mynat overload

16. NAT 除能使配置私有地址的主机访问 Internet 外,还有哪些方面的作用?
17. 转换前的内部主机地址是 NAT 的哪个地址?
18. 在私有网络接口、公有网络接口分别应配置什么命令?
19. 端口地址转换又称为什么?
20. NAT 负载均衡与一般的 NAT 转换有哪些不同之处?

21. 动手实验：

(1) 网络中路由器 A 和路由器 B 通过串行接口互连，配置公有地址；路由器 A 的一个以太网接口连接一台交换机，四台主机连接到交换机，都配置私有地址；路由器 B 的一个以太网接口连接一台主机，配置公有地址。

(2) 在路由器 A 和路由器 B 上运行路由协议 RIP。

(3) 在路由器 A 配置静态 NAT，从路由器 A 端的四台主机 ping 路由器 B 端主机，查看 NAT 转换表，使用 debug 命令观察转换过程。

(4) 在路由器 A 配置动态 NAT，从路由器 A 端的四台主机 ping 路由器 B 端主机，查看 NAT 转换表，使用 debug 命令观察转换过程。

(5) 在路由器 A 配置 NAT 重载，从路由器 A 端的四台主机 ping 路由器 B 端主机，查看 NAT 转换表，使用 debug 命令观察转换过程。

(6) 将上述网络扩展为 NAT 负载均衡网络，并配置两个服务器之间的负载均衡。

第 9 章 广 域 网

9.1 广域网基础

互联网上的每台主机首先都是属于某个局域网(LAN),然后再从这个局域网连接到其他的局域网,这才能够访问距离很远的另外一台主机,这种能够将本地局域网与远程局域网连接起来的网络就是广域网(wide area network,WAN)。一般根据网络覆盖的大小,将网络分为局域网、城域网和广域网,那这些网络分别由谁来投资建设呢?对公司或个人来说,局域网都是自己投资建设,毕竟成本不高。城域网和广域网一般都是由运营商(或称为网络服务提供商)投资建设,绝大部分公司或个人都是租用运营商的基础设施进行分公司互连或接入互联网。只有为数很少的机构是自己投资建设自己独立的网络,如铁路部门、运营商等,其中运营商投资建网的目的很明确,就是为了提供通信服务和出租网络资源,并由此获得收益。因此,对公司或个人来讲,自己投资建设广域网并不合算,相比之下,租用运营商的网络资源不仅能够满足自己的需求,而且还能节省大量时间。另外,从运营商那里获得 WAN 链路和服务可以免除网络维护的后顾之忧。

由于用户对 WAN 连接的需求千差万别,使得 WAN 技术也是多种多样,如高级数据链路控制(high-level data link control,HDLC)、点到点协议(point-to-point protocol,PPP)、帧中继(frame relay,FR)等。运营商在为用户提供 WAN 服务时必须仔细衡量用户的需求,选择那些既能满足用户需求,又符合用户所能承受的网络使用费用的 WAN 技术。

9.1.1 WAN 术语

WAN 覆盖范围广、跨度大,常用的描述 WAN 服务的专业术语如下:

(1) 用户驻地设备(customer premises equipment,CPE):这种设备放置在用户端,通常指用户自己所拥有的设备(但有时也包括服务提供商租借给用户的设备)。

(2) 分界点(demarcation point,DP):这是 CPE 终点与本地环路服务起点之间的接合点,明确指出了服务提供商职责的终点和用户职责的起点,通常位于业务呈现点(point of presence,POP)或通信机柜中,所在的设备归服务提供商所有。从该设备到 CPE 的电缆连接通常由用户负责管理,一般是到 CSU/DSU 或 ISDN 接口的连接。

(3) 本地环路:将分界点连接到 WAN 服务提供商中心机房的布线。

(4) 中心局(central office,CO):服务提供商提供 WAN 服务最近的业务呈现点,将用户的网络接入服务提供商的网络。中心局有时也是业务呈现点。一般情况下,业务呈现点属于城域网的一部分,运营商在建设城域网的时候,会根据未来业务的分布情况建设许多个业务呈现点用于业务的接入。所以,通俗地讲,业务呈现点就是城域网的业务接入点。有的业务呈现点设备少,比较简单,并不能成为中心局。而中心局是较为大型的机房,各种业务设备比较齐全。

(5) 长途通信网(toll network,TN)：WAN 服务提供商的核心网络，包含大量的中继线路、交换机和设备。

9.1.2 WAN 基本线路类型和网络带宽

不同的线路类型有各自对应的信令标准和带宽，用户可以根据自己的需求向 WAN 服务提供商租用合适的链路。早期的 WAN 线路有两种互不兼容的标准：北美标准和欧洲标准，美国地区使用的是北美数字分级系统(North American digital hierarchy)，我国使用的是欧洲标准，在 T1 以上的复用，日本使用的是第三种不兼容的标准。SDH/SONET 标准制定后，使北美、日本和欧洲这三个地区三种不同的数字传输体制获得了统一，真正实现了数字传输体制上的世界性标准。

- DS0 (digital signal 0)：速率为 64 kbit/s，是基本的数字信令速率，相当于时分复用 TDM 中的一个信道或一个时隙。一个固定电话就是占用这样一条信道。
- T1：也称为 DS1，将 24 路 DS0 捆绑在一起得到，另有控制信息传输的比特率为 8 kbit/s，总带宽为 1.544 Mbit/s，美国、加拿大和日本等国家使用。
- E1：将 32 路 DS0 捆绑在一起得到，可以支持 30 路话音，有 2 路专门用于控制，总带宽为 2.048 Mbit/s，我国使用此标准。
- T3：也称为 DS3，将 28 条 DS1（或 672 条 DS0）电路捆绑在一起得到，总带宽达到 44.736 Mbit/s。
- STS-1/OC-1：速率为 51.84 Mbit/s，对电信号称为第 1 级同步传送信号(synchronous transport signal)，即 STS-1；对光信号则称为第 1 级光载波(optical carrier)，即 OC-1。
- OC-3：光载波-3，由 3 条捆绑在一起的 OC-1 组成，速率为 155.52 Mbit/s，也称为第 1 级同步传递模块(synchronous transfer module)，即 STM-1。
- OC-12：光载波-12，由 4 条捆绑在一起的 OC-3 组成，速率为 622.08 Mbit/s。
- OC-48：光载波-48，由 4 条捆绑在一起的 OC-12 组成，速率为 2 488.320 Mbit/s，近似值为 2.5 Gbit/s。
- OC-192：光载波-192，由 4 条捆绑在一起的 OC-48 组成，速率为 9 953.380 Mbit/s，近似值为 10 Gbit/s。

9.1.3 WAN 连接类型

WAN 连接主要表现在物理层和数据链路层，各种标准都是在描述物理层传送方式和数据链路层的操作，包括寻址、数据流控制与封装等，标准的定义与管理由许多公认的机构执行，如国际电联电信标准部(ITU-T)、国际标准化组织(ISO)、互联网工程任务组(IETF)、电子工业协会(electronic industries association, EIA)、电信工业协会(telecommunication industry association, TIA)等。

WAN 连接主要有以下三种类型，如图 9-1 所示。

- 专用线：为用户专门建立的 WAN 通信链路，常称为专线或专用连接，用于连接用户驻地设备(CPE)。专用线的资源是用户独占的，是一种点对点连接，建立起来后就一直存在，不管用户是否使用，所以，相比另外两种 WAN 连接类型，费用要高不少。优势是线路质量好，而且能够随时通信，传输数据时没有连接的建立过程，一般是资金充足的客户选择这类 WAN 连接，速度可以高达 155 Mbit/s。

- 电路交换：古老的电话网就是典型的电路交换，其覆盖面非常广，这是它的优势，通过电话网接入可以解决"最后一公里"问题。不过，这种接入只适用于低带宽数据传输，且在传输数据前需要建立端到端连接，采用了拨号调制解调器或 ISDN。随着宽带接入的不断普及，特别是无线接入技术的发展，电路交换这种类型的 WAN 连接使用得越来越少。
- 分组交换：也称为包交换，是一种用户可以共享带宽资源的 WAN 技术，费用低于专用线，但使用起来又类似于专用线，对大众用户来说，可以说是价廉物美，因此选择这种类型 WAN 连接的用户非常多。ATM、帧中继和 X.25 都使用分组交换技术，速度从 56 kbit/s 到 155 Mbit/s(OC-3)不等。

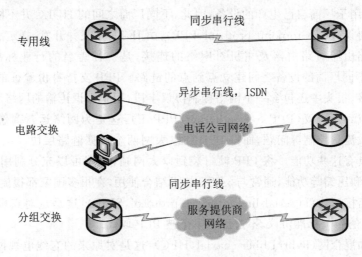

图 9-1 广域网连接类型

9.1.4 典型的 WAN 协议

这里介绍的支持 WAN 的是串行接口，以太网属于局域网，不能在串行接口上配置以太网封装，许多支持 WAN 的协议也不能在以太网接口上封装，但并不是说只能使用串行接口连接到广域网。事实上，串行连接使用得越来越少，相比之下，连接到 ISP 的快速以太网连接更受用户欢迎。

能够支持 WAN 的一些重要协议如下：

- X.25 及平衡式链路接入规程(link access procedure-balanced，LAPB)：X.25 是帧中继的原型，而 LAPB 是一种用于 X.25 的面向连接的数据链路层协议，定义了 DTE 与 DCE 之间如何连接的 ITU-T 标准，在公共数据网络上维护远程终端访问和计算机通信，在点对点基础上提供了可靠性与数据流控制。LAPB 也可用于简单的数据链路传输，缺点是开销较大。
- D 信道链路接入规程(link access procedure on d channel，LAPD)：LAPD 由 LAPB 演变而来，主要用于 ISDN，满足其基带接入的信令需求。D 信道的速率为 16 kbit/s。
- 帧中继(frame relay，FR)：FR 是 X.25 的改进版，删除了 X.25 中差错控制、数据流控制等一些复杂功能，成为一种高性能的数据链路层和物理层规范，是一种在 20 世纪 90 年代初面世的分组交换技术。帧中继提供动态带宽分配和拥塞控制功能，速度为 64 kbit/s~45 Mbit/s (T3)，成本效率优于点对点链路。

- 综合业务数字网(integrated service digital network,ISDN):ISDN 是一组数字服务,为解决低带宽问题而设计,目的是使用现有的电话网提供 WAN 连接的建立和信息的传递,即通过电话线传输语音和数据,为需要高速连接(模拟 POTS 拨号链路无法满足这种需求)的偏远用户提供互联网接入,或者作为其他链路的备用链路。

- 高级链路控制(high-level data link control,HDLC):是点对点、专用链路和电路交换连接上默认的封装类型,由 IBM 开发的数据链路层连接协议同步数据链路控制(synchronous data link control,SDLC)演变而来,定义了同步串行链路上使用帧标识、校验和的数据封装方法。HDLC 是 ISO 标准,但其报头没有包含任何有关 HDLC 封装传输的协议类型信息,于是,每个使用 HDLC 的厂商都以各自的方式标识网络层协议,只能用于厂商自己生产的设备,因此,不同厂商之间的 HDLC 并不能互相兼容。

- 点到点协议(point-to-point protocol,PPP):由 IETF 定义并开发,规定了在同步和异步电路上路由器对路由器及主机对网络的连接,是一种著名的行业标准协议,可使用 PPP 在不同厂商的设备之间建立点到点的链路。PPP 支持身份验证的安全机制和多链路连接,报头中还包含一个网络控制协议字段,用于标识传输的网络层协议。

- 以太网点到点协议(PPP over ethernet,PPPoE):这是为网络运营商解决鉴别用户身份、计费、流量控制等问题,而将 PPP 和以太网两个数据链路层协议结合起来,因为以太网不具有这些功能。将 PPP 帧封装到以太网帧中,就可以充分利用 PPP 的身份验证、加密和压缩等功能,通常与 xDSL 技术结合使用,在很多国家都很流行。

- 串行线路接口协议(serial line interface protocol,SLIP):这是点对点串行连接应用于 TCP/IP 的一个标准协议,不过已基本上被 PPP 取代。

- 光纤同轴混合网(hybrid fiber coaxial,HFC):这是对原来的有线电视网(CATV)进行改造,使其升级为宽带网络,网络的主干部分使用光纤,用户所在的服务社区继续保持原来的同轴电缆。网络部署是前端(headend)和光节点之间使用光纤连接,光节点再将光信号转换为射频(RF)信号,然后通过同轴电缆将信号分发到整个居民服务社区。位于一个服务社区中的居民需要共享接入带宽,一般情况下,用户的接入速度大约为 256 kbit/s~6 Mbit/s,下行最高可达 27 Mbit/s,上行最高可达 2.5 Mbit/s。这种接入方式对于已经部署了有线电视的家庭或办公室来说是一种不错的选择。

- 数字用户线(digital subscriber line,DSL):对现有的模拟电话用户线进行改造,将原来没有被利用的高端频谱开发出来,使其能承载宽带数字业务。DSL 是一种物理层传输技术,不是完全的端到端解决方案,主要用于本地电话网络的最后一公里的本地环路。这种连接是在铜质双绞线的两端各安装一个 DSL 调制解调器,其中中心局(CO)一端的设备称为数字用户线多路复用器(DSL access multiplexer,DSLAM),负责汇聚来自多个 DSL 用户的连接。DSL 有很多种,如 ADSL(asymmetric DSL)、SDSL(symmetric DSL)、HDSL(high speed DSL)、VDSL(very high speed DSL)、IDSL(ISDN DSL)等,把各种类型的 DSL 统称为 xDSL。

- 异步转送方式(asynchronous transfer mode,ATM):20 世纪 90 年代中期非常流行的一种电信网络技术,支持综合业务的传送,可同时传输语音、数据和视频。ATM 采用固定长度(53 B)信元而不是分组,其中信元首部占 5 B,数据部分占 48 B,使用硬件进行数据交换处理,还使用同步时钟(外部时钟)以提高数据传输速度。ATM 技术没有到达用户桌面,主要应用于电信核心网,现今的许多帧中继 PVC(permanent virtual

circuit)也都运行在 ATM 上。
- 密集波分多路复用(dense wavelength division multiplexing,DWDM):一种在现有光纤骨干网上提高带宽的光纤技术,波分复用其实就是光的频分复用,DWDM 能组合一组光波长用一根光纤进行传送,在同一根光纤链路上以不同的波长同时传输多路信号。DWDM 具有协议和比特相互独立的优点,可用于 IP over ATM、SONET 甚至以太网。
- 多协议标记交换(multi-protocol label switching,MPLS):一种结合电路交换和分组交换优势的数据传输机制,"多协议"表示在 MPLS 的上层可以采用多种网络层协议。MPLS 是面向连接的技术,通过标记分发,首先为数据流建立起标记交换路径(label switched path,LSP),然后在 MPLS 域的入口处,给每一个 IP 分组打上固定长度的标记,然后对打上了标记的 IP 分组使用硬件进行转发,转发过程中不需要查找第三层的转发表,由此大幅度地加快了 IP 分组的转发速度。MPLS 主要应用于大型网络,可以支持多种链路层协议,如 ATM、帧中继、以太网、PPP 等。

9.2 串行广域网连接

对于路由器来说,典型的 WAN 连接使用的是 HDLC、PPP、帧中继等链路层协议,可以应用在相同的物理层规范之上。

WAN 连接无论是专线或电路交换、还是分组交换,很多都是使用同步或异步串行传输,即通过单个信道每次传输一个比特。串行链路使用频率(赫兹)描述,在该频率范围内每秒可传输的数据量称为带宽(单位为比特)。

9.2.1 数据通信设备和数据终端设备

在 WAN 串行连接中,涉及两类很重要的设备:数据终端设备(data terminal equipment,DTE)和数据通信设备(data communication equipment,DCE)。DTE 具有收、发和处理数据的能力,通常,用户的路由器是 DTE 设备,负责连接内部网与广域网,但 DTE 的数据通常不能直接通过本地环路去传送,需要 DCE 设备,如信道服务单元(channel service unit,CSU)/数据服务单元(data service unit,DSU),在 DTE 和传输线路之间提供信号变换和编码的功能。DCE 负责建立、维持和释放数据链路的连接,并向 DTE 设备提供时钟。具体到实际网络中,是 CSU/DSU 向路由器提供时钟。如果没有 CSU/DSU 设备,例如两个路由器的串行接口直接相连,则必须在电缆的 DCE 端使用 clock rate 命令配置时钟,DTE 端从 DCE 端获取时钟。接口是 DCE 还是 DTE 取决于其上所连接的线缆。

9.2.2 物理层接口标准

可以看出,WAN 连接的目的是要通过 DCE 网络将两个 DTE 网络连接起来,许多物理层标准定义了 DTE 与 DCE 之间的接口管理规则,路由器需要支持这些标准才能实现互联。
- EIA/TIA-232:即原有的 RS-232 标准,是一种常见的物理层接口标准,支持信号速率可达 64 kbit/s 的非平衡式电路,由 EIA/TIA 共同开发,通常以 9 个引脚(DB-9)或是 25 个引脚(DB-25)的形态出现,与 CCITT(International Telephone and Telegraph Consultative Committee)推荐的国际标准 V.24 非常类似。

- EIA/TIA-449：由 EIA/TIA 共同开发，也是一种常见的物理层接口标准，与 EIA/TIA-232 相比，具有更快的速度，可达 2Mbit/s，能支持更长的网络线缆，有时称它为 EIA/TIA-232 的升级版。EIA/TIA-449 使用 37 引脚及 9 引脚的连接器。
- EIA/TIA-612/613：用来描述所谓的高速串行接口（high speed serial interface，HSSI），使用 60 针 D 形连接器，允许的数据传输速率可达 STS-1(51.84 Mbit/s)，不过接口的实际速度取决于外部的 DSU 及连接的服务类型。
- V.35（用于连接到 CSU/DSU）：V.35 是通用终端接口规定，是描述网络存取设备与分组交换网络之间通信的同步物理层协议，最大速率为 48 kbit/s。广泛采用 34 引脚的连接器，V.35 电缆用于路由器与同步 CSU/DSU 的链接，同步方式下最大速率为 2 Mbit/s。
- EIA-530：也称为 RS-530 或 TIA-530，是一种平衡的串行接口标准，通常使用 25 针连接器。EIA-530 定义了 DCE 和 DTE 设备之间的电缆，作为 EIA/TIA-449 的两种电气实际运行标准，用于平衡式传输的 RS-422 和用于非平衡式传输的 RS-423，使用较大的 37 针连接器，因为 EIA/TIA-449 使用的是 37 针的连接器。
- G.703：G.703 是我国和欧洲广泛使用的 E1 标准，用于定义电信公司设备与 DTE 之间连接的电子与机械规格，使用 BNC(british naval connector)头互连。

9.2.3 WAN 连接举例

假设用户两端的路由器需要通过 2M 的租线互连，但路由器只有 V.35 接口，则需要使用 E1-V.35 协议转换器，2M 租线由传输网提供。典型的连接如下。

路由器 V.35 接口—协议转换器 V.35 接口—协议转换器 E1 接口—传输网 E1 接口—协议转换器 E1 接口—协议转换器 V.35 接口—路由器 V.35 接口。这里由协议转换器向路由器提供时钟，网络结构如图 9-2 所示。

图 9-2　WAN 连接举例

9.3　高级数据链路控制协议

首先要注意，上面介绍的 EIA/TIA-232、V.35、G.703 等标准描述的是路由器(DTE)和 CSU/DSU(DCE)之间的物理层协议，而高级数据链路控制(HDLC)协议是数据链路层协议。

HDLC 协议是一种面向比特的同步数据链路层协议，面向比特是指使用比特来表示控制信息，前面提到的 SDLC 协议也是面向比特的协议。还有一类面向字节的协议，如 TCP/IP，它们的控制信息是根据字节生成的。

9.3.1 HDLC 的帧格式

HDLC 主要用于点对点、专用链路和电路交换，是这些连接上的默认封装类型，它定义了一种通过串行数据链路使用帧标识、校验和的数据封装方法。其帧格式如图 9-3 所示。

| 标志 | 地址 | 控制 | 数据 | FCS | 标志 |

图 9-3 ISO HDLC 帧格式

但 ISO 制定的 HDLC 只能支持单协议环境，也就是说只能支持一种第三层协议，并没有一种能够支持多种网络层协议的统一定义。鉴于此，每个设备厂商都采用了自己的封装方式来支持多种网络层协议，结果是每个厂商的 HDLC 都有一个专用编码的数据字段，用于支持多协议环境，即在同一条串行链路上可以支持多种网络层协议。帧格式如图 9-4 所示。

| 标志 | 地址 | 控制 | 专用 | 数据 | FCS | 标志 |

图 9-4 厂家专用的 HDLC 帧格式

专用而不是通用的多协议支持方式，使得不同厂家的 HDLC 不能互连，如果不同厂家的路由器需要通过串行链路互连，就需要使用像 PPP 这样有标准方式标识上层协议的封装。

HDLC 是一种高效的面向连接的协议，控制开销很小。如果 HDLC 只需要支持一种网络层协议，专用编码这个控制字段也不需要。

9.3.2 配置 HDLC

在同步串行线路上默认使用 HDLC 串行封装模式，如果要重新封装 HDLC，则进入相应的串行接口配置模式，执行如下命令：

```
Router(config-if)# encapsulation hdlc
```

9.4 点对点协议

点对点协议（PPP）从 SLIP 发展而来，由于 SLIP 只能支持 IP 这一种网络层协议，不具有通用性，加上 SLIP 不支持动态 IP 地址分配，有帧校验序列检错等方面的不足，SLIP 已不能适应互联网的发展。PPP 就是在 SLIP 原有的基础上针对多协议环境而设计，并解决远程互联网络的连接问题。PPP 现在是一种应用非常广泛的国际标准 WAN 封装协议，可以支持异步串行连接（如拨号）和同步串行连接（如 ISDN）。

PPP 是 IETF 的标准化协议，定义了一种标准串行线路封装方式，实现在点对点链路上封装网络层协议信息，可以支持不同厂家设备之间的互操作。PPP 是数据链路层协议，由三个部分组成，包括高级数据链路控制协议（HDLC）、链路控制协议（link control protocol，LCP）和网络控制协议（network control protocol，NCP），其中 HDLC 负责封装数据报并在串行链路上进行传输，LCP 负责数据链路连接的建立和维护，NCP 负责通过 PPP 链路传输不同网络层协议分组。对于不同的网络层协议有不同的 NCP，如针对 IP 的 NCP 是 IPCP（Internet protocol control protocol)。PPP 与 ISO/OSI 之间的关系如图 9-5 所示。

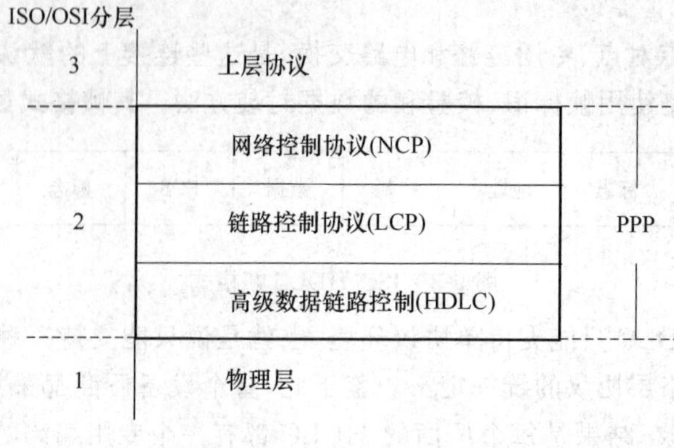

```
ISO/OSI分层
3        上层协议
         网络控制协议(NCP)
2        链路控制协议(LCP)         PPP
         高级数据链路控制(HDLC)
1        物理层
```

图 9-5　PPP 与 OSI 对比

9.4.1　PPP 身份验证

PPP 具有身份验证功能，有两种验证方法可以使用。一种验证方法是密码身份验证协议(password authentication protocol,PAP)，在 PPP 链路建立时，远程结点向发起连接建立的路由器发送用户名和密码，直到身份验证完成确认或连接终止。PAP 的验证过程并不安全，以明文方式发送密码存在安全隐患，有可能受到回放(playback)攻击。当 PAP 被用于主机和服务器之间的验证时，它是单向验证。当它被用于两个路由器之间的验证时，PAP 则是一个双向验证。另一种验证方法是挑战握手验证协议(challenge handshake authentication protocol,CHAP)，在链路建立时进行身份验证，但有别于 PAP 只进行一次身份验证，CHAP 能够定期重复验证和识别使用三次握手会话的远程站点。在 PPP 链路建立阶段完成后，本地路由器向远程设备发送一个挑战请求信息(一般为随机数)，远程站点使用单向散列函数(MD5)进行计算，会产生一个回应的计算结果值，并将其发回给本地路由器。本地路由器将接收到的结果与自己按同样方法计算出的结果进行比较，如果二者相同，则通过验证，否则，立即断开连接。CHAP 通过使用动态变化的挑战信息重复进行验证，可以有效抵御回放攻击，确保路由器始终与同一台远程设备通信。

9.4.2　链路控制协议配置协商

在链路建立过程中，链路控制协议(LCP)有许多配置选项可以协商，如果某一个配置选项没有包含在 LCP 数据中，则该配置选项使用预设值或默认值。

- 最大接收单元(maximum receive unit,,MRU)：通知对端可以接收多大的数据包，默认值 1 500 B。
- 认证协议：指出身份认证阶段需要使用的认证协议是 PAP,还是 CHAP,不进行协商则不需身份认证。
- 质量协议(quality protocol)：用于协商链路质量监测协议，判断链路质量是否可以启动网络层协议。
- 神奇数字(magic number)：用来监测网络中是否有自环现象，如果配置请求(Configure-Request)包的发送者反复收到和自己有相同神奇数字的配置请求包，则认为网络中存在自环。

- 数据压缩：在发送端对数据(有效载荷)进行压缩，在接收端实施解压缩，可以提高 PPP 连接的传输效率。PPP 没有指定使用什么压缩算法，由双方协商确定。
- 多链路(multilink)：将多条不同的物理链路合并或者捆绑成一条逻辑链路，以提高数据吞吐能力、减少传输时延、实现 WAN 链路之间的负载均衡。可以将数据包分段，在多条平行链路上同时进行发送，支持包的分段和排序。需要协商最大接收重组单元(maximum received reconstructed unit，MRRU)，即接收端重组后报文的最大值，同时向对端表明可以将多条物理链路捆绑成一条逻辑链路，并支持将不同类型的接口捆绑为一个逻辑接口。
- PPP 回拨：当两台路由器都配置了回拨功能，主叫路由器(客户端)发起与远端路由器(服务器)的连接并请求回拨，同时证明自己的身份，通过身份认证后，远端路由器将连接断开，重新建立起到主叫路由器的连接。回拨机制可以提高安全性和节约用户拨号费用。

9.4.3 PPP 会话连接的建立

PPP 的工作过程包括链路建立、身份认证、网络层协议配置、连接释放等阶段。

- 链路建立：在双方物理层连接建立以后，PPP 开始建立链路层的 LCP 连接。在链路建立的配置协商阶段，每台 PPP 设备都会发送 LCP 数据包，以设定和测试链路。这些数据包中有一个名为配置选项(configuration option)的字段，让设备之间能够协商传输单元大小、压缩算法、认证协议等参数。
- 身份认证：如果选择了认证协议 PAP 或 CHAP，就可以使用它们来进行身份认证。LCP 会延迟网络层协议信息的传输，直到身份认证过程完成，其间还有可能对链路进行测试，判断链路质量是否满足要求。
- 网络层协议配置：两端的 PPP 设备会传输 NCP 帧，根据网络层的不同协议互相交换网络层特定的网络控制分组。所选择的网络层协议(如 IP、IPX 等)配置完成后，才能通过同一条 PPP 数据链路传送各自网络层协议的数据包，每种网络层协议都建立一个到 NCP 的服务。
- 连接释放：当数据传输结束，可以由链路的一端发出终止请求 LCP 分组，收到对方确认后，NCP 释放网络层连接，收回分配出去的 IP 地址，然后 LCP 释放数据链路层连接，最后释放物理层的连接。

9.4.4 配置 PPP

(1) 配置 PPP 封装

进入相应串行接口，执行如下命令：

Router(config-if)# encapsulation ppp

注意，必须在串行线路相连的两个接口上都配置 PPP 封装。

(2) 配置 PPP 身份认证

首先配置路由器的 hostname、username 和 password，注意本地路由器的 username 就是远端路由器的 hostname，对应地，远端路由器的 username 就是本地路由器的 hostname。password 两端必须相同，username 和 password 都区分大小写。例如，设本地路由器的

hostname 为 Router-A,远端路由器的 hostname 为 Router-B,密码为 abc123,则本地路由器的配置如下:

```
Router#config t
Router(config)#hostname Router-A
Router-A(config)#username Router-B password abc123
```

远端路由器的配置为:

```
Router#config t
Router(config)#hostname Router-B
Router-B(config)#username Router-A password abc123
```

hostname、username 和 password 都配置好以后,在互连的串行接口上指定身份认证的方法,可以为 PAP 或 CHAP。假设本地路由器互连的串行接口是 s2/0,配置如下:

```
Router-A#config t
Router-A(config)#int s2/0
Router-A(config-if)#ppp authentication chap pap
Router-A(config-if)#end
Router-A#
```

上面的配置指定了 pap 和 chap 两种方法,首选第一种方法,当第一种方法失效时再使用第二种方法。

9.4.5 验证 PPP 封装

PPP 配置完成后,可以使用如下一些命令,查看所做的配置、PPP 的运行情况。

(1) 用 show running-config 查看 hostname、username、password,以及在串行接口 s2/0 所做的配置。

```
hostname Router-A
!
username Router-B password 0 abc123(0 表示密码是明文)
!
interface Serial2/0
ip address 192.168.1.1 255.255.255.0
encapsulation ppp
ppp authentication chap pap
clock rate 64000
!
```

(2) 用 show interface 查看串行接口 s2/0 的运行状态。

```
Router-A#sh int s2/0
Serial2/0 is up, line protocol is up (connected)
  Hardware is HD64570
```

Internet address is 192.168.1.1/24

MTU 1500 bytes, BW 128 Kbit, DLY 20000 usec,

reliability 255/255, txload 1/255, rxload 1/255

Encapsulation PPP, loopback not set, keepalive set (10 sec)

LCP Open

Open：**IPCP**, CDPCP

--More--

可以看出，s2/0 状态正常，封装为 PPP，LCP、IPCP 都是 Open(打开)状态，说明 PPP 连接会话运行正常，可以通过 ping 远端地址 192.168.1.2 来进行验证。

如果 PPP 会话无法建立或互相 ping 不通，请检查如下一些方面是否正常：
- username 是否是对端的 hostname，注意区分大小写；
- 密码是否两端一致，注意区分大小写；
- 两端的封装是否都为 PPP；
- 两端的 IP 地址是否属于同一个网络。

9.5 帧中继技术

前面提到过，帧中继(FR)是由 X.25 发展而来的，删除了其中一些不再需要功功能，相比 X.25 具有更高的性能和更好的传输效率。帧中继是一种非广播多路访问(NBMA)技术，不会有任何广播包通过帧中继网络，而是通过点到多点子接口实现多路访问。

帧中继是一种分组交换技术，工作在 OSI 参考模型的数据链路层，使用虚电路进行连接，作用范围限于本地接入，核心一般由 ATM 网络承载。帧中继共享网络资源，具有动态分配带宽的能力，能有效处理数据业务的突发性。帧中继支持大多数的数据传输协议，具有与上层数据的无关性。

当一个公司的总部需要与多家分支机构相连时，相比于点到点的专用线路，帧中继具有非常明显的优势。例如，一个公司总部要与 5 家分支机构连接，如果采用点到点的专用线，则总部的路由器至少需要 5 个广域网接口，如果路由器只有 1 个空闲的广域网接口，则只能与一家分支机构互连，必须增加 4 个广域网接口才能实现与所有 5 家分支机构相连，如图 9-6 所示。如果采用帧中继技术，则利用 1 个广域网接口就可以实现与 5 家分支机构相连，如图 9-7 所示。显然，帧中继让用户节省了不少费用，这也是帧中继技术极具吸引力的原因。

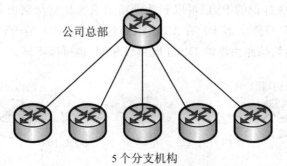

图 9-6 使用专用线网络结构

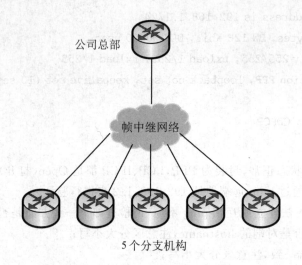

图 9-7 使用帧中继网络结构

9.5.1 帧中继术语

- 虚电路(virtual circuit,VC)：在两个网络设备之间创建的逻辑电路，是一种面向连接的通信服务，其通信过程类似电路交换。虚电路可以分为交换虚电路(switched VC,SVC)和永久虚电路(permanent VC,PVC)两种。SVC 是用户终端在有数据需要传输时动态建立虚电路，数据传输完成后就拆除虚电路，所以 SVC 是临时的连接。PVC 是一种永久连接，只要创建了这种虚电路，就会一直存在，用户可以随时进行数据传输，就像一条专线一样。在实际应用的帧中继网络中，绝大多数虚电路是 PVC，SVC 非常稀少，通常用于数据传输量较小的情况。

- 数据链路连接标识(data link connection identifier,DLCI)：用来标识帧中继 PVC 的数字，以区分不同的虚电路，如果一个帧中继接口端接了多条虚电路，则有多个 DLCI 与之关联。DLCI 只具有本地意义，只用于标识本地路由器与所连接的帧中继交换机之间的 PVC 连接。DLCI 由服务提供商负责分配，帧中继交换机将每对路由器(近端和远端)所使用的 DLCI 关联起来建立一条 PVC。如图 9-8 所示，DLCI 101 和 DLCI 102 都由服务提供商分配给用户，用户要在路由器 R1 和路由器 R2 的对应接口上分别配置 DLCI 101 和 DLCI 102，建立起一条连接路由器 R1 和 R2 的 PVC。DLCI 101 只对路由器 R1 有意义，标识从 R1 出发可以到达路由器 R2 的这条 PVC，相当于告诉路由器 R1 从 DLCI 101 标识的 PVC 可以到达路由器 R2，显然与路由器 R2 没有关系。同样地，DLCI 102 只与路由器 R2 有关，标识到达路由器 R1 的 PVC。DLCI 只有本地意义，所以分配给两端路由器的 DLCI 既可以相同，也可以不同。

图 9-8 DLCI 的本地意义

> 反向 ARP(inverse address resolution protocol,IARP):将 DLCI 映射到 IP 地址,而 IP 网络中的 ARP 是将 IP 地址映射到 MAC 地址。IARP 运行在帧中继路由器上,用已知的本地 DLCI 映射远程设备的三层 IP 地址,让帧中继知道如何前往 PVC 的另一端。如果路由器不支持 IARP 或禁用了 IARP 功能,则必须使用命令 frame-relay map 静态指定 DLCI 到 IP 地址的映射。

> 本地管理接口(local management interface,LMI):一种用户驻地设备(CPE)和它连接的第一台帧中继交换机之间传送的信令标准,用于交流有关虚电路的运行情况和连接状态方面的信息。注意,LMI 不是在两端的客户路由器之间交换信息,而是在客户路由器和帧中继交换机之间交换信息。

> 承诺信息速率(committed information rate,CIR):帧中继是一种共享网络资源的分组交换技术,同一条物理链路层可以承载多条逻辑虚电路,且网络可以根据实际流量动态调配虚电路的可用带宽,当有资源空闲时允许用户使用超过分配给自己的带宽,却不必承担额外的费用。CIR 是服务提供商保证提供的最大带宽,也就是说用户的数据传输速率不会低于 CIR。超过的部分称为"突发量",CIR 和突发量之和最高可达帧中继接口的最大传输速率,突发量部分采取的是尽力而为的传输方式,当网络资源不够时,这部分数据有可能不会被传输或者被丢弃。

> 帧中继拥塞控制:当用户数据传输速率超过 CIR,又没有多少空余的网络资源可用时,用户的数据就有可能被丢弃,这时需要有一种机制告诉用户端设备减小发送数据的速率,这种机制就是帧中继的拥塞控制。帧中继交换机通过 3 个拥塞位来处理网络拥塞或告知 DTE 网络的拥塞情况:可丢弃位 DE(discard eligibility),用于在帧中继报头中标识网络发生拥塞时最先可丢弃的分组;前向显式拥塞通知位(forward explicit congestion notification,FECN),当检测到网络发生拥塞时,交换机将帧中继报头中的 FECN 位置 1,告诉目的地 DTE 帧所经过的路径发生了拥塞;后向显式拥塞通知位(backward explicit congestion notification,BECN),当检测到网络发生拥塞时,交换机将前往源路由器的帧的 FECN 位置 1,告诉源 DTE 网络发生了拥塞。注意帧传输的方向,一个用户设备既可以是目的 DTE,也可以是源 DTE。

9.5.2 帧中继实现

分单接口、子接口情形说明帧中继的配置。

1. 单接口

这是最简单的情形,通过一条 PVC 将两台路由器连接起来,需要进行如下一些配置:

(1) 在一个串行接口上指定帧中继的封装类型,思科路由器有 Cisco、IETF 两种封装类型,默认是 Cisco。互连的路由器如果都是思科路由器,则使用默认的封装类型即可,如果有一台路由器不是思科的路由器,则需要将两端的封装类型指定为 IETF。

(2) 给接口分配一个 IP 地址。

(3) 根据服务提供商的要求确定 LMI 的类型,思科路由器支持 3 种 LMI 标准:Cisco、ANSI 和 ITU-T Q.933A(不区分大小写),其中 Cisco 是默认设置。

(4) 配置 DLCI,标识需要使用的 PVC。

举例,如图 9-9 所示,路由器 Router0 和 Router1 通过帧中继网络互连,两端使用的接口都是串行接口 Serial 1/0。

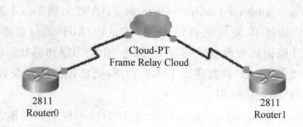

图 9-9　单接口帧中继互连

Router0 端的配置如下：

interface Serial1/0
ip address 192.168.1.1 255.255.255.0
encapsulation frame-relay
frame-relay interface-dlci 100
frame-relay lmi-type q933a
!

Router1 端的配置如下：

interface Serial1/0
ip address 192.168.1.2 255.255.255.0
encapsulation frame-relay
frame-relay interface-dlci 100
frame-relay lmi-type q933a

2. 子接口

如果需要在一个串行接口上支持多条虚电路，就必须用到子接口。子接口是一种逻辑接口，多个子接口共享一个物理接口，相当于多路复用。配置子接口很容易，使用类似 int s0.subinterface-number 的命令即可，如 int s0.1、int s0.2 等。注意，必须在物理串行接口上指定封装类型，这与单接口一样，但物理串行接口上不能配置 IP 地址，IP 地址都要配置到子接口上。由于每个子接口对应一条 PVC，自然地，对应的 DLCI 配置在子接口上。

子接口又分为点到点子接口和多点子接口两种：

- 点到点(point-to-point)子接口：每个子接口属于不同的子网，每条 PVC 也都属于不同的子网。
- 多点(multipoint)子接口：连接到帧中继网络的所有路由器的串行接口都位于同一个子网中，相应地，所有的 PVC 也都属于同一个子网。

下面分别举例介绍两种子接口帧中继的配置：

先来看点对点子接口的配置，如图 9-10 所示，路由器 Router0 通过帧中继 PVC 分别与 Router1、Router2、Router3、Router4 相连，每条 PVC 属于不同的子网，在 Router0 的一个串行接口上配置点对点子接口支持与多条 PVC 互连。

Router0 的配置：

interface Serial1/0
no ip address

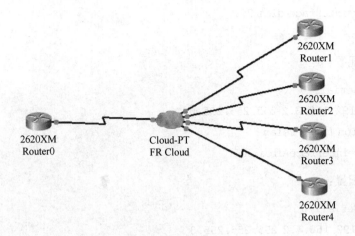

图 9-10 点到点子接口

```
encapsulation frame-relay
!
interface Serial1/0.101 point-to-point
ip address 192.168.1.1 255.255.255.0
frame-relay interface-dlci 101
!
interface Serial1/0.102 point-to-point
ip address 192.168.2.1 255.255.255.0
frame-relay interface-dlci 102
!
interface Serial1/0.103 point-to-point
ip address 192.168.3.1 255.255.255.0
frame-relay interface-dlci 103
!
interface Serial1/0.104 point-to-point
ip address 192.168.4.1 255.255.255.0
frame-relay interface-dlci 104
```

Router1 的配置：

```
interface Serial1/0
ip address 192.168.1.2 255.255.255.0
encapsulation frame-relay
frame-relay interface-dlci 101
```

Router2 的配置：

```
interface Serial1/0
ip address 192.168.2.2 255.255.255.0
encapsulation frame-relay
```

frame-relay interface-dlci 201

Router3 的配置：

interface Serial1/0
ip address 192.168.3.2 255.255.255.0
encapsulation frame-relay
frame-relay interface-dlci 301

Router4 的配置：

interface Serial1/0
ip address 192.168.4.2 255.255.255.0
encapsulation frame-relay
frame-relay interface-dlci 401

现在来进行多点子接口模式下的帧中继配置，与点对点子接口配置不同的地方在于需要配置 IP 地址与 DLCI 的映射，LMI 可以使用默认的设置，路由器可以自动学习到。如图 9-11 所示，路由器 Router1 与路由器 Router2、Router3、Router4 通过帧中继网络互连，其中 Router1 是中心路由器，Router2、Router3、Router4 是分支路由器。

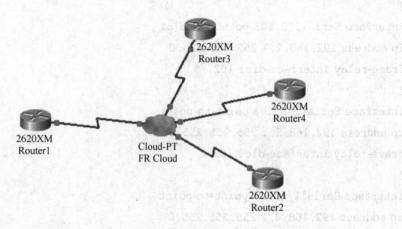

图 9-11　多点子接口

Router1 的配置：

interface Serial1/0
no ip address
encapsulation frame-relay
!
interface Serial1/0.1 multipoint
ip address 192.168.1.2 255.255.255.0
frame-relay map ip   192.168.1.1 201 broadcast
frame-relay map ip   192.168.1.3 301 broadcast
frame-relay map ip   192.168.1.4 401 broadcast

Router2 的配置：

interface Serial1/0
no ip address
encapsulation frame-relay
!
interface Serial1/0.1 multipoint
ip address　192.168.1.1　255.255.255.0
frame-relay map ip　192.168.1.2 102 broadcast
frame-relay map ip　192.168.1.3 102 broadcast
frame-relay map ip　192.168.1.4 102 broadcast

Router3 的配置：

interface Serial1/0
no ip address
encapsulation frame-relay
!
interface Serial1/0.1 multipoint
ip address　192.168.1.3　255.255.255.0
frame-relay map ip　192.168.1.1 103 broadcast
frame-relay map ip　192.168.1.2 103 broadcast
frame-relay map ip　192.168.1.4 103 broadcast

Router4 的配置：

interface Serial1/0
ip address　192.168.1.4　255.255.255.0
encapsulation frame-relay
frame-relay map ip　192.168.1.1 104 broadcast
frame-relay map ip　192.168.1.2 104 broadcast
frame-relay map ip　192.168.1.3 104 broadcast
!

　　中心路由器 Router1 的串行接口上必须配置多点子接口，而分支路由器可以配置多点子接口（如 Router2、Router3），也可以直接配置物理接口（如 Router4）。注意，从中心路由器 Router1 出发的有三条 PVC，而从分支路由器 Router2、Router3、Router4 出发的都只有一条 PVC。对比两种子接口模式，可以看出，点对点子接口是在一个物理接口上配置多条 PVC，而多点子接口是在一个子接口上配置多条 PVC。frame-relay map 命令后面的 broadcast 参数意义是通过 PVC 发送广播消息，这对路由协议的正常运行很重要。

9.5.3　检验帧中继的运行

　　帧中继配置完成后，需要使用思科路由器提供的 show 和 debug 等命令对其运行状态进行检验。

1. show interface serial 命令

查看接口有关物理层和数据链路层的状态、封装方式、LMI 等信息。例如,Router0 的接口 Serial 1/0:

Router0#sh int s1/0
Serial1/0 is up, line protocol is up (connected)
　Hardware is HD64570
　Internet address is 192.168.1.1/24
　MTU 1500 bytes, BW 128 Kbit, DLY 20000 usec,
　　reliability 255/255, txload 1/255, rxload 1/255
　Encapsulation Frame Relay, loopback not set, keepalive set (10 sec)
　LMI enq sent　8, LMI stat recvd 8, LMI upd recvd 0, DTE LMI up
　LMI enq recvd 0, LMI stat sent　0, LMI upd sent　0
　LMI DLCI 0　LMI type is CCITT　frame relay DTE
--More--

可以看到串行接口 Serial1/0 的物理层和数据链路层都运行正常,封装方式为帧中继、LMI DLCI 为 0,LMI 使用的是 CCITT 类型,即现在的 ITU-T Q.933A。

2. show frame-relay lmi 命令

显示 LMI 的类型、LMI 错误和 LMI 的数据流量统计。

Router1#sh frame-relay lmi
LMI Statistics for interface Serial1/0 (Frame Relay DTE) LMI TYPE = CISCO
Invalid Unnumbered info 0　　　Invalid Prot Disc 0
Invalid dummy Call Ref 0　　　Invalid Msg Type 0
Invalid Status Message 0　　　Invalid Lock Shift 0
Invalid Information ID 0　　　Invalid Report IE Len 0
Invalid Report Request 0　　　Invalid Keep IE Len 0
Num Status Enq. Sent 254　　　Num Status msgs Rcvd 254
Num Update Status Rcvd 0　　　Num Status Timeouts 16

显示出了 LMI 的类型为 CISCO,本地路由器和帧中继交换机之间交换的状态消息数量,查询、响应均为 254 个,说明帧中继网络正常。

3. show frame-relay map 命令

显示 IP 地址到 DLCI 的映射。

Router1#sh frame-relay map
　Serial1/0.1 (up): ip 192.168.1.1 dlci 201, static, broadcast, CISCO, status defined, active
　Serial1/0.1 (up): ip 192.168.1.3 dlci 301, static, broadcast, CISCO, status defined, active
　Serial1/0.1 (up): ip 192.168.1.4 dlci 401, static, broadcast, CISCO, status defined, active

static 表示这里进行的是静态映射,如果使用反向 ARP(IARP)进行解析,则会显示为 dynamic。

4. show frame-relay pvc 命令

显示所有配置的 PVC 信息,如 DLCI、连接状态、数据流量统计,还有路由器在每条 PVC 上收发的 FECN、BECN 和 DE 数据包的数量。

```
Router0#sh frame-relay pvc
PVC Statistics for interface Serial1/0 (Frame Relay DTE)
DLCI = 102, DLCI USAGE = LOCAL, PVC STATUS = ACTIVE, INTERFACE = Serial1/0.102
  input pkts 14055         output pkts 32795        in bytes 1096228
  out bytes 6216155        dropped pkts 0           in FECN pkts 0
  in BECN pkts 0           out FECN pkts 0          out BECN pkts 0
  in DE pkts 0             out DE pkts 0
  out bcast pkts 32795     out bcast bytes 6216155

DLCI = 103, DLCI USAGE = LOCAL, PVC STATUS = ACTIVE, INTERFACE = Serial1/0.103
  input pkts 14055         output pkts 32795        in bytes 1096228
  out bytes 6216155        dropped pkts 0           in FECN pkts 0
  in BECN pkts 0           out FECN pkts 0          out BECN pkts 0
  in DE pkts 0             out DE pkts 0
  out bcast pkts 32795     out bcast bytes 6216155
--More--
```

PVC 的状态是一项非常重要的信息,ACTIVE 表示 PVC 处于工作状态、运行正常。PVC 还有另外两种状态:一种是 INACTIVE,表示帧中继的本地连接已成功建立,但远程路由器到帧中继交换机的连接工作异常,路由器或交换机的配置不正确;另一种状态是 DELETED,表示帧中继交换机没有收到 LMI 信息或物理层连接建立不成功,有可能是 DLCI 无法识别或路由器配置不正确。

如果发现帧中继连接的速度很慢,有可能是链路的负载过重,可以通过观察 FECN、BECN 和 DE 的值来确认是否出现了拥塞,并采取相应的控制措施。上述这些拥塞控制信息均为 0,表明网络负载正常,没有出现拥塞。

5. debug frame-relay lmi 命令

实时输出路由器和帧中继交换机之间交换的 LMI 信息,根据显示的信息判断连接是否正常,并排除可能出现的故障。下面的输出是一个实例:

```
Router0#debug frame-relay lmi
Frame Relay LMI debugging is on
Displaying all Frame Relay LMI data
Router0#
Serial1/0(out): StEnq, myseq 1, yourseen 0, DTE up
datagramstart = 0xE7829994, datagramsize = 13
FR encap = 0x00010308
```

```
00 75 51 01 00 53 02 01 00

Serial1/0(in): Status, myseq 1, pak size 21
 nRT IE 1, length 1, type 0
 nKA IE 3, length 2, yourseq 1 , myseq 1
 nPVC IE 0x7 , length 0x6 , dlci 102, status 0x0 , bw 0
Serial1/0(out): StEnq, myseq 1, yourseen 0, DTE up
datagramstart = 0xE7829994, datagramsize = 13
FR encap = 0x00010308
00 75 51 01 00 53 02 01 00
--More--
```

习 题

  1. 什么是本地环路？
  2. POP 的用途是什么？
  3. T1 和 E1 有什么区别？它们的速率是如何计算出来的？
  4. OC-3、OC-12、OC-48 和 OC-192 的速率各是多少？
  5. WAN 连接有哪三种类型？
  6. 能够在串行接口配置以太网封装吗？能够在串行接口上配置 IP 地址吗？说明什么问题？
  7. PPP 和以太网都是数据链路层协议，为什么需要 PPPoE？
  8. xDSL 代表的是什么技术？列举相关技术。
  9. MPLS 结合了电路交换和分组交换的什么优势？
  10. DCE 和 DTE 各有什么功能？时钟频率由哪一端提供？
  11. G.703 是什么标准？
  12. 协议转换器有什么作用？
  13. 为什么不同厂家的路由器不能通过 HDLC 互连？使用什么协议可以互连？
  14. 什么是面向比特的协议和面向字节的协议？
  15. PPP 属于哪一层的协议？PPP 由哪几个部分组成？每个部分的功能有哪些？
  16. PPP 有哪两种身份验证方法？这两种身份验证方法有什么区别？
  17. 如何理解帧中继是一种非广播多路访问技术？
  18. 什么是永久虚电路(PVC)？什么是交换虚电路(SVC)？
  19. 帧中继中的反向地址解析协议(IARP)具有什么功能？（注意不要与 IP 网络中的 RARP 相混淆）。
  20. 本地管理接口(LMI)工作在什么设备之间？LMI 共有几种类型？
  21. 简述帧中继拥塞控制机制。（注意帧传输的方向）。
  22. 通过帧中继网络互连不同厂家的路由器，需要采用哪种封装类型？
  23. 点对点子接口、多点子接口二者之间有什么不同？
  24. PVC 有哪几种状态？各代表什么含义？

25. 要在以太网上进行身份认证,使用什么协议?
26. 要在思科路由接口 Serial1/0 上查看采用的封装方法,使用什么命令?
27. 如果没有启用 IARP,则必须配置什么命令?
28. 为了避免水平分割导致路由更新被丢弃,应如何配置帧中继 PVC?
29. 在帧中继配置点到点子接口时,不能在物理接口上配置什么参数?
30. 动手实验:

(1) 路由器 A 和路由器 B 通过串行接口背对背互连,给接口配置上 IP 地址并启用,检验思科路由器的默认配置 HDLC 是否可以让路由器连通。

(2) 在(1)的基础上,配置路由器的主机名、用户名、密码,在接口上配置 PPP 封装,启用 chap 认证;检测是否连通,并用 debug ppp authentication 观察认证过程。

(3) 参考本章示例,分别用帧中继点到点子接口、多点子接口实现公司总部与 5 个分公司互连的网络。

参 考 文 献

[1] 谢希仁. 计算机网络[M]. 7版. 北京:电子工业出版社,2017.
[2] 王平,魏大新,李玉龙. Cisco网络技术教程[M]. 3版. 北京:电子工业出版社,2012.
[3] 王勇,刘晓辉,贺冀燕. 网络综合布线与组网工程[M]. 北京:科学出版社,2012.
[4] 薛润忠,韩大海,张国清. 思科数据中心产品配置[M]. 北京:北京邮电大学出版社,2015.
[5] 张基温,张展赫. 计算机网络技术与应用教程[M]. 2版. 北京:人民邮电出版社,2016.
[6] 易建勋,范丰仙,刘青,等. 计算机网络设计[M]. 3版. 北京:人民邮电出版社,2016.
[7] 孙建华. 实用网络设计与配置[M]. 北京:人民邮电出版社,2009.
[8] 方睿. 网络测试技术[M]. 北京:北京邮电大学出版社,2010.
[9] 孙阳,陈枭,刘天华. 网络综合布线与施工技术[M]. 北京:人民邮电出版社,2015.
[10] 朱晓伟,薛魁丽,管朋. 计算机网络技术与应用[M]. 西安:西北大学出版社,2015.